U0879364

环保公益性行业科研专项经费项目系列丛书

耕地土壤污染风险管控技术模式与成效评估方法研究

侯 红 等著

中国环境出版集团·北京

图书在版编目（CIP）数据

耕地土壤污染风险管控技术模式与成效评估方法研究/侯红等著. —北京：中国环境出版集团，2018.5
ISBN 978-7-5111-3628-2

Ⅰ. ①耕… Ⅱ. ①侯… Ⅲ. ①耕地—土壤污染控制—研究 Ⅳ. ①X53

中国版本图书馆 CIP 数据核字（2018）第 073282 号

出 版 人 武德凯
责任编辑 曲 婷
责任校对 任 丽
封面设计 宋 瑞

出版发行 中国环境出版集团
（100062 北京市东城区广渠门内大街 16 号）
网 址：http：//www.cesp.com.cn
电子邮箱：bjgl@cesp.com.cn
联系电话：010-67112765（编辑管理部）
发行热线：010-67125803，010-67113405（传真）
印 刷 北京中献拓方科技发展有限公司
经 销 各地新华书店
版 次 2021 年 6 月第 1 版
印 次 2021 年 6 月第 1 次印刷
开 本 787×1092 1/16
印 张 15.5
字 数 300 千字
定 价 80.00 元

环保公益性行业科研专项经费项目系列丛书

编著委员会

本书主要作者

侯　红

马义兵　李永涛　王夏晖

赵　龙　刘家豪　李菊梅

（以下按照姓氏笔画排列）

马　瑾　王进进　田　梓　乔艳芳　孙在金

李　慧　吴志豪　陈晓飞　倪润祥　龚宇阳

序一

目前，全球性和区域性环境问题不断加剧，已经成为限制各国经济社会发展的主要因素，解决环境问题的需求十分迫切。环境问题也是我国经济社会发展面临的困难之一，特别是在我国快速工业化、城镇化进程中，这个问题变得更加突出。党中央、国务院高度重视环境保护工作，积极推动我国生态文明建设进程。党的十八大以来，按照“五位一体”总体布局、“四个全面”战略布局以及“五大发展”理念，党中央、国务院把生态文明建设和环境保护摆在更加重要的战略地位，先后出台了《环境保护法》《关于加快推进生态文明建设的意见》《生态文明体制改革总体方案》《大气污染防治行动计划》《水污染防治行动计划》《土壤污染防治行动计划》等一批法律法规和政策文件。我国环境治理力度前所未有，环境保护工作和生态文明建设的进程明显加快，环境质量有所改善。

在党中央、国务院的坚强领导下，环境问题全社会共治的局面正在逐步形成，环境管理正在走向系统化、科学化、法治化、精细化和信息化。科技是解决环境问题的利器，科技创新和科技进步是提升环境管理系统化、科学化、法治化、精细化和信息化的基础，必须加快建立持续改善环境质量的科技支撑体系，加快建立科学有效防控人群健康和环境风险的科技基础体系，建立开拓进取、充满活力的环保科技创新体系。

“十一五”以来，中央财政加大对环保科技的投入，先后启动实施水体污染控制与治理科技重大专项、清洁空气研究计划、蓝天科技工程等专项，同时设立了环保公益性行业科研专项。根据财政部、科技部的总体部署，环保公益性行业科研专项紧密围绕《国家中长期科学和技术发展规划纲要（2006—2020 年）》《国家创新驱动发展战略纲要》《国家科技创新规划》和《国家环境保护科技发展规划》，立足环境管理中的科技需求，积极开展应急性、培育性、基础性科学研究。“十一五”以来，环境保护部组织实施了公益性行业科研专项项目 479 项，涉及大气、水、生态、土壤、固废、化学品、核与辐射等领域。共有包括中央级科研院所、高等院校、地方环保科研单位和企业等几百家单位参与，逐步形成了优势互补、团结协作、良性竞争、共同发展的环保科技“统一战线”。目前，专项取得了重要研究成果，在已验收的项目中，共提交各类标准、技术规范 1 362 项，各类政策建议与咨询报告 687 项，授权专利 720 项，出版专著 492 余部。专项研究成果在各级环保部门中得到较好的应用，为解决我国环境问题和提升环境管理水平提供了重要的科技支撑。

为广泛共享环保公益性行业科研专项项目研究成果，及时总结项目组织管理经验，生态环境部科技标准司组织出版环保公益性行业科研专项经费项目系列丛书。该丛书汇集了一批专项研究的代表性成果，具有较强的学术性和实用性，可以说是环境领域不可多得的资料文献。丛书的组织出版，在科技管理上也是一次很好的尝试，我们希望通过这一尝试，能够进一步活跃环保科技的学术氛围，促进科技成果的转化与应用，不断提高环境治理能力现代化水平，为持续改善我国环境质量提供强有力的科技支撑。

中华人民共和国生态环境部部长

黄润秋

序 二

耕地土壤环境质量状况事关农产品安全和人体健康，是重大的民生问题。当前，我国耕地土壤环境质量总体状况堪忧，部分地区污染较为严重。受污染耕地类型复杂、数量多、面积大，修复技术不成熟且成本高，评估体系和标准不健全等因素，已成为扎实推进净土行动、全面实施“土十条”的“瓶颈”，同时也成为我国全面建成小康社会的突出短板之一。习近平总书记多次强调“强化土壤污染管控和修复，有效防范风险，让老百姓吃得放心、住得安心”。污染土壤风险管控的概念在20世纪80年代起源于发达国家，主要用于一些不适合治理或暂时资金无法支持的污染场地的风险管理，并相应建立了较为完善的污染场地土壤风险管控技术及监管体系。而对于耕地污染土壤的风险管控主要在日本和我国台湾地区得到较为成功的应用，并形成了法规制度及技术体系。相比较而言，我国大陆开展耕地土壤风险管控与成效评估的相关研究还处于起步阶段。尽管近年来通过示范项目开展了一些耕地重金属污染修复实践工作，主要以安全生产和农产品安全为目标，探索并获取了小规模的耕地重金属污染土壤风险管控与修复技术和模式，但目前的尝试仍存在没有综合考虑耕地生态系统的复杂性、异质性、污染源影响的差异性等问题。主要表现在对耕地土壤生态系统的污染特征界定不清，缺乏对耕地土壤污染来源的系统定量调查和污染发展趋势的判断，耕地污染土壤风险评估方法尚不成熟，适用且经济可行的综合风险管控或修复模式有待大田示范验证，污染风险管控与修复技术模式的成效评估方法不完善等。因此，面对当前国家对耕地土壤环境保护及经济社会发展的现实需求，亟需建立具备科学性、稳定性、可操作性、经济可达性及社会可接受性的，基于不同风险等级的污染耕地全过程风险管控与修复及其成效评估方法，以满足改善耕地土壤环境质量和确保农产品安全的需要，为我国耕地土壤的可持续利用和环境管理提供重要的技术支撑。

在环保公益性行业科研专项的资助下，中国环境科学研究院联合中国农业科学院农业资源与农业区划研究所、华南农业大学、生态环境部环境规划院、湖南现代环境科技股份有限公司和湖北省生态环境科学研究院等 5 家优势单位，在借鉴发达国家污染土壤风险管控与修复及其成效评估研究方法的基础上开展联合研究，以建立耕地土壤污染风险评估方法体系、构建适用的耕地土壤风险分级管控与修复技术体系和模式、耕地土壤环境风险管控与修复成效评估方法为主要研究内容，同时，将上述研究成果应用于实证案例地，验证并优化相关方法体系和模式，旨在通过理念创新和策略调控提升耕地污染土壤综合管理和治理水平，为保障我国耕地土壤环境质量和农产品安全、耕地土壤的可持续利用和风险管控与修复提供技术和决策支撑。

魏复盛

2021 年 6 月

前言

国家提出扎实推进净土行动，全面实施《土壤污染防治行动计划》（简称“土十条”），强化土壤污染风险管控，保障农用地和建设用地安全的土壤污染防治部署。在耕地土壤污染防治过程中，以保证农产品安全为主要目标，先控源，以非工程性的风险管控措施为主，风险分类分级精准管控，全过程监管与成效评估反馈，农民实施边生产边修复的总体技术路线，是实现我国耕地污染土壤治理和农业绿色可持续发展的根本途径。环保公益项目“耕地土壤风险管控模式与成效评估方法研究”（201509032），在借鉴发达国家污染土壤风险管控成功经验，调研我国耕地污染土壤管理和修复现状，并选择典型案例区域进行实证研究的基础上，提出了一套专门针对耕地土壤重金属污染的“风险源识别—风险评估—风险管控与修复模式—成效评估”的方法学体系。本研究的创新点是以我国耕地污染土壤风险控制为导向，在给出耕地土壤污染程度、时空特征的同时，可以判断污染来源、污染发展趋势，基于风险评估结果制定控制模式和对策，并进一步对其技术模式进行综合成效评估，直观地判断不同侧面风险管控模式或修复技术模式的优劣，并提出合理的耕地土壤污染风险管控与修复的建议。研究成果可以补充完善我国耕地土壤污染防治法规标准技术体系，对耕地土壤污染防治工作的实施提供导向性建议，从而引导国家有限资金的合理使用，最终为保障我国耕地土壤环境质量和农产品安全提供重要的技术支撑。

全书共分为3篇10章。第1章、第5章、第8章、第9章由中国环境科学院侯红、赵龙、刘家豪、孙在金、马瑾、乔艳芳撰写；第2章2.1、第3章由中国农业科学院马义兵、李菊梅、倪润祥撰写；第2章2.2、第4章、第7章由华南农业大学李永涛、王进进撰写；第2章2.3、第6章、第10章10.6由生态环境部环境规划院王夏晖、田梓撰写；第10章10.1～10.5由湖北省生态环境科学研究院陈晓飞、卢胜红撰写。附录由中国环境科学研究院侯红、吴志豪，台湾大学许正一，日本产业技术综合研究所张铭，中环循（北京）环境技术中心龚宇阳撰写。

耕地土壤污染风险管控与修复涵盖内容广泛，又与多门学科相交叉，并与社会问题紧密相关，而编著者水平有限，书中难免存在疏漏和错误之处，敬请读者批评指正。

侯　红

2021年6月

目录

第一篇

总　论

第1章 概 述

耕地是人类赖以生存的基本资源，是影响农产品质量的重要源头，具有不可替代的生产和生态功能，是食物安全的基础和保障，对地表水、食物链、生物多样性和大气层的保护起到至关重要的作用。自 20 世纪 50 年代日本出现的“痛痛病”和“水俣病”被查明分别由重金属镉和汞污染引起后，耕地污染问题引起了世界各国的普遍关注。随着我国工业化、城市化、农业集约化进程的不断加快，工业污染对耕地土壤的危害正在由局部向整体蔓延，而农业活动自身产生的环境问题也变得越来越严重。目前，我国耕地面临土壤污染加重、优质耕地减少、土壤退化日益突出等问题，严重制约了耕地的质量。耕地的污染直接影响了整个农业生态系统的结构、功能以及生态平衡，耕地中的重金属、有机污染物和放射性核素等有害物质既可导致农作物减产和农产品品质下降，又可通过食物链危害人体健康，引发癌症或其他疾病，同时也会影响我国经济和社会的整体发展。

1.1 我国耕地土壤污染

1.1.1 我国耕地土壤污染现状

目前，我国已开展过的土壤调查包括土壤污染状况调查、土地利用现状调查、耕地地球化学调查、农产品产地土壤重金属污染调查等。2005—2013年，环境保护部会同国土资源部开展的全国土壤污染状况调查，是中华人民共和国成立后开展的首次大规模针对土壤环境的调查。通过此次调查，初步掌握了我国土壤污染的总体情况。2014年4月发布的《全国土壤污染状况调查公报》（以下简称《公报》）中指出，我国土壤污染总体形势不容乐观，部分地区污染严重。耕地正成为土壤污染的重灾区，其接纳和自然净化能力已接近或超出极限，农产品安全和生态风险受到严重威胁。全国土壤总的点位污染超标率为16.1%，其中耕地点位污染超标率为19.4%（表1-1）。耕地轻微、轻度、中度和重度污染点位比例分别为13.7%、2.8%、1.8%和1.1%，主要污染物为镉、镍、铜、砷、汞、铅、滴滴涕和多环芳烃。耕地土壤污染类型以无机型为主，有机型次之，复合型比重较小。无机污染物中，镉为主要污染物。有机污染物中，滴滴涕为主要污染物。从污染分布情况来看，南方土壤污染重于北方；长江三角洲、珠江三角洲、东北老工业基地等部分区域土壤污染问题较为突出；西南、中南地区土壤重金属超标范围较大；镉、汞、砷、铅4种无机污染物含量分布呈从西北到东南、从东北到西南逐渐升高的态势。但此次调查的精度尚难满足土壤污染防治工作的需要，亟待在相关调查基础上，开展更高精度的土壤污染状况详查，以进一步查明土壤污染的具体分布及其环境风险等，为有效管控受污染土壤风险、实现安全利用提供科学依据。

表 1-1　全国土壤污染状况调查结果

土地利用类型	土地点位污染超标率/%	主要污染物
耕地	19.4	镉、镍、铜、砷、汞、铅、滴滴涕、多环芳烃
林地	10.0	砷、镉、六六六、滴滴涕
草地	10.4	镍、镉、砷
未利用地	11.4	镍、镉
重污染企业用地	36.3	—
工业废弃地	34.9	锌、汞、铅、铬、砷、多环芳烃
工业园区	29.4	镉、铅、铜、砷、锌、多环芳烃
固体废物集中处理处置场地	21.3	无机污染为主，垃圾焚烧和填埋场为有机污染
严重采油区	23.6	石油烃、多环芳烃
采矿区	33.4	镉、铅、砷、多环芳烃
污水灌溉区	26.4	镉、砷、多环芳烃

2016 年 5 月 28 日，《土壤污染防治行动计划》（以下简称“土十条”）正式发布实施。“摸清家底”，组织开展土壤污染状况详查是“土十条”提出的排在首位的重要任务。根据“土十条”提出的要求，2018 年年底前，需要查明农用地土壤污染的面积、分布及其对农产品质量的影响。该次土壤污染状况详查共布设农用地详查点位 55.3 万

个，超过2005—2013年开展的土壤污染状况调查任务量的10倍左右。生态环境部于2020年6月公布的《2019中国生态环境状况公报》中指出，农用地土壤污染状况详查已完成。此次农用地详查是在已有调查的基础上，以耕地为重点，兼顾园地和牧草地，以期查明农用地土壤污染面积、分布及其对农产品质量的影响。详查结果显示，我国农用地土壤环境状况总体稳定，部分区域土壤污染风险突出（例如部分重有色金属矿区周边耕地土壤重金属污染问题依然突出），超筛选值农用地安全利用和严格管控的任务依然较重。

1.1.2 我国耕地土壤污染来源

我国耕地土壤污染来源分为自然来源和人为来源，自然来源中土壤元素的富集贫化程度与成土母质化学成分、气候条件与地形地貌等多种因素密切相关，区域地质背景与成土风化作用控制了土壤重金属的区域分布。地球化学元素高背景值对土壤环境质量影响较大，是造成南方，尤其是西南、中南地区土壤重金属超标的主要原因。

人为来源占主导作用，主要有4个方面：

（1）大气污染物沉降：由人类活动产生的、进入大气中的各种污染物以降尘和酸雨等形式进入土壤，引起土壤污染。全国每年有近12.2%的土地受到酸雨的影响；工矿周边区域和道路两侧的耕地几乎每天都在接受着降尘的污染。

（2）化肥和农药的施用：不合理的农业生产过程，包括不合理地使用农药、肥料、地膜造成土壤污染。土壤污染调查显示，我国20世纪80年代初已经开始禁用“六六六”，但现在有一些土壤还可以检测出“六六六”，甚至上百年的土壤污染还在，说明农药残留在土壤中的时间周期长，难以消除，影响巨大。

（3）固体废物尤其是电子废弃物的倾倒和拆解：大量无序堆放的固体废物和生活垃圾中的有害物质会随着大气迁移、扩散、沉降、降水或地表径流等作用转化成有毒液体渗入土壤污染耕地。另外，目前我国废旧电子电器垃圾收集体系还不完善，常常与普通生活垃圾混在一起，通过简单的堆肥、焚烧处理后进入耕地，导致高浓度的汞、镉、锌、锰、镍、铁和铜等重金属不断地进入土壤并富集。

（4）污水灌溉：污水灌溉是指利用城市下水道污水、工业废水、排污河污水以及污染的地表水等进行农业灌溉，在我国北方比较常见。据农业农村部对全国污灌区进行的调查，在约140万 hm^2 的污灌区中，遭受重金属污染的土地面积占污灌区面积的64.8%，其中轻度污染的土地面积占46.7%，中度污染的土地面积占9.7%，严重污染的土地面积占8.4%。

1.1.3 我国耕地土壤污染导致的农产品安全事件

目前国内农产品安全事件屡屡曝光，农产品质量安全事件的特点是无明显的季节性与地域性规律，事件爆发具有隐蔽性，有急性爆发也有慢性累积爆发，影响农产品安全的因素环节复杂。纵观近年来发生的农产品安全事件，不难发现，土壤环境是农产品安全的核心。2013 年，中国环境监测总站在蔬菜种植区采集 4 910 个点位，发现超标点位 1 188 个，占 24.2%。其中轻微污染占 16.8%，轻度污染占 5.3%，中度、重度污染分别占 2.1%和 1.0%；其中，重金属污染占 17.5%，有机污染占 7.9%，复合污染占 1.3%。耕地土壤污染对农产品安全构成严重威胁。“打铁还需自身硬”，借助世界可持续农业协会前主席 JP Madden 的话，“只有健康的土壤才能生产健康的粮食，进而造就健康的人群和健康的社会”，即通常所说的 3H：健康的土壤、健康的粮食和健康的人。

2010 年 4 月 2 日至 9 日，青岛市华中、抚顺路、城阳三大蔬菜批发市场共检出农残超标韭菜 1 930 kg，造成 9 名人员中毒。调查发现，韭菜产地山东省潍坊市高密市夏庄镇、河崖镇及潍坊市寿光市稻田镇等的菜地土壤样品有机磷残留严重超标，对人体健康造成危害。还有湖南镉米事件，2013 年 5 月 16 日湖南攸县 3 家大米厂生产的大米在广州被查出镉超标后，攸县官方 5 月 21 日通报了不合格大米的镉含量范围，并披露原稻收自当地农户，主要销往广州和攸县本地。一个完整的食物污染链条已经持续多年，这些有害污染物通过“三废”，污染了中国部分耕地土壤，进而污染了稻米，再随之进入人体。而在 2020 年 4 月，云南省昭通市镇雄县曝光了一起来自湖南益阳的镉超标大米事件，镇雄县市场监督管理局在抽查中发现某企业生产的米线重金属超标，经溯源后，找到用于生产米线的问题大米。本次共销毁大米 99 425 kg，涉及重金属超标案 13 起，涉及生产企业 7 家。此类事件近些年未曾断绝，针对涉事企业、监管部门的处罚与问责也一波接着一波。尽管如此，镉大米还是屡曝不止，这不得不令人深思。在农产品安全问题上，各级部门应将重点关口移到生产端，而不仅仅是在流通和销售端把控。解决农产品安全性和耕地污染风险管控与修复问题迫在眉睫。

1.1.4 我国耕地土壤环境管理现状

我国环境保护的 40 多年来，按照党中央、国务院决策部署，有关部门和地方积极探索，土壤污染防治工作取得了一定成效。现行有效的土壤相关文件汇总见表 1-2。

由于这些文件大都是围绕城市和工业设计的，包括法规标准体系、监管体系，因此很难适应农村和农业生产。如今国家已开始高度重视耕地土壤的环境保护工作，并将其作为保障和改善民生的重要内容以及推进生态文明建设的重要举措。《国家中长期科学和技术发展规划纲要（2006—2020 年）》将“综合治污与废弃物循环利用”作为环境领域的优先主题。2011 年环境保护部印发的《国家环境保护“十二五”科技发展规划》中指出，应加强土壤环境保护制度建设，完善土壤环境质量标准，制定农产品产地土壤环境保护监督管理办法和技术规范；并围绕“土壤污染防治领域”的科技需求，提出了“农村土壤环境污染防治领域”的科技需求，提出了“农村土壤环境管理与土壤污染环境风险管控技术研究”。2014 年“中央一号”文件明确指出：“在重视粮食数量的同时，更加注重其品质和质量安全；在保障当期供给的同时，更加注重农业的可持续发展；启动重金属污染耕地修复试点。”在 2015 年召开的“两会”工作报告中也指出，要“坚守耕地红线；实施耕地质量保护与提升行动”。

表 1-2　土壤污染防治相关文件汇总

类别	名称	备注
法律法规	中华人民共和国土壤污染防治法	2019 年 1 月 1 日实施
部门规章	污染地块土壤环境管理办法（试行）	部令　第 42 号
	农用地土壤环境管理办法（试行）	部令　第 46 号
	工矿用地土壤环境管理办法（试行）	部令　第 3 号
相关文件	土壤污染防治行动计划	国发〔2016〕31 号
	关于印发《土壤污染治理与修复成效技术评估指南（试行）》的通知	环办土壤〔2017〕1953 号
	土壤污染防治行动计划实施情况评估考核规定（试行）	环土壤〔2018〕41 号
	关于保障工业企业场地再开发利用环境安全的通知	环发〔2012〕140 号
	关于加强工业企业关停、搬迁及原址场地再开发利用过程中污染防治工作的通知	环发〔2014〕66 号
	关于加强土壤污染综合防治先行区建设的指导意见	环土壤〔2017〕165 号
	关于加强涉重金属行业污染防控的意见	环土壤〔2018〕22 号
	关于印发《涉镉等重金属重点行业企业排查整治方案》的通知	环办土壤〔2018〕12 号
	重点行业企业用地调查信息采集工作手册	环办土壤函〔2018〕1168 号

类别	名称	备注
相关文件	关于进一步推进和规范土壤污染治理与修复技术应用试点项目实施工作的通知	环办土壤函〔2018〕1526 号
	建设用地土壤污染状况调查、风险评估、风险管控及修复效果评估报告评审指南	环办土壤〔2019〕63 号
	土壤污染防治基金管理办法	财资环〔2020〕2 号
	关于加强土壤污染防治项目管理的通知	环办土壤〔2020〕23 号
	关于印发《建设用地土壤污染责任人认定暂行办法》的通知	环土壤〔2021〕12 号
	关于印发《农用地土壤污染责任人认定暂行办法》的通知	环土壤〔2021〕13 号
	有毒有害大气污染物名录（2018 年）	公告 2019 年 第 4 号
	有毒有害水污染物名录（第一批）	公告 2019 年 第 28 号
	关于发布《优先控制化学品名录（第二批）》的公告	生态环境部 公告 2020 年第 47 号
	国家危险废物名录（2021 年版）	生态环境部 部令第 15 号
	关于进一步做好受污染耕地安全利用工作的通知	农办科〔2019〕13 号
标准规范	土壤环境质量　建设用地土壤污染风险管控标准（试行）	GB 36600—2018
	土壤环境质量　农用地土壤污染风险管控标准（试行）	GB 15618—2018
	建设用地土壤污染状况调查技术导则	HJ 25.1—2019
	建设用地土壤污染风险管控和修复监测技术导则	HJ 25.2—2019
	建设用地土壤污染风险评估技术导则	HJ 25.3—2019
	建设用地土壤修复技术导则	HJ 25.4—2019
	污染地块风险管控与土壤修复效果评估技术导则（试行）	HJ 25.5—2018
	污染地块地下水修复和风险管控技术导则	HJ 25.6—2019
	建设用地土壤污染风险管控和修复术语	HJ 682—2019
	工业企业场地环境调查评估与修复工作指南（试行）	公告 2014 年第 78 号
	土壤环境监测技术规范	HJ/T 166—2004
	土壤质量　土壤采样技术指南	GB/T 36197—2018
	地块土壤和地下水中挥发性有机物采样技术导则	HJ 1019—2019
	地下水环境监测技术规范	HJ 164—2020
	食用农产品产地环境质量评价标准	HJ 332—2006
	温室蔬菜产地环境质量评价标准	HJ 333—2006
	农田土壤环境质量监测技术规范	NY/T 395—2012

类别	名称	备注
标准规范	耕地污染治理效果评价准则	NY/T 3343—2018
	受污染耕地治理与修复导则	NY/T 3499—2019
	在产企业土壤及地下水自行监测技术指南（征求意见稿）	
	关于发布《重点监管单位土壤污染隐患排查指南（试行）》的公告	生态环境部 2021 年第 1 号
	环境影响评价技术导则 土壤环境（试行）	HJ 964—2018
	生态环境损害鉴定评估技术指南 环境要素 第 1 部分：土壤和地下水	GB/T 39792.1—2020
	关于印发《农用地土壤环境质量类别划分技术指南（试行）》的通知	环办土壤〔2017〕97 号

2016 年国务院发布的“土十条”对耕地保护、风险管控、安全利用、综合治理都提出了明确目标，提出到 2030 年耕地土壤环境安全得到有效保障，土壤环境风险得到全面管控。这是我国“十三五”乃至更长一个时期全国土壤污染防治工作纲领，也是扎实推进净土保卫战的重要遵循。另外，为落实“土十条”，配套土壤环境质量标准的修订，生态环境部发布了四项土壤污染评估、监测的环保标准，这不仅填补了我国在土壤污染防治过程中的标准空白，更促进了土壤修复整个产业链的发展。2016 年五部委联合印发《全国土壤污染状况详查总体方案》，2017 年联合召开动员部署会议，全面启动详查工作。本次详查包括农用地土壤污染状况详查和重点行业企业用地土壤污染状况调查两个方面。农用地详查是在已有调查的基础上，以耕地为重点，兼顾园地和牧草地，进行全面深入、重点突出、针对性强的调查。根据《中华人民共和国环境保护法》（以下简称《环境保护法》）等有关法律、行政法规和“土十条”，于 2017 年 9 月制定《农用地土壤环境管理办法（试行）》，对保障农产品质量和环境安全具有重要意义。

2018 年 5 月，全国生态环境保护大会召开，会议要求全面落实《土壤污染防治行动计划》，强化土壤污染风险管控和修复。生态环境部发布了《土壤环境质量 农用地土壤污染风险管控标准（试行）》（GB 15618—2018）（注：同样标准再次出现时不再注明日期，标准文件的有效版本适用于本书）。农业农村部分别颁布了《耕地污染治理效果评价准则》（NY/T 3343—2018）和《受污染耕地治理与修复导则》（NY/T 3499—2019），科学规范指导我国耕地污染治理修复工作。

2018 年《中华人民共和国土壤污染防治法》（以下简称《土壤污染防治法》）在第十三届全国人民代表大会常务委员会第五次会议上全票通过，至此，大气、水、土壤三大环境领域的污染防治法已全部齐备。《土壤污染防治法》中许多制度安排是具有“标志意义”的，这些制度对中国特色的环境治理具有巨大的促进作用，未来中国的环境治理可能在这部法律实施中产生质的飞跃。这部法律对农用地和建设用地提出分类管控，在保障公众吃得放心、住得安心两个方面做了详细规定，体现了保障公众健康的立法宗旨，也第一次将《环境保护法》第 39 条规定的环境与健康保护制度进行了实施性规定。这部法律建立了不同于过去环境标准体系的“风险管控标准”制度，首次在法律中规定设立省级土壤污染防治基金；首次使用生态环境损害赔偿的概念；首次明确规定环境风险及管控制度，把环境风险分为生态风险和公众健康风险，并分别规定了不同的管控制度，这是中国环境立法进入风险控制阶段的标志。《土壤污染防治法》第三条明确规定了土壤污染防治应当坚持预防为主，保护优先、分类管理、风险管控、污染担责、公众参与的原则。第三十五条明确规定了土壤污染风险管控和修复，包括土壤污染状况调查和土壤污染风险评估、风险管控、修复、风险管控效果评估、修复效果评估、后期管理等活动，见图 1-1。

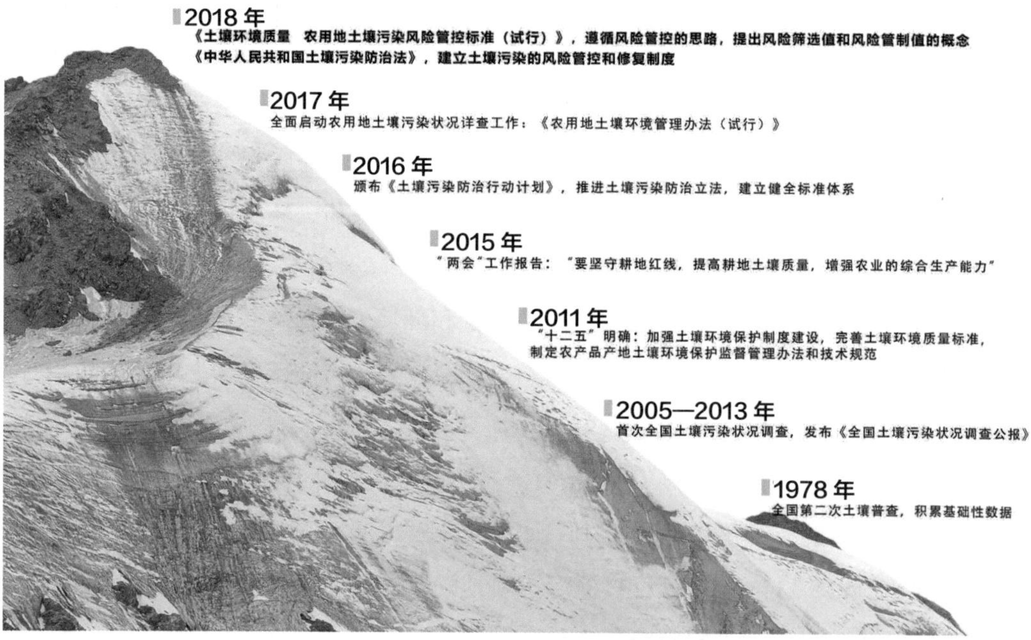

图 1-1　我国耕地土壤环境管理主要历程

1.2　我国耕地土壤污染管控与修复的发展历程

我国土壤环境保护发展的历史演变分为3个阶段：1949—1978年重点关注土壤肥力；1978—1992年开始关注土壤质量和土壤污染问题；1992—2000年重视土壤污染的防治，关注不同类型用地土壤的环境质量；2000年以来开始关注污染土壤的风险管控与修复。我国土壤污染管控与修复技术研究，于“十五”起步，“十一五”进步，“十二五”发展，“十三五”跨越，带动了土壤修复技术应用和绿色修复产业化发展。2016年发布的“土十条”部署了解决当地土壤污染问题的思路：“预防为主、保护优先、风险管控、分类管理”。这个思路汲取了国内外特别是国外近几十年来污染治理的经验，避开走过的弯路，充分反映了我国土壤管控与修复策略的方向性变化。

从重金属污染治理再到土壤防治专项资金，中央累计拨付了 361 亿元（截至 2019 年）（图 1-2）。根据中国战略性新兴产业环保联盟估算的数据，耕地管控与修复潜在市场 5.9 万亿元，场地修复、矿山修复加起来约 1 万亿元。在耕地方面，侧重发展耕地土壤重金属污染管控与修复技术。“十三五”国家土壤污染防治重点研发计划科研经费约 6.4 亿元支持耕地修复，国家经费大力支持技术研发。

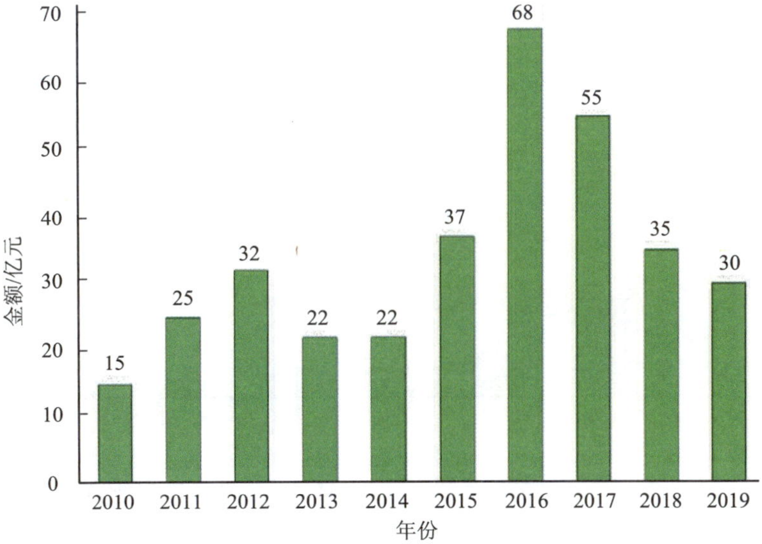

图 1-2　2010—2019 年中央土壤防治专项资金规模

相较于发达国家，我国耕地土壤管控与修复技术研究起步较晚，仍属于新兴行业，基础积累薄弱，技术储备欠缺。到目前为止，我国已完成了几十个耕地土壤管控与修复示范项目，如甘肃白银东大沟流域农田耕地重金属污染土壤修复工程、河南济源土壤重金属污染修复试点项目、江苏张家港农田耕地重金属污染修复示范工程、湖北大冶重金属污染重点防控区农田耕地土壤修复示范项目、湖南长株潭农田耕地土壤重金属污染修复等。其中规模较大的案例为湖南长株潭的重金属污染农田耕地修复项目。这些案例为我国耕地土壤管控与修复提供了宝贵的技术和管理经验。

据不完全统计，2008—2016 年，耕地修复项目数量为 17 个，仅占到土壤修复项目总体的 9.6%。而场地修复项目是土壤修复项目的主体成分，占 57.8%，矿区修复项目数量次之。2019 年，城市工业场地修复项目依然是主流，共计 153 个，在总数中占比 63.75%。在合同额方面，城市工业场地修复也遥遥领先；重金属污染修复项目 37 个，排名第二；非正规填埋场修复项目 17 个，排名第三；农用地修复项目 15 个，占土壤修复项目总体的 6.3%，排名第四（图 1-3）。这些耕地项目主要集中在河北、湖南、湖北、云南、江西等地，处理的污染物主要是镉、汞、砷、铜、铅等重金属污染物。其中甘肃白银东大沟流域重金属污染底泥项目主要运用固定/稳定化技术和植物-微生物联合修复技术；湖

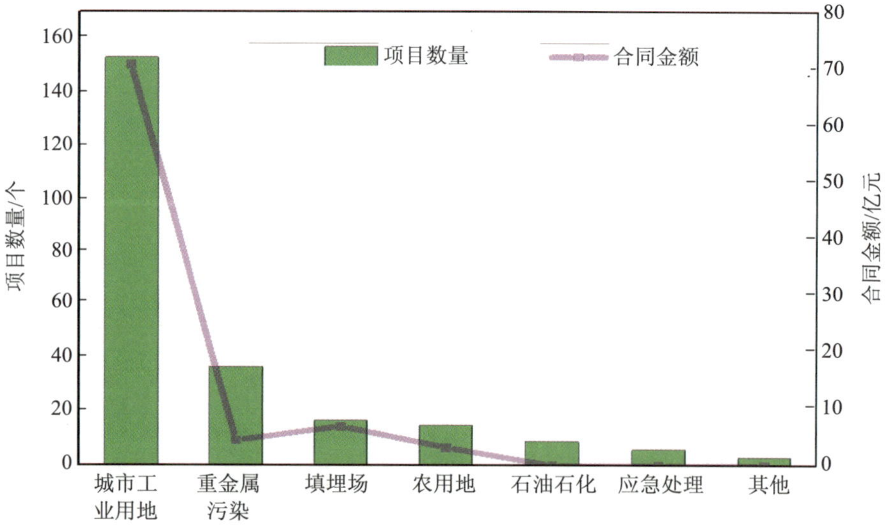

图 1-3　2019 年不同类型土壤修复项目数量及合同金额分布

注：石油石化、应急处理、其他行业的项目未查到固定中标价，因此合同总额上未纳入统计。

南石门砷污染农田耕地土壤修复工程主要应用强化植物萃取、植物阻隔和钝化修复技术；广东汕头贵屿镇重金属污染典型土壤修复示范工程主要采用客土-植物联合修复、客土-植物-微生物联合修复、客土-化学-植物联合修复和客土-化学-微生物联合修复4种技术；广西环江生态修复项目是以植物修复技术为主导，主要采用植物萃取、超富集植物与经济植物间作、植物阻隔和重金属钝化技术。这些技术在推广应用时，存在降低土壤污染物超标率难度高，难以体现土壤环境质量改善的问题。

总体来看，目前我国耕地土壤污染管控与修复的技术水平和工程经验，处于边实践、边提高、边摸索、边总结的阶段。我国《农用地土壤污染治理与修复项目实施方案编制指南（征求意见稿）》中明确指出："农用地土壤污染治理与修复技术筛选应以消除土壤污染、恢复土壤基本功能、保障农作物正常生长和农产品质量安全为主要目标，凡与此目标相违背的技术不在筛选范围内，原则上应采用绿色可持续的治理与修复方式。"

从单一技术到多技术耦合系统，从源头控制、过程阻断、净化修复、安全利用到生态开发的集成治理再发展模式是我国耕地土壤管控与修复的发展趋势。四大发展方位如下：

（1）在决策导向上，从基于污染物总量控制转变到基于污染风险评估与控制；

（2）在技术上，从单一的管控与修复技术发展到多技术联合的原位修复技术、综合集成的工程修复技术；

（3）在材料上，从化学、大量，发展到绿色、本地化、少量、高效、资源化的材料；

（4）在应用上，发展到多种污染物复合或混合污染土壤的组合式修复技术；从单一考虑土壤发展到考虑农产品安全；从单项修复技术发展到农产品、大气、水体协同控制的多技术的源—土壤—作物—水一体化风险管控与修复模式。建立有效降低耕地土壤污染和农产品中污染物含量的技术模式，实现"控、阻、减"整套技术集成应用。

1.3 耕地土壤污染风险管控与修复和成效评估的内涵与研究意义

1.3.1 耕地土壤污染风险管控与修复的内涵

耕地土壤污染风险管控技术是指不降低污染物在土壤中的浓度，通过降低其在土壤中的活性、阻控其在土壤—作物系统中的迁移、保证农产品安全的技术或措施。如土壤改良或钝化技术、水分调控技术、低累积作物技术、叶面调理技术、源头控制技术、种植结构调整技术、制度控制、休耕等。修复技术是指降低土壤中污染物浓度或将污染物从土壤中移除的技术或措施，如植物提取技术、客土等污染物移除技术。

耕地土壤风险管控与修复模式是指为消除或减少土壤污染风险发生以及减少风险发生时造成的损失，所采用的最佳的技术、方法和理论体系的集合。耕地土壤污染风险管控与修复是近年来兴起的，针对农用地土壤较为先进的污染控制及治理方法，其包括多层含义：

从广义上来说，耕地土壤污染风险管控与修复是指从地块和区域尺度采用物理、化学、生物、工程控制、自然衰减和制度控制等技术方法或手段，以保护耕地土壤的敏感受体、人体健康、生态环境安全和地下水为导向的污染控制及治理管控措施和制度。耕地土壤污染风险管控与修复不应只包含对污染耕地土壤的治理与修复过程，还应包括在管控全生命周期中配套采用的一系列减缓或控制土壤风险的技术方法和管理制度。如与耕地土壤环境保护相关的政策法规完善、规范标准制定、污染源头预防、污染状况调查、管控工程和技术阻隔、监管体系和能力建设、成效评估以及目标考核等内容。

从保护农产品受体角度考虑，耕地土壤污染风险管控与修复的核心是通过一系列技术手段、措施和方法，保护耕地土壤的农产品质量，使农产品中的重金属和有机污染物浓度低于国家相关标准限值要求。

从保护地下水受体角度考虑，耕地土壤污染风险管控与修复的核心是通过一系列技术手段、措施和方法，保护耕地土壤地下水的环境质量，使地下水中的污染物浓度低于国家地下水水质标准要求。

从保护生态环境安全角度考虑，耕地土壤污染风险管控与修复的核心是通过综合的技术手段、措施和方法，保护耕地土壤生态环境的安全，使土壤肥力、农作物生长状况、土壤微生物种群结构等重要耕地生态环境指标保持良好。

1.3.2　耕地土壤污染风险管控与修复成效评估的内涵

1989 年 Pearce 等发表了《绿色经济的蓝图》，首次提出将环境因素融入企业经营决策的问题。环境成效评估经过 20 余年的发展（图 1-4），已从微观走向了宏观，在土壤污染修复等领域均有探索。

耕地土壤污染风险管控与修复成效评估是对风险管控与修复实施以后取得的环境效果进行阶段性评估的一种系统程序，包括选择指标、收集及分析数据，依据成效目标值进行综合评估，分析风险管控取得的结果和目标之间的接近程度，以帮助决策者追踪风险管控成效，进而明确下一步的工作重点。

耕地土壤污染风险管控与修复成效评估，旨在评估耕地土壤在实施风险管控与修复措施过程中或工程完成后，其土壤环境质量的改变在推动区域经济中的作用，以及对农产品安全、土壤生态功能、环境风险的改善程度，并以此来衡量政府、企业等环境管理水平的高低，为今后耕地土壤环境监管提供决策依据。

图 1-4　环境成效评估的发展历程

1.3.3　耕地土壤污染风险管控与修复和成效评估的研究意义

1.3.3.1　风险管控与修复是我国耕地土壤污染防治行动的重要方向

污染土壤的管控与修复从本质上来说，是管理和控制土壤污染对人体健康和生态环境安全造成的危害或潜在威胁，及时发现并进行治理，其出发点和归宿点是为了保证人体健康和生态环境安全。而土壤污染所带来的危害，尤其是潜在威胁往往是隐蔽且不易被发现的。土壤污染还具有区域性、异质性和长期性等特点，导致了不同区域土壤污染特征的差异很大。不同污染特征的耕地土壤对农产品、土壤生态功能等产生的风险也会有很大差异。基于不同风险等级的污染耕地的全过程风险管控与修复研究是改善耕地土壤质量和确保农产品安全的重要举措。

1.3.3.2 耕地土壤污染成效评估是保护耕地土壤环境和农业可持续发展的重要保障

成效评估指标体系是否全面，评估方法是否科学，直接关系到耕地土壤污染风险管控与修复工作的质量及其治理是否能全面、顺利地推进。我国开展耕地污染土壤风险管控与修复工作起步较晚，成效评估的指标体系和研究方法几乎是空白的。专门针对耕地污染土壤的相关成效评估指标体系和方法等尚未建立，也无针对耕地土壤污染风险管控与修复成效评估的系统化技术指引，技术规范性文件的缺失严重阻碍了耕地治理工作成效评估的标准化和系统化发展。

针对我国耕地土壤环境保护和农业可持续发展的必要性、紧迫性和重要性，在参考和借鉴其他领域的综合治理成效评估研究方法的基础上，针对耕地污染土壤，需要通过调研不同区域典型区耕地土壤污染特征，选取评估因子，赋予风险参数，开展典型案例分析、论证等途径，对评估方法进行归纳、优化，提出针对耕地土壤污染风险管控与修复成效评估的技术导则，最终建立我国耕地土壤污染的风险管控与修复成效评估指标体系和方法。这一风险管控与修复模式，与成效评估机制的建立是保障我国耕地土壤环境质量和农产品安全的重要举措，也是我国农业可持续发展的重要技术支撑，其对于防治耕地土壤污染、保护生态环境、保障工农业生产和维护人体健康都具有重要的现实意义。

1.4 本书总体研究思路

本书重点针对当前突出的耕地土壤污染问题，通过研究不同区域典型区耕地土壤污染特征，建立风险评估方法和风险分级方法；构建适用的风险分级管控与修复技术体系和管理模式；建立耕地土壤污染风险管控与修复模式成效评估技术方法和指标体系；基于充分了解我国耕地土壤污染特点及分布的条件，选择 4～5 个具有代表性的典型案例区域，开展耕地污染土壤综合治理案例研究，通过实证研究以修正本研究提出的风险评估方法、风险管控与修复模式以及成效评估方法，最终为耕地土壤可持续利用管理提供技术支撑，见图 1-5。

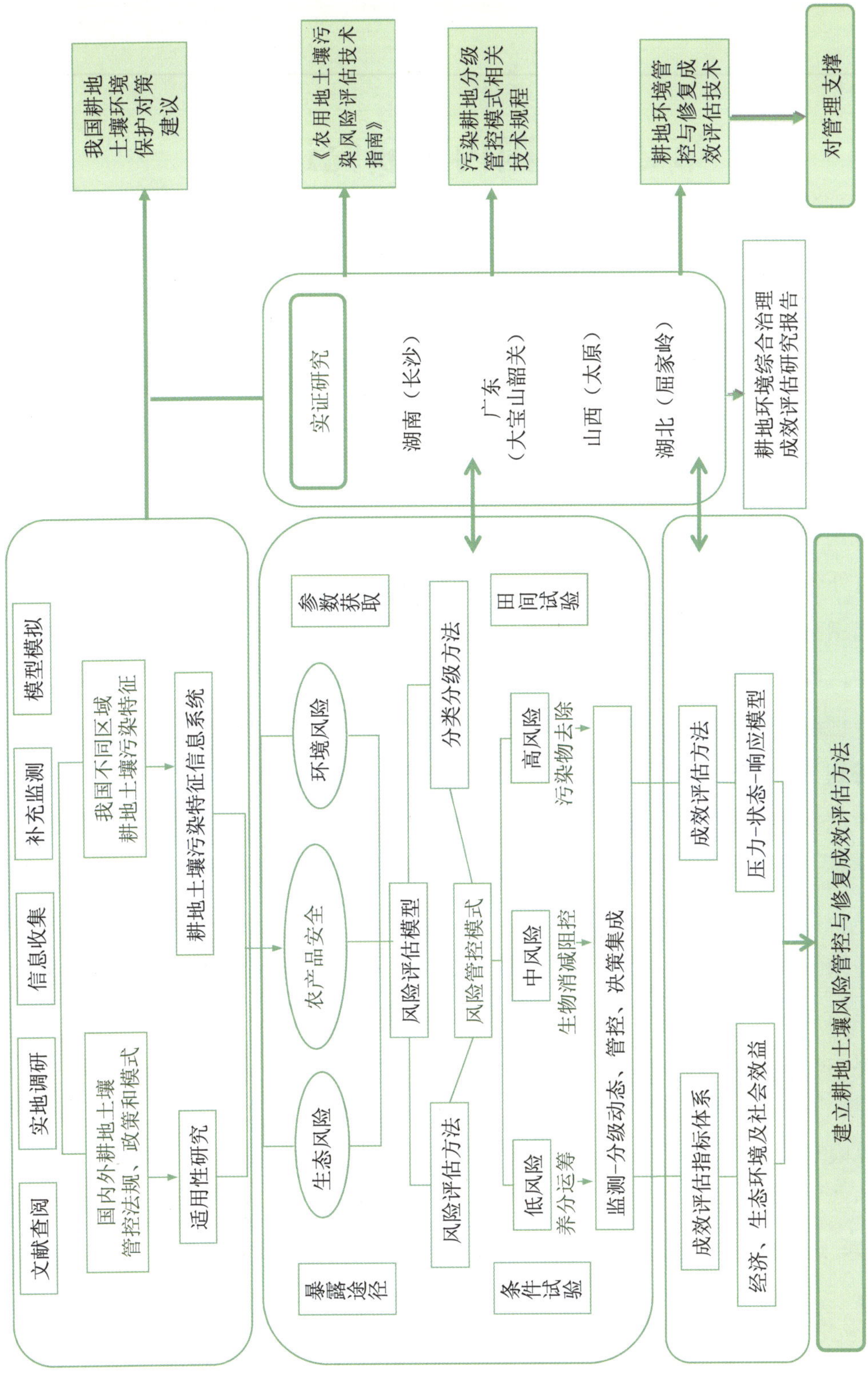
文献查阅
实地调研
信息收集
补充监测
模型模拟
国内外耕地土壤管控法规、政策和模式
我国不同区域耕地土壤污染特征
适用性研究
耕地土壤污染特征信息系统
暴露途径
生态风险
农产品安全
环境风险
参数获取
风险评估方法
风险评估模型
分类分级方法
风险管控模式
条件试验
田间试验
低风险
中风险
高风险
养分运筹
生物消减阻控
污染物去除
监测-分级动态、管控、决策集成
成效评估指标体系
成效评估方法
经济、生态环境及社会效益
压力-状态-响应模型
建立耕地土壤风险管控与修复成效评估方法
实证研究
湖南（长沙）
广东（大宝山韶关）
山西（太原）
湖北（屈家岭）
耕地环境综合治理成效评估研究报告
我国耕地土壤环境保护对策建议
《农用地土壤污染风险评估技术指南》
污染耕地分级管控模式相关技术规程
耕地环境管控与修复成效评估技术
对管理支撑

图1-5　研究路线图

第 2 章　国内外研究进展

2.1　耕地土壤污染风险评估方法研究进展

2.1.1　现有评价方法

土壤污染风险评价是土壤环境管理的基础性工作。基于不同的评价目的和评价尺度，国内外研究者建立了多种土壤污染风险评价方法。目前常见的土壤污染风险评价方法可以概括为两大类：指数法和模型法。指数法是指将实际测得的污染物浓度值代入数学公式中，得到污染指数，然后与相应评价标准进行比较，以确定污染等级的方法。指数法以数理统计为基础，将土壤污染程度用比较明确的界限加以区分，已在土壤重金属评价中得到了广泛的应用。常用的指数法包括单因子指数法、内梅罗综合指数法、污染负荷指数法、地质累积指数法、次生相与原生相分布比值法、富集因子法、潜在生态危害指数法等。模型法是在已有参数基础上，构建比较复杂的数学模型，借助计算软件，评价土壤污染的一种方法。模型法一般以指数法为基础，综合考虑土壤环境质量的模糊性及各污染因素的权重，对指数法进行深化和探索。常用的模型法包括模糊综合评价法、层次分析法、灰色聚类法、神经网络算法和物元分析法等。

指数法和模型法在应用于土壤污染风险评价时各有优缺点。指数法因其指数形式简单、易懂、易学、易操作等特点成为人们评价土壤质量时首先想到的方法，它运用明确的标准界限对土壤质量进行划分，忽略了实际土壤污染存在的渐变性和模糊性。模型法考虑了土壤系统存在的灰色性以及土壤质量变化的模糊性，但其在运用过程中需要建立大量函数，运算烦琐，不易理解掌握，同时模型中最佳权重的确定是影响模型有效性的重要因素。

1. 指数法

（1）单因子指数法

单因子指数法具有简单、易操作等优点，在所有污染评价方法中，单因子指数法运用的频率最高。计算公式如下：

$$P_i = \frac{C_i}{S_i}$$

式中，P_i —— 污染物单因子指数；

C_i —— 实测浓度；

S_i —— 限量值（土壤环境质量标准 GB 15618）或者背景值。

当 $P_i > 1$ 时，表示受到污染；$P_i < 1$ 时，表示未受污染；P_i 数值越大，表示污染越严重。单因子指数法可以快速判断被测区域中的主要污染物，但在现实环境中，土壤污染往往是多种污染因素共同作用的结果，因此，该方法主要应用于单一因素污染的特定区域的评价。单因子指数法是评价环境质量指数和其他综合评价方法的基础。

（2）内梅罗综合指数法

综合指数法是一种通过单因子污染指数得出综合污染指数的方法，能够较全面地评价污染物的污染程度。其中，内梅罗综合指数法（Nemerow Index）是人们评价土壤污染时广泛应用的综合指数法。该方法由美国叙拉古大学内梅罗（N.L. Nemerow）教授在其所著的《河流污染科学分析》一书中提出，应用于水体污染评价。具体计算公式如下：

$$P_i = \frac{C_i}{S_i}$$

$$\overline{P} = \frac{1}{n}\sum_{i=1}^{n} P_i$$

$$P_{综合} = \sqrt{\frac{(\overline{P})^2 + (P_{i\max})^2}{2}}$$

式中，P_i —— 污染物单因子指数；

C_i —— 实测浓度；

S_i —— 限量值（土壤环境质量标准 GB 15618）或者背景值；

$\overline{P}$ —— 单项污染指数平均值；

$P_{i\max}$ —— 最大单项污染指数。

内梅罗综合指数法同时兼顾了单因子污染指数的平均值和最大值，避免由于平均作用削弱污染物的权值，突出了污染指数最大的污染物对环境质量的影响和作用，能反映出各种污染物对土壤的作用，将研究区域沉积物环境质量作为一个整体与外区域或历史资料进行比较。然而，随着该方法的应用，一些潜在的问题也随之出现。如师荣光等（2006）认为，内梅罗指数法虽然克服了平均值法各个污染物分担的缺陷，但其过于突出了污染指数最大的污染物对环境质量的影响和作用，评价时可能会人为夸大浓度高的因子或缩小浓度低的因子的影响作用，使其对环境质量评价的灵敏性不够高。在某些情况下，内梅罗综合指数法的计算结果难以区分土壤环境质量污染程度的差别。同时，这种方法没有考虑到土壤中各种污染物对作物毒害性的差别，出现异常值时对结果影响较大，在某些地区可能因此偏离客观情况。张江华等（2010）应用内梅罗指数法对小秦岭金矿带土壤的重金属污染进行了评价，结果显示，研究区 36.9%的样品受到了 Hg 污染，其中 14.3%的样品受到了重污染。与地质累积指数法的评价对比后，作者认为内梅罗指数法以环境质量标准为参照值，属于环境质量的评估范畴，难以反映污染的质变特征，对污染程度的界定有其不足之处。

（3）污染负荷指数法

污染负荷指数法（Pollution Load Index，PLI）由 Tomlinson 等提出。该指数由评价区域所包含的多种污染物成分共同构成，它能直观地反映多种污染物对环境污染的贡献以及它们在时间、空间上的变化趋势。计算公式如下：

①某一污染点的 PLI 值求法：

首先根据沉积物中污染物的实测浓度和该污染物的背景值求出最高污染系数，简称 CF，然后据此求出污染负荷指数（PLI）。

$$\mathrm{CF}_i = \frac{C_i}{C_{0i}}$$

式中，CF_i —— 污染物 i 的最高污染系数；

C_i —— 沉积物中污染物 i 的实测值；

C_{0i} —— 污染物 i 的背景值。

$$\mathrm{PLI} = \sqrt[n]{\mathrm{CF}_1 \times \mathrm{CF}_2 \times \mathrm{CF}_3 \times \cdots \times \mathrm{CF}_n}$$

式中，PLI —— 某点污染物的污染负荷指数；

n —— 参加评价的污染物种类，个。

②某一污染带的 PLI 值求法：

$$\mathrm{PLI}_{\mathrm{zone}}=\sqrt[n]{\mathrm{PLI}_1\times\mathrm{PLI}_2\times\mathrm{PLI}_3\times\cdots\times\mathrm{PLI}_n}$$

式中，$\mathrm{PLI}_{\mathrm{zone}}$ —— 某一污染带的污染负荷指数；

n —— 该污染带所包含的采样点数目，个。

污染负荷指数通过求积的统计法得出，其指数由评价区域所包含的多种污染物成分共同构成，因此能反映各个污染物对区域污染的贡献程度，还可进一步反映各个污染物污染的时空变化特征。污染负荷指数法不足之处在于该方法没有考虑不同污染源所引起的背景差别。

（4）地质累积指数法

地质累积指数法是在单因子指数法基础上改进而来的，计算公式较为简洁，污染评价结果较单因子指数法低。地质累积指数法要求有重金属实测浓度、修正系数和环境地球化学背景值，是根据沉积物重金属含量进行评价。其考虑到自然成岩作用等自然地质过程可能会引起背景值变动，反映重金属分布的自然变化特征，还可区分人为活动对环境影响的重要参数，综合考虑了人为活动对环境的影响。地质累积指数法是德国海德堡大学沉积物研究所的科学家 Muller 在 1969 年提出的，用于定量评价沉积物中的重金属污染程度。其计算公式为

$$I_{\mathrm{geo}}=\log_2\left[C_n/KB_n\right]$$

式中，C_n —— 元素 n 在沉积物中的浓度；

B_n —— 沉积物中该元素的地球化学背景值；

K —— 考虑各地岩石差异可能会引起背景值的变动而取的系数（一般取值为 K=1.5）。

地质累积指数法能够较好地考虑地质背景所带来的影响，它越来越多地被用来评价土壤重金属污染。在评价土壤重金属污染时，公式中 C_n 表示测定土壤中某一给定元素的含量，而 B_n 表示地壳中元素的含量。运用该方法进行评价时，通过地质累积指数的变化可以反映出采样点土壤特性以及污染来源的变化。但是，该方法只能给出各采样点某种重金属的污染指数，无法对元素间或区域间环境质量进行比较分析。因此可以采用地质累积指数与聚类分析相结合的方法进行评价。此外，在应用该方法进行评价时，K 值的选择带有一定的主观性。

（5）次生相与原生相分布比值法

次生相与原生相分布比值法（RSP 法，简称次生原生比值法）一般用来评价重金属对环境污染的可能污染程度。这种方法最早由陈静生等（1987）根据传统地球化学观念提出，他们将颗粒物中原生矿物称为原生地球化学相（简称“原生相”），把原生矿物的风化产物（如碳酸盐和 Fe-Mn 氧化物等）和外来次生物质（如有机质等）统称为次生地球化学相（简称“次生相”），并认为重金属在原生相和次生相中的分配比例可以在一定程度上反映颗粒物是否被污染及其污染水平。该评价中次生相的分配比例越大，说明重金属污染物释放到环境中的可能性越大，对环境和人体造成的潜在危害也就越大。其计算公式如下

$$\mathrm{RSP} = {M_{\mathrm{sec}}}/{M_{\mathrm{prim}}}$$

式中，RSP —— 重金属的污染程度；

M_{sec} —— 土壤次生相中重金属的含量；

M_{prim} —— 土壤原生相中重金属的含量。

由于次生原生比值法突出元素形态的影响，未考虑元素总量和背景值，导致评价结果不能有效地与其他评价方法进行比较，在部分数据上还会出现污染浓度高却得出污染等级低的结论。

（6）富集因子法

富集因子法是分析表生环境中污染物来源和污染程度的有效手段。富集因子（EF）是 Zoller 等（1974）为了研究南极上空大气颗粒物中的化学元素是源于地壳还是海洋而首次提出来的。它选择满足一定条件的元素作为参比元素（一般选择表生过程中地球化学性质稳定的元素），然后将样品中元素的浓度与基线中元素的浓度进行对比，以此来判断表生环境介质中元素的人为污染状况。富集因子的计算公式为

$$\mathrm{EF} = \frac{\left({C_n}/{C_{\mathrm{ref}}}\right)_{\mathrm{sample}}}{\left({B_n}/{B_{\mathrm{ref}}}\right)_{\mathrm{background}}}$$

式中，C_n —— 待测元素在所测环境中的浓度；

C_{ref} —— 参比元素在所测环境中的浓度；

B_n —— 待测元素在背景环境中的浓度；

B_{ref}—— 参比元素在背景环境中的浓度。

富集因子法是建立在对待测元素与参比元素的浓度进行标准化基础之上的。参比元素要具有不易变异的特性。随着富集因子研究方法日渐成熟，国内外许多学者开始把它应用到土壤重金属污染的评价中。但富集因子在应用过程中也存在一些问题，由于在不同地质作用和地质环境下，重金属元素与参比元素地壳平均质量分数的比率会发生变化，导致如果在大范围的区域内进行土壤质量评价，富集因子就会存在偏差。同时，由于参比元素的选择具有不规范性、微量元素与参比元素地壳平均质量分数的比率的稳定性难以保证以及背景值的不确定性，富集因子尚不能应用于区域规模的环境地球化学调查中。在具体的研究区域内，不同背景值对富集程度的判断会产生较大差异，使得有些富集因子的判断结果不能真实反映自然情况。

（7）潜在生态危害指数法

潜在生态危害指数法是根据污染物性质及其在环境中迁移转化沉积等行为特点，从沉积学的角度对沉积物中的污染物进行评价，结合化学、生物毒理学、生态学等方面内容，以重金属的含量、数量、毒性及敏感条件为原则，利用沉积物中重金属相对于工业化以前沉积物的最高背景值的富集程度及相应重金属的生态毒性系数加权求和得到生态危害指数。该方法可以综合反映沉积物中重金属对生态环境的影响潜力，具有简便、快速且较为准确的特点，是国内外重金属质量评价中应用最为广泛的方法之一。它侧重于考虑不同重金属的毒性差异，体现了生物有效性和相对贡献比例，消除了区域差异及异源污染影响，能综合反映沉积物中重金属的影响潜力。潜在危害指数法由瑞典科学家 Hakanson 于 1980 年提出，其计算公式如下

单个重金属污染系数的确定：

$$C_{\text{f}}^{i} = C_{\text{表层}}^{i} / C_{n}^{i}$$

式中，C_{f}^{i} —— 某一重金属的污染系数；

$C_{\text{表层}}^{i}$ —— 土壤（沉积物）重金属浓度实测值；

C_{n}^{i} —— 计算所需的参比值。

Hakanson 提出以现代工业化前沉积物中重金属的最高背景值作为参比值，也有的学者在评价中以国家土壤环境标准值作为参比值。

土壤（沉积物）重金属污染度，简称 C_{d} 值，是多种重金属污染系数之和：

$$C_{\mathrm{d}} = \sum C_{\mathrm{f}}^{i}$$

各重金属的毒性响应系数，简称 T_{r}^{i} 值，用来反映重金属在水相沉积固相和生物相之间的响应关系。采用 Hakanson 制定的标准化重金属毒性响应系数为评价依据，其毒性响应系数分别为

$$\mathrm{Zn}=1<\mathrm{Cr}=2<\mathrm{Cu}=\mathrm{Ni}=\mathrm{Pb}=5<\mathrm{As}=10<\mathrm{Cd}=30<\mathrm{Hg}=40$$

单个重金属的潜在生态危害系数，简称 E_{r}^{i} 值，计算公式如下

$$E_{\mathrm{r}}^{i} = T_{\mathrm{r}}^{i} \times C_{\mathrm{r}}^{i}$$

土壤（沉积物）多种重金属潜在生态危害指数，简称 RI 值，计算公式如下

$$\mathrm{RI} = \sum_{i=1}^{n} E_{\mathrm{r}}^{i}$$

潜在生态危害指数法引入毒性响应系数，将重金属的环境生态效应与毒理学联系起来，使评价更侧重于毒理方面，对其潜在的生态危害进行评价，不仅可以为环境的改善提供依据，还能够为人们的健康生活提供科学参照。美国国家环境保护局提出的毒性响应系数主要适用于大气的环境评价，若应用于土壤重金属环境评价，则需根据实际情况对之进行修正，可根据重金属元素在各环境物质（如岩石、淡水、土壤、陆生动植物等）中的丰度来进行修正计算。

2. 模型法

（1）层次分析法

层次分析法（Analytic Hierarchy Process，AHP），是美国运筹学家 T. L. Saaty 提出。这是一种定性和定量相结合、系统化、层次化的分析方法，特别适用于分析难以完全定量的复杂决策问题，因而很快在世界范围得到重视并在多领域广泛应用。

层次分析法的应用步骤：首先，根据问题和要达成的目标，把复杂问题的各种因素划分成相互联系的有序层次，形成一个多层次的分析结构模型；其次，根据客观现实进行判断，给每一个层次各元素两两间相对重要性以相应的定量表示，从而构造出判断矩阵；最后，用特定的数学方法，如和法、根法、特征根法或者最小二乘法等求出各种因素的相对权重，从而确定全部要素相对重要性次序以及对上一层的影响。在多种污染物复合污染的情况下，各种污染物对土壤质量的影响是不同的，可以运用层次分析法来确定各个因素的权重。然而，研究者在应用层次分析法时也发现部分问题。孟宪林等（2001）

研究发现，一般层次分析法最后是按层次权值的最大值，即“最大原则”来进行分类，忽略比它小的上一级别的层次权值，完全不考虑层次权值之间的关联性，因此导致分辨率降低，评价结果出现不合理的现象。进而对层次分析法进行改进，并开展了土壤重金属污染风险评价工作。结果显示，改进后的层次分析法不但在大多数情形下与对比的两种方法评价结果相一致，而且还能克服其他两种方法出现的误判。

（2）模糊数学法

模糊数学法由 L. A. Zadeh（1965）提出，经充分发展，已被广泛应用于生产实践。模糊数学法是描述没有明确界限的模糊事物的数学分析方法，利用模糊变换对各相关因素进行综合评价。土壤污染物污染程度的界限是渐变的、模糊的，将模糊数学概念引入土壤污染物污染评价中，可以有效解决土壤污染物污染级别模糊边界的问题。应用模糊数学法进行土壤污染物污染风险评价的基本原理是基于污染物实测值和污染分级指标之间的模糊性，运用模糊线性变换原理，通过隶属度的计算首先确定单种污染物在污染分级中所属等级，进而经权重计算确定每种元素在总体污染中所占的比重，最后运用模糊矩阵进行复合运算，得出污染等级。在该方法中，如何确定指标的权重是决定方法成功与否的关键。

模糊数学法在土壤污染评价中得到广泛应用。例如，梁镇海等（2010）、朱红等（2013）和陈优良等（2016）应用模糊数学法分别对山西省太原市敦化灌区、甘肃省白银市白银区和江西省信丰县稀土矿区土壤金属污染进行了评价。此外，模糊数学法在实际应用中被不断地改进和完善。例如，窦磊等（2007）改进了针对土壤重金属污染评价的模糊数学模型和评价因子权重的计算方法，提出了基于污染物浓度和毒性的双权重因子的模糊综合评价法，既反映了污染物的浓度超标状况，又反映了污染物的毒性作用，使评价更为全面合理。杨西飞等（2007）在“模糊”评价指标的基础上，结合 Matlab 软件 FIS 工具，拟建了铜陵矿区耕地土壤模糊评价模型，并应用该模型对铜陵矿区耕地土壤中重金属污染进行了相应的评价。有效地解决了模糊综合评价过程中大量的数据处理和复杂计算，提高了数据批处理的准确性和时效性，并可通过其 FIS 功能将所有模糊评价过程和数据结果以图形形式展示出来，使各因子污染程度和综合评价结果得以充分体现。

（3）灰色聚类法

灰色聚类法是在模糊数学方法基础上发展起来的。应用灰色聚类法进行土壤污染物污染评价的步骤为构造白化函数，引入修正系数，确定污染物权重，再计算聚类系数实现土壤样本的环境质量等级评判与排序。相对于模糊数学方法，优点在于不丢失信息，在权重处理上更趋于客观合理，用于环境质量评价所得结论比较符合实际，具有一定可比性。王金生（1992）、罗厚枚和王宏康（1994）通过实例验证了灰色聚类法在评价土壤污染上的有效性，袁媛和马建华（2009）利用灰色聚类法对陇海铁路圃田段断面土壤重金属进行综合评价，评价结果与实际污染状况一致。

然而，一般灰色聚类法最后是按聚类系数的最大值，即“最大原则”来进行分类，忽略比它小的上一级别的聚类系数，完全不考虑聚类系数之间的关联性，因而导致分辨率降低，评价结果出现不尽合理的现象。而刘家宝（1993）在大气环境中使用的改性灰色聚类法，较好地克服了这一不合理现象。孟宪林等（1994）将此改性灰色聚类法应用于土壤重金属污染评价。黄彩霞等（2009）采用宽域灰色聚类法对土壤质量进行评价，并与综合指数法、模糊综合评判法相比较，发现宽域灰色聚类法的评价结果较另外两种方法更为合理。分析认为，宽域灰色聚类法充分考虑了污染级别之间的灰色性，通过修正使相邻级别的边界问题解决得较好，提高了分辨率、信息利用率和综合评价精度。虽然需要建立多个白化函数，计算过程烦琐，但这可以通过计算软件解决。

（4）神经网络算法

人工神经网络（Artificial Neural Networks，ANN）是一种用计算机模拟生物机制的方法，它具有自学习和自适应的能力，可以通过预先提供的一批相互对应的输入-输出数据，分析掌握两者之间潜在的规律，最终根据这些规律，用新的输入数据来推算输出结果。人工神经网络由于其强大的非线性映射能力及自组织性、自学习、自适应等特点，能够智能地学习各个采样点的空间位置与该点各重金属含量之间的映射关系，并能够稳健地对各个空间插值点处的土壤重金属含量进行预测。人工神经网络模型建立的难点在于，模型建立过程中需要进行大量训练样本的学习以及测试样本的检验。好在这一问题的难度在先进的计算机软件（如 MatLab）的支持下得以大幅降低。在土壤重金属污染评价方面，BP 神经网络是应用较多的一种模型。Ulson 等（2010）用带一个隐层的多层感知器研究了土壤肥力的空间分布，与克里格插值结果相比，达到相近甚至更好的预测精度。李向等（2012）借助神经网络模型对内蒙古自治区包头市土壤重金属污染进行了评价。结果显示，神经网络模型评价方法的评价结果与内梅罗综合指数法评价结果一致，对于某些细小区域的评价，神经网络模型法的评价结果更为合理。胡大伟等（2006）运用 RBF 和 LVQ 网络模型对土壤重金属含量的空间分布和土壤重金属污染状况进行了详细的研究。研究结果表明，神经网络模型能够智能地学习各个样点的空间位置与该点各重金属含量之间的映射关系和预先设计好的分类评价模式，并能够稳健地对各个空间插值点处的重金属含量和各个位点的重金属污染状况进行预测和评价。

（5）物元分析法

物元分析是研究解决矛盾问题的规律和方法，系统科学、思维科学、数学交叉的边缘学科，是贯穿自然科学和社会科学而应用较广的横断学科。利用物元分析方法，可建立事物多指标性能参数的质量评定模型，并能以定量的数值表示评定结果，从而较完整地反映事物质量的综合水平，并易于用计算机进行编程处理。

基于不同的研究目的，研究者们建立了多种土壤污染物的污染评价物元模型。例如，门宝辉和梁川（2002）将农业土壤的重金属污染级别、评价指标和特征值作为物元，得到物元模型的经典域、节域、权系数及关联度，建立了农业土壤环境综合模型。汤武等（2012）采用物元法模型对城市不同区域土壤重金属污染进行了综合评价。运用该方法将各重金属浓度划分为 3 个等级，再通过关联度函数和权重函数得到综合关联度值，即该区域内每种重金属对各等级的归属程度，最后判断每个区域的污染等级。陈平等（2017）在考虑土壤中不同粒径分布的基础上，构建了评价土壤重金属污染的物元模型，以最大关联度原则对土壤重金属污染进行污染等级划分。

对比研究显示，应用物元分析模型得到的土壤重金属污染评价合理、可靠。例如，陈建勇等（2011）运用基于熵权的物元分析法对土壤重金属污染进行综合评价，并将其评价结果与属性识别法、模糊数学法进行对比，结果表明，运用物元分析法进行土壤重金属污染评价是可行的。王晓飞等（2016）引用毒性响应系数对物元分析模型中权重的计算方法进行改进，并将改进的物元分析模型对广西环江某地受铅锌矿影响的土壤重金属污染状况进行评价分析。评价结果符合当地的实际情况，同时与潜在生态危害指数评价结果一致，说明物元分析法在土壤重金属污染评价中的应用是合理的，其评价结果具有可靠性。

2.1.2 现有评价方法应用

耕地土壤环境质量安全直接关系到农产品的产量和安全质量，因此耕地土壤污染风险评价研究越来越引起人们的关注和重视。然而，对于如何评价耕地土壤重金属污染风险，国内外目前尚未制定统一的标准。就评价目的而言，耕地土壤重金属污染风险评价既与一般土壤重金属污染风险评价类似，又有别于一般土壤重金属污染风险评价方法。

1. 评价标准

一般土壤重金属污染风险评价的目的是保护土壤生态系统多样性和土壤的可持续利用，因此较多用土壤环境背景值作为评价标准，其寓意是保护大部分土壤尽可能维持现在的背景水平。而耕地土壤污染评价的目的是为农业生产和食品安全服务，因此，在进行耕地土壤重金属污染风险评价时，普遍选择《土壤环境质量 农用地土壤污染风险管控标准（试行）》（GB 15618—2018）的风险筛选值作为评价标准，用指数法或模型法计算评价结果，判定耕地土壤环境质量的好坏和受污染的程度。该风险筛选值是依据污染物在土壤—植物体系、土壤—微生物体系和土壤—水体系中诸多土壤环境质量基准值的最低值制定。一般来说，风险筛选值均显著高于土壤背景值。

2. 评价方法选择

由于国内外目前尚未制定统一的耕地土壤重金属污染风险评价标准，研究者在开展耕地土壤重金属污染风险评价工作时，因研究目的的差异，评价方法选择上也各有差异。整体而言可以分为三大类：直接引用一般评价方法，对一般评价方法改进后引用和建立新的评价方法。

（1）直接引用一般评价方法

就耕地土壤中单一重金属元素污染的风险进行评价时，单因子指数是应用最为广泛的评价方法。例如，现行各类耕地土壤环境质量评价国标中均采用单因子指数法作为基本评价方法，包括《土壤环境质量评价技术规范（二次征求意见稿）》、《绿色食品 产地环境调查、监测与评价规范》（NY/T 1054—2021）、《无公害农产品产地环境评价准则》（NY/T 5295—2015）等。

当评价目的是获取耕地土壤中多个重金属元素的整体污染风险时，基于不同的目的，内梅罗综合指数法、潜在生态危害指数法等均有使用。更多情况下，单因子指数法和各种综合评价方法同时使用，分别获取单个重金属元素和多个重金属元素整体的污染风险。例如，孙蕾等（2009）同时应用单因子指数法和内梅罗综合指数法评价了吉林省长春市农安县耕地土壤重金属污染风险。结果显示，农安县耕地重金属污染较轻，单因子指数和内梅罗综合指数均达到《绿色食品 产地环境技术条件》（NY/P 391）标准。韩仲宇等（2017）分别采用单因子污染指数法和污染负荷指数法对陕西省某冶炼厂周边耕地土壤重金属污染特征进行了研究。结果显示，就单个重金属元素而言，冶炼厂周边耕地土壤 Cd、Cu 和 Pb 是主要污染元素，其中 Cd 污染比较严重。就重金属的整体污染而言，冶炼厂周边不同重金属污染的污染等级介于中等和极强之间。

由于不同的评价方法都有其适用范围和评价目的，存在明显的局限性，部分研究者同时使用两种或两种以上方法评价耕地土壤重金属污染风险，以期从不同角度了解耕地土壤重金属污染的程度和风险。例如，胡世伟等（2015）同时采用潜在生态危害指数法、污染负荷指数法和地质累积指数法对陕西省杨凌蔬菜产地土壤重金属污染风险进行了评价，从不同角度评价耕地土壤重金属污染的风险。作者认为，潜在生态危害指数法的评价结果侧重于对环境的潜在危害；污染负荷指数法可以同时对单一点和区域进行综合污染评价，但无法对单一元素进行评价；地质累积指数法只能评价单因子污染程度，不能评价多因子污染水平以及区域综合污染水平。

（2）对一般评价方法进行改进

由于一般土壤重金属污染风险评价法设计之初均未从土壤属性及用途出发，因此无法对耕地土壤重金属污染进行客观评价。因此，部分研究者尝试对一般评价方法进行改进后，再将其应用于耕地土壤重金属污染风险评价。例如，刘衍君等（2009）认为虽然地质累积指数因其意义明确、计算方便，得到了广泛的应用，但只能给出各采样点的多种重金属综合指数和某种重金属的地区综合指数。作者对内梅罗综合指数法进行了改进，将单因子指数换成地质累积指数，得到新的综合指数。基于这一改进，作者对山东聊城的耕地土壤重金属污染进行了评价，结果显示，聊城市各地区的重金属综合污染水平较低，各地区的污染水平相似，不存在明显的地区差异。8 种重金属样点的变异系数存在着较大的差异，其中 Zn 的变异程度最大，反映了聊城市土壤中 Zn 受人为活动的影响最深。胡淼等（2014）将层次分析理论用于环境评价领域，引入重金属毒性响应系数和重金属在粮食中的限量值双重准则，并结合加权平均法建立综合评价模型，并应用此模型对湖南某矿区周边耕地土壤重金属污染风险进行评价。结果显示，该评价模型既继承了层次分析法将定性与定量分析相结合的特点，又综合考虑了重金属的毒性响应系数和粮食中重金属含量对土壤综合质量的影响，与其他评价方法存在低估污染情况的缺点相比，该评价方法在一定程度上提高了其灵敏度。蔡小冬（2014）以改进 AHP 来确定权重的加权平均综合指数法对甘肃省白银市白银区耕地土壤进行了重金属污染评价，结果显示，改进层次分析法在耕地土壤重金属污染风险评价中具有满意的一致性。

（3）建立新的方法

越来越多的研究和检测结果发现，仅仅依靠土壤中重金属的总量来评价耕地土壤重金属的污染风险，已经无法达到保障产品质量安全的要求。例如，2012 年年底曝光的广东省广州市番禺金山村“垃圾菜”事件，广州市农业局对金山村菜田土壤和蔬菜样品进行了检测，发现虽然土壤样品超标，但种植的菜心、芫荽重金属含量并未超过国家限量值。2009—2010 年，广东省农科院农产品公共监测中心在珠三角 11 个市采集了 1 632 份一一对应的蔬菜和土壤样品，分别以《食品安全国家标准 食品中污染物限量》（GB 2762—2017）和《土壤环境质量 农用地土壤污染风险管控标准（试行）》（GB 15618—2018）作为评价依据，结果发现蔬菜超标率（37.38%）明显低于土壤超标率（54.1%）。由此可知，在耕地土壤重金属污染风险评价时，如果仅仅以土壤中重金属污染水平作为指标来判断耕地土壤是否适宜农业生产，将会出现部分具备生产合格农产品能力的耕地被迫退出农业生产领域，这不仅会造成耕地资源的日益紧缺，还会造成无谓的浪费。因此，研究者们尝试针对耕地土壤重金属污染风险评价建立更具针对性的评价方法。例如，刘凤枝等（2006）提出用土壤中重金属有效态来评价农产品产地土壤环境质量对种植农作物的适宜性。王圣伟等（2014）建立了一种用重金属地质生态毒性与健康生物毒性相结合作为权重因子的模糊综合评价模型，并对山东省滨州市耕地土壤污染风险进行了综合评价，同时利用文献对照数据对模型的有效性进行了验证，结果表明，该模型具有较好的分辨率和灵敏性，适用于耕地土壤重金属污染风险评价。

2015 年农业部发布《全国农产品产地土壤重金属安全评估技术规定》，服务于全国农产品产地土壤重金属污染普查。在该文件中，采用单因子指数法计算农产品产地土壤重金属（砷、镉、铬、汞、铅）的污染指数；同时引入农产品污染指标，通过土壤、农产品协同控制的方法对农产品产地土壤进行安全等级划分（表 2-1），以达到保障食用农产品安全的目的。针对不同安全水平的产地土壤，该方法也给出了对应的管理策略（表 2-2）。该方法的具体计算过程如下

$$P_i = \frac{C_i}{C_{0i}}$$

式中，P_i —— 土壤中重金属 i 的单因子指数；

C_i —— 土壤中重金属 i 的实测浓度；

C_{0i} —— 土壤中重金属 i 的安全评估参比值（表 2-3）。

$$E_i = \frac{A_i}{S_i}$$

式中，E_i —— 协同监测的农产品中重金属 i 的单因子指数；

A_i —— 协同监测的农产品中重金属 i 的实测浓度；

S_i —— 农产品中重金属 i 的限量标准值（表 2-4，源于《食品安全国家标准　食品中污染物限量》（GB 2762—2017）。

表 2-1　依据土壤指数和农产品重金属的安全水平划分等级

等级	划分依据		土壤安全水平	划分依据说明
	土壤指数（P_{imax}）	农产品指数（E_i）		
1	P_{imax}≤1	E_i≤1	无风险	土壤重金属含量未超过参比值，农产品达标，表明生产环境对农产品安全未构成危害
2	P_{imax}≤1	1＜E_i≤2	低风险	土壤重金属含量未超过参比值，但农产品重金属含量为限量值标准的 1～2 倍，表明生产环境对农产品安全已造成一定的危害
	1＜P_{imax}≤2	E_i≤1		土壤重金属含量为参比值的 1～2 倍，但农产品达标，提示产地环境具有一定的潜在安全风险
3	1＜P_{imax}≤2	1＜E_i≤2	中度风险	土壤重金属含量为参比值的 1～2 倍，且农产品重金属含量为限量标准的 1～2 倍，表明生产环境对农产品安全已构成较大的安全威胁
	2＜P_{imax}≤3	E_i≤2		土壤重金属含量为参比值的 2～3 倍，但农产品未超标或超标在 2 倍以内，提示生产环境对农产品安全的潜在风险很大
4	P_{imax}＞3	任意	高风险	土壤重金属含量为参比值的 3 倍以上，无论当季农产品质量如何，都表明产地具有极高的风险
	任意	E_i＞2		不论污染土壤重金属含量如何，农产品中重金属含量为限量值的 2 倍以上，表明农产品安全已受到极大的安全威胁

表 2-1 中，农产品超标的重金属元素与土壤最大指数（P_{imax}）所对应的重金属元素不一致时，土壤安全水平降低一个等级处理，即由高风险降低为中度风险或由中度风险降低为低风险。

表 2-2 土壤安全各等级主要特征及管理策略

等级	土壤安全水平	主要特征	管理策略
1	无风险	土壤重金属含量较低，土壤及周边环境污染对农产品质量基本没有影响，农产品中重金属含量符合食品卫生要求	实施重点保护，防止新增污染，维护安全状态
2	低风险	土壤重金属有一定积累，产地周边环境污染较少，农产品中重金属含量总体符合相关限量标准，优化农艺生产措施可确保农产品品质安全	控制污染输入，监视污染动态，优化生产管理
3	中度风险	土壤重金属含量较高，土壤及周边环境对农产品质量安全已构成明显威胁，并导致部分农产品重金属含量超标，需要选择合适的修复方法对土壤进行修复	开展风险评估，实施风险管控，积极进行修复
4	高风险	土壤重金属含量高，并已成为农产品质量安全的主要影响因素，周边环境污染较重，农产品中重金属含量不符合相关限量标准，需要进行综合整治	开展综合整治，调整种植结构，消减污染危害

表 2-3 农产品产地土壤安全评估参比值 单位：mg/kg

项目	农产品产地土壤	土壤 pH		
		<6.5	6.5~7.5	>7.5
镉	农产品产地土壤≤	0.3	0.4	0.5
汞	农产品产地土壤≤	0.3	0.5	0.7
砷	水稻及蔬菜产地土壤≤	25	20	20
	其他农产品产地土壤≤	40	30	30
铅	蔬菜产地土壤≤	40	60	80
	其他农产品产地土壤≤	100	150	200
铬	蔬菜产地土壤≤	150	200	250
	其他农产品产地土壤≤	200	250	300

表 2-4 农产品中重金属限量标准值 单位：mg/kg

项目	农产品种类	标准限量值
镉	水稻、蔬菜（叶菜类）、大豆	0.2
	小麦、玉米、蔬菜（豆类、根茎类）	0.1
	蔬菜（茄果类）、水果	0.05

项目	农产品种类	标准限量值
汞	水稻、小麦、玉米	0.02
	蔬菜（茄果类）、水果	0.01
砷	小麦、玉米、蔬菜	0.5
	水稻	0.2（以无机砷计）
铅	茶叶	5.0
	蔬菜（叶菜类）	0.3
	水稻、小麦、玉米、蔬菜（豆类、根茎类）、大豆	0.2
	蔬菜（茄果类）、水果	0.1
铬	水稻、小麦、玉米、大豆	1.0
	蔬菜	0.5

2.1.3　评价方法的局限性和不足

耕地土壤重金属污染已经成为影响我国耕地质量和农产品安全的突出问题，而污染风险评价对于土壤重金属污染的管控具有重要意义，它是降低耕地土壤重金属污染风险的基础和前提。如何科学、客观地评价耕地土壤污染现状和发展趋势，并依据评价结果开展有效的保护和防治工作，尽快将耕地土壤重金属污染的风险降至最低程度，已受到研究者和政府的高度关注。

常见土壤重金属污染风险评价方法应用于耕地土壤重金属污染风险评价时，可能会存在以下问题：

①一般土壤重金属污染风险评价方法的目的是保护土壤生态系统多样性和土壤的可持续利用，其寓意是保护大部分土壤尽可能维持现在的背景水平。因此，一般土壤重金属污染风险评价方法对土壤中重金属含量是否会导致农产品中重金属含量超标几乎不予关注。而耕地土壤重金属污染风险评价的目的是保证农产品安全生产。显然引用一般土壤重金属污染风险评价方法对耕地重金属污染风险进行评价时，虽然可以获得耕地土壤重金属污染的程度以及污染程度的时空变化，但是对于该耕地土壤是否能应用于农业生产，种植农作物所获得农产品中重金属含量是否会超标等问题均无法给出答案。

②影响重金属在农产品中富集的因素除了耕地土壤中重金属总量，还包括耕地土壤中重金属的生物可利用量、不同农作物对重金属的富集能力以及不同污染源对耕地土壤

重金属输入的贡献等。目前，尚未见有方法将这些因素考虑在耕地土壤重金属污染风险评价中。

③一般情况下，土壤中重金属的输入、输出保持着动态平衡，因此，当少量重金属元素进入土壤后，其可能的不利影响可以通过土壤的自净被消除。然而，当过量的重金属元素进入耕地土壤时，这种平衡被破坏，造成土壤污染，导致土壤生产能力下降，进而导致农产品重金属含量上升至威胁消费者健康的水平。土壤中重金属实测值是各种评价方法的基础，各种评价方法的评价结果也仅仅表达的是土壤样品采集时期土壤的污染程度，对于未来一段时间土壤中重金属的动态并未涉及。即未见评价方法将土壤重金属污染趋势考虑在内，缺少污染趋势分析，对土壤重金属污染动态不清楚。这一方面可能会导致实际耕地土壤污染程度远严重于评价结果而不自知，另一方面会导致不得不进行长期监测，从而浪费财力、物力和人力。

综上所述，为保证农业的可持续发展和农产品的安全利用，亟须建立一套科学合理、简单易操作且针对耕地土壤的重金属污染风险的评价方法。该方法在给出耕地土壤污染的程度、时空特征的同时，可以判断污染的来源、发展趋势，并且评价结果可以为耕地土壤污染防治给予支持。

2.2 耕地土壤污染风险管控与修复研究进展

2.2.1 国外耕地土壤污染风险管控与修复研究进展

风险管控的概念是我国根据“土十条”对农用地分类管理的要求修订完善形成《土壤环境质量农用地土壤污染风险管控标准（试行）》而引进的。国外早在 20 世纪 80 年代就提出了风险管控的概念，但没有形成针对不同风险农用地提出不同管控和降低风险措施的一套完整的标准体系。国外更是很少有专门针对耕地（或农用地）的风险管控标准和技术制度。因此依据我国目前对农用地风险管控政策和标准的研究，将国外农用地风险管控相关研究概括为 3 个方面：国外土壤（包括农用地）污染风险管控标准、国外土壤修复风险管控技术和农用地保护制度。

1. 国外土壤污染风险管控标准

美国、加拿大、荷兰和德国等国家对污染地块普遍采取风险管理的理念，建立土壤污染风险评估方法。针对不同污染地块的不同规划用地方式和功能（包括农用地），制定基于风险管理的土壤环境风险筛选值，用于初步筛查关注污染物，启动土壤污染调查和评估，以便进行后期风险管控。

在北美洲，美国根据住宅、商业、农业等不同用地方式颁布旨在保护人体健康的《土壤环境风险筛选值》，并于 2000 年由美国国家环境保护局颁布了旨在保护生态受体安全的《土壤筛选导则》。按照美国国家环境保护局的定义，所谓生态土壤筛选值就是保护那些与土壤发生接触，或以土壤中及土壤上的生物质为食的生物受体的土壤污染物浓度筛选值。美国许多州同时制定了相应的土壤质量指导值。对于污染地块的修复目标值，美国也是针对不同的用地方式进行风险评估，计算每一个地块的修复目标值，从而经济有效地控制或消除污染地块的开发风险。

加拿大环境部长理事会在考虑保护生态物种安全和人体健康风险的基础上，根据农业、住宅、商业和工业等用地方式，分别制定了保护生态的土壤质量指导值和保护人体健康的土壤质量指导值，取两者中的最低值作为最终的综合性土壤质量指导值。

在欧洲，荷兰于 1983 年制定的《土壤环境保护暂行法》，基于土壤背景值和专家经验提出了最初的 A、B 和 C 土壤标准值体系。根据工业用地、农业用地、居住用地和商业用地等不同的土地利用方式，确定土壤污染物的目标值和干预值。只对超过干预值的土壤进行修复，将受到污染但没有超过干预值的土壤纳入可持续土地管理。荷兰所有污染土壤中，90%纳入了可持续管理。土壤污染物干预值制定要求其能保护与土壤相关的 50%的物种和 50%的生物过程，因此，荷兰土壤环境标准中的干预值可用于污染土壤生态风险评估。

德国于 1998 年 3 月 17 日颁布了《联邦土壤保护法》，1999 年配套生效了《联邦土壤保护和污染地块条例》，建立了土壤污染风险评估和治理修复的统一方法和标准，是世界上较早颁布土壤保护法案的国家之一。经过长期发展和完善，德国在农用地土壤污染限值标准制定和应用方面积累了丰富的实践经验。德国《联邦土壤保护和污染地块条例》详细规定了预防值、触发值、行动值三类土壤污染限值标准，并明确规定了每年的土壤污染负荷。触发值和行动值对于德国农用地土壤污染风险管控具有重要意义。预防值、触发值、行动值这三类土壤污染物限值的作用明确：“超过预防值意味着未来有可能产生土壤污染问题；超过触发值则需启动调查评估程序以判断该土壤污染是否存在风险；超过行动值则意味着风险影响人类健康或环境，应当采取行动消除风险。”此外，德国还建立了年土壤污染负荷清单，限定了土壤作为受纳体和在一年中通过所有途径消纳的污染物的种类和数量。农用地土壤触发值和行动值主要用于评价可耕作层土壤污染状况，即 0～30 cm 深度的耕地和菜园用地，以及 0～10 cm 深度的草场土壤污染状况。对于更深的土壤，其相应标准限值应在原有基础上扩大 1.5 倍。德国在制定土壤触发值、行动值以及预防值时，以保护人体健康为主要目标，兼顾保护农产品质量安全。主要考虑“土壤—人类”直接接触、“土壤—作物”接触及转移、“土壤—地下水”淋溶 3 种暴露途径。德国针对“土壤—人类”直接接触途径，结合地块用途选择以下污染物：砷、铅、镉、氰化物、铬、镍、汞、阿尔德林、苯并芘、DDT、六氯苯、六氯化苯（HCH 混合物或 HCH）、五氯苯酚、多氯联苯、二噁英（呋喃）。针对“土壤—作物”接触、转移途径，结合不同的场景选择以下污染物：砷、镉、铅、汞、铊、苯并芘，主要针对需要考察作物质量的农业区域或者菜园；砷、铅、镉、铜、镍、汞、铊、多氯联苯，主要针对需要考察作物质量的草场；砷、铜、镍、锌，主要针对存在作物生长障碍的农业区域。

这些国家将风险意识贯穿土壤环境管理的全过程，指导污染土壤的环境调查、监测和修复。国际上对于特定污染地块，普遍的做法是结合具体地块条件和规划土地利用方式等，开展特定的污染土壤的风险评估。以筛查特定地块是否存在环境风险，并依据用地方式，确定污染地块土壤的修复目标值。

2. 国外耕地污染土壤风险管控与修复的主要技术

风险管控与修复包括基于风险目标管理而提出的措施或技术，如目前我国提出的为保证农产品安全采取的耕地土壤钝化技术、翻土技术等，这些措施的目标就是降低农产品污染风险，不考虑土壤污染物是否去除。由于土壤污染管控修复的复杂性和技术的可行性，这些措施是目前现实条件下的选择，也是目前最为经济的选择。但土壤污染并未得到彻底解决，需要长期控制其污染其他环境介质的风险。国外耕地污染土壤风险管控与修复技术多表现为土壤修复技术被广泛应用。根据大数据分析，除我国外，公开资料显示日本是全世界仅有的开展耕地污染管控与修复的国家。

日本曾因矿山未处理废水排放导致耕地镉污染，全国受污染耕地约为 7 000 hm^2（合 105 000 亩）。日本解决耕地污染的风险管控方法主要是翻土修复法，即首先将 30 cm 厚的表层污染土用推土机剥离，再用挖掘机在田内挖出梯形沟，将地边的污染土填埋进去。然后将挖出来的非污染土填埋在上部 20 cm，作为耕盘土压实，最后从别处运来净土覆盖在表面，层高 20.5 cm，配合土壤改良剂、有机肥等后就可以耕种了。日本的翻土修复法（对于重金属镉、铜、镍、锌，原则上建议采用土壤翻土混合稀释法）实施性较强，有较多成功的案例。与其他方法相比，该方法能够迅速降低项目所在地土壤中重金属的浓度，并减少耕作层中对作物风险性较高的重金属浓度的作用。但是该方法并没有从根本上去除土壤中的污染物质，因此在实施过程中存在一定风险，同时会改变土壤的理化性质，造成耕层土壤肥力下降等负面作用，因此该方法适宜在特定的条件下使用。日本正在研究的方法还有三种：一是植物修复，即种植吸收镉能力强的植物（如"长香谷"），收获的作物焚烧处理。尽管这种方法还存在抗倒伏性差、施肥多、修复周期长等问题，但它的成本仅为翻土修复法的 1/15。二是洗净法，即将修复目标地块用防水板围住，向内部注水，搅拌后抽取上清液进行废水处理，污泥则焚烧处理，可作为没有客土来源地区的选择。三是改进田间管理，即在水稻出穗期内，将稻田水位维持在 2～3 cm，不让土壤暴露，以此调节水中微生物，降低镉溶出量，减少作物对镉的吸收。日本规定，糙米镉含量高于 1.0 mg/kg 时稻田土壤必须进行客土修复，在 0.4～1.0 mg/kg 时则主要通过水分管理控制。《关于农用地土壤污染防治法》要求：农用地土壤镉含量超过 1 mg/kg，土壤应停止种植进行治理修复。

以现有资料来看，国际上应对耕地污染的措施均以保障粮食安全为最终目标，实际措施以"换新"（客土法和翻耘法）为主，以"调控"（水分调节和调整种植结构）为辅，"修复"（植物修复和洗净法）则尚处于研究、试验或小规模应用中。

需要特别指出的是，土壤修复的概念源自国外的污染场地环境管理，由于耕地和污染场地的用途有本质不同，因而二者保护治理的思路和技术都有很大区别。国外的土壤修复一词的内涵基本不包括耕地。土壤修复概念传入我国后，或许是受同为"土壤"概念的影响，加上我国耕地的大面积污染，耕地修复也进入了土壤修复的范围。

3. 国外耕地污染土壤风险管控与修复制度

土壤污染治理难度大、成本高、见效慢，根据欧美等发达国家的经验，污染预防、风险管控、治理与修复的投入比例约为 1∶10∶100。德国、日本、韩国等国家均制定了严格的土壤环境风险管控制度。

日本是一个人多地少、人均土地资源十分匮乏的国家。为了保护耕地，日本通过农业振兴区域的整治法律和农地法来对农业区域中的农地加以特殊管制。这些法律内容包括：指定农业振兴区域，设定以农业用地区域为内容的农业振兴区域整治规则，关于农业用地区域内的土地，应用于农业用地利用规划中指定的用途，据此进行劝告和调停；在农业用地区域中限制农业用地等的转用；实行开发行为许可制，设定待定土地利用权制度等。日本土壤环境管理给我们的启示是强化农用地土壤的环境管理和用途管制，制定配套的管理细则和操作流程。

美国对耕地的保护可以分为直接农地保护和限制城市发展的间接保护两个方面。直接农地保护主要是采取各种措施限制农地转为他用和鼓励农地农用。美国对耕地的直接保护主要通过以下方式：通过税款优惠与减免方案来刺激、奖励农地农用；通过政府和民间组织购买农地发展权保证土地的农业用途；通过法律、土地规划等措施保护农地；通过制定农业区划把农业用地同工业用地和其他用地严格划分。美国已划定了最好的农地，确定了农地的保护范围（美国 99%的农场已纳入保护范围）。

对化肥、农药等农用化学品使用进行严格的限制也是一种风险管控措施，以保证农产品达到所要求的品质。美国在 20 世纪 70 年代启动净水计划，于 20 世纪 90 年代提出“风险分析与关键控制点”的理论与方法体系，并在农产品生产领域积极推行“良好操作规范”（GMP）模式，把生产过程中的污染控制和产地环境质量管理作为重点，将农产品的销售与产地环境质量直接挂钩，从而使得农产品的质量风险降到最低。美国提出的“最佳管理措施”（BMPS）起源于 20 世纪 70 年代，其核心是采用多种组合措施来解决农业污染问题。BMPS 包括养分管理措施、耕作管理措施和景观管理措施 3 个层次，各州政府制定详细规则办法并组建相应的检测与管理机构。

瑞典在进行农业土地利用的环境风险控制时采用物质输入—输出的分析方法，按土壤类型及各类养分的盈亏和作物的需求，进行精确施肥来避免施肥过量造成的环境污染。同样，根据田间病虫害和杂草分布，按需用药，精确喷洒，也可减轻农药应用对土壤、大气和水体的污染。

另外，由于发达国家的土壤环境管理工作起步较早，因此已经形成了较为完善的土壤环境管理（法律法规、技术、工程和管理）体系，建立了相对完善的污染土地识别、评价和处理体系，积累了丰富的土壤环境管理经验。其场地土壤污染环境管理与我国耕地土壤污染风险管控措施也有相通之处。

加拿大采取十步管理流程：识别可疑场地、场地历史调查、初步采样测试、场地分类、详细采样测试、场地再分类、制定修复管理措施、实施修复管理措施和确认采样与最终报告。加拿大部长委员会开发了污染场地国家分类系统，用于优先管理的污染场地的划分和筛选。经过十几年的发展，加拿大于 2002 年建立了联邦污染场地名录数据库，实现了污染场地管理的信息化和网络化。

德国采取“分而治之”的管理模式：对污染不太严重、治理相对容易的土地，经彻底清除后，改变土地用途；对污染不严重但治理比较困难的土地，基本保持其原有设施与设备，用于工业遗产旅游；对污染比较严重的地方，通过全面治理，改造为公共空间，向游客开放。

英国采取分层管理：采用合理的概念模型确定污染物、受体和途径之间的相互关联；通过污染场地暴露评估模型获得各暴露参数总体的风险概率，计算出用于判断是否采取进一步修复行动的土壤指导值，对污染场地进行优先次序排列；根据详细的定量风险评估，确定场地污染的严重程度和进行修复的时间。场地修复的标准满足未来规划土壤用途的要求，同时考虑重新利用和开发过程中的潜在污染。

这几个国家的场地土壤环境管理流程与我国风险管控步骤类似，都是先进行风险评估，然后根据不同风险划分场地用途，最后具有针对性地提出修复和管控措施。可以看出，国外场地土壤环境管理流程对我国耕地风险管控与修复是有借鉴意义的。

2.2.2　我国耕地土壤污染风险管控与修复研究进展

1. 我国耕地土壤污染风险管控标准

我国于 1995 年制定发布了《土壤环境质量标准》（GB 15618—1995），该标准适用于农田、蔬菜地、茶园、果园、牧场、自然保护区等的土壤，规定了 8 种重金属（镉、汞、砷、铅、铬、铜、镍、锌）和 2 种农药（六六六、滴滴涕）。标准分为三级：第一级为基于地球化学法规定的全国土壤背景值；第二级为基于生态环境效应法（保护农产品质量安全、农作物生长、土壤生态和饮用水环境安全）规定的土壤中污染物最大允许含量；第三级为考虑矿区土壤高背景及林木生长的适宜值。该标准自 1995 年发布实施以来，在我国土壤环境保护工作中发挥了重要作用。但随着形势的变化，“95 标准”已不能满足当前土壤环境管理的需要，特别是“95 标准”延续的是水、空气质量达标的概念，并不适合土壤风险管控的思路。

为贯彻落实《环境保护法》，保护农用地土壤环境，管控农用地土壤污染风险，生态环境部发布了《土壤环境质量　农用地土壤污染风险管控标准（试行）》（GB 15618—2018），分别规定了农用地土壤污染风险筛选值和管制值，以及监测、实施与监督要求，为农用地分类管理提供技术支持。风险筛选值基本内涵是土壤中污染物浓度等于或低于该值时，对农产品质量安全、农作物生长或土壤生态环境风险低，一般情况下可以忽略；风险管制值基本内涵是土壤中污染物浓度高于该值时，食用农产品不符合质量安全标准，对人体健康存在不可接受风险，该农用地原则上划为严格管控类。土壤污染物浓度介于筛选值和管制值之间的，存在食用农产品不符合质量安全标准等风险，一般可通过农艺措施达到安全利用。

2. 我国耕地土壤污染风险管控与修复的主要技术与模式

目前国际上关于土壤修复有比较完整的技术体系。按照位置变化，有原位、异位、原地、异地处理；按操作方法，有物理、化学、生物和综合方法。具体的技术体系有挖掘、填埋等一系列技术方法。但是这些技术的发展基本上是以物理、化学为基础，大部分是不适合治理耕地污染的。我国耕地污染管控与修复常用的技术主要有原位钝化技术、超富集植物提取技术、种植结构调整、农艺调控措施等。表 2-5 汇总和比较了我国常用的耕地土壤管控与修复技术。

表 2-5 耕地污染土壤主要管控与修复技术的对比评价

修复技术	费用	长期效果	应用性	普遍接受	高浓度重金属的应用	混合污染物的应用	毒性降低	移动性降低	容量降低
水分管控	中	好	好	中	差	差	差	差	差
超富集植物	低	差	差	差	好	—	差	差	好
钝化、稳定化	低	中	好	好	好	好	差	好	差
低累积作物	低	差	差	好	差	—	好	差	差
间套作	低	好	差	好	差	—	好	差	好
叶面阻隔	低	差	差	好	差	—	好	差	差
水肥管理	低	好	中	好	差	—	差	差	差

然而，单项技术之间不是简单组合就可以的，在风险管控与修复模式中，技术的集成需要考虑技术的特性及适用范围。当前的技术体系有两大类：一类是以植物修复为核心的消减技术体系；另一类是以钝化技术为核心的耕地安全利用技术体系。

植物修复技术由于其属于原位修复法，具有处理费用低、对环境破坏小等优势，而被广泛关注，但其也有很多局限性。首先，修复过程会受到植物生长速度和生物量的限制，修复速度较慢；其次，植物修复会受到土壤类型、温度、湿度、营养等环境条件的制约；最后，过高或过低的污染物浓度均能影响植物修复的效果。因此，以植物修复为核心的消减技术体系，一般可以通过与其他技术相结合，强化植物修复的能力。

用化学手段强化植物修复的模式主要通过化学药剂提高植物修复效率。其中最常见的就是乙二胺四乙酸（EDTA）螯合剂。然而，EDTA 的螯合能力虽然很强，但是在环境中不易被生物降解，可能增加淋滤风险污染地下水，其价格也较贵。EDTA 的同分异构体乙二胺二琥珀酸（EDDS）及其金属螯合物易被生物降解，有望取代 EDTA，但其价格更高。针对上述问题，吴启堂等研究的包括味精废液在内的多种有机试剂混合而成的添加剂，已被证实能提高超富集植物提取 Zn、Cd 的效率，且具有廉价和对地下水低污染等特点。

植物修复技术和微生物修复技术都属于生物修复技术，它们之间有很多相同的特性，互相之间不冲突，是很好的组成管控模式的单项过程控制技术。和植物修复一样，单一的微生物修复技术有一定的局限性：微生物有些情况下不能将污染物全部去除；微生物对环境的变化响应比较强烈，环境条件的改变能大大影响微生物的修复效果；加入修复现场的微生物可能会与土著菌株产生竞争，或难以适应环境从而导致作用结果与实验结果有较大出入；微生物修复污染土壤的周期也相对较长。植物—微生物联合修复技术体系利用土壤—微生物—植物的共存关系，能够发挥植物与微生物修复技术各自优势，弥补不足，进而提高土壤中污染物的植物修复效率，最终达到彻底修复重金属污染土壤的目的。

钝化技术是从改变污染物的有效性出发，虽然不能去除土壤中的重金属，但却能在一定时期内，不同程度地把重金属稳定在土壤中，阻止重金属从土壤通过植物根部向农作物地上部的迁移累积，从而达到农产品安全生产的目的。国内典型的以钝化技术为核心的耕地安全利用技术体系是 VIP 技术模式。推广镉低积累水稻品种，降低稻米镉积累的风险；推广淹水灌溉，通过降低土壤氧化还原电位（Eh）降低镉的活性；施用生石灰，提高土壤 pH，降低土壤镉的活性。若污染程度较高，在 VIP 的基础上增施土壤调理剂、叶面阻控剂、有机肥等，以提高修复效率。VIP+N［V（镉低积累水稻品种）+I（优化水分管理）+P（施用生石灰）+ N（土壤调理剂/叶面阻控剂/有机肥）］的模式简单成熟、具有较高的操作性，短期具有较好的修复效果。但从长远来看：①淹水灌溉对水的需求量较大；②长期施用生石灰可能会造成土壤板结；③土壤重金属依然存在且可能依然具有较高活性，变更种植结构存在较高生态风险；④不合理的土壤调理剂、叶面阻控剂、有机肥选择可能会造成生态风险的进一步加剧。

为了应对不同风险等级的土壤污染特征及土壤环境的复杂性，以保证农业的可持续发展和农产品的安全利用，构建一种污染耕地土壤风险分级—管控与修复—决策集成体系的思路与方法尤为必要，该体系将为污染耕地土壤的风险管控与修复提供导向性建议，同时也是应对人口迅速增长、耕地面积减少、环境日趋恶化局面的必然选择。

2.3 耕地土壤污染风险管控与修复成效评估研究进展

2.3.1 国外研究进展

1. 环境成效评估

经济合作与发展组织（OECD）、联合国欧洲经济委员会（UN-ECE）、世界银行（WB）、亚洲发展银行（ADB）、耶鲁大学环境法律与政策中心和哥伦比亚大学国际地球科学信息网络中心等是国际上主要的环境成效评估研究组织。国际上对环境成效评估指标体系的研究主要集中在指标概念框架和指标筛选方法研究方面。

（1）指标概念框架

指标概念框架的提出使指标值的筛选、最终确定和指标解释等环节有了一个明确且透明的界定。当前提出的指标概念框架主要有 3 类：“投入—产出—结果—影响”框架（IOOI 框架）、主题框架和因果框架。

①IOOI 框架

2005 年，欧洲环境署（EEA）提出了用 IOOI 框架（图 2-1）构建项目层级的环境指标。该框架中，“投入”是指组织在该项目上所提供的支持（包括资金、技术、人力、设备、政策等）；“产出”是指组织的投入转化而来的产品和服务（如建成的污水处理站数量等）；“结果”是指立刻的、在短期内就能测得的效果（如污水处理厂能够处理的污水量等）；“影响”则是指长期的效果（如地表水质的改善等）。虽然该框架将“结果”和“影响”加以区分，但在实际应用中往往不严格区分两者，同时“影响”的指标多为结果型指标，因此“投入—产出—结果—影响”框架（IOOI 框架）常被简化为“投入—产出—结果”框架（IOO 框架）。在“投入”和“产出”之间需要有过程的作用，无论使用哪种框架，“投入”转化为“结果”和“影响”的过程都是主要的研究对象。但区域环境成效评估是以“结果”和“影响”为研究对象的，因此该框架不适用于区域环境成效评估。

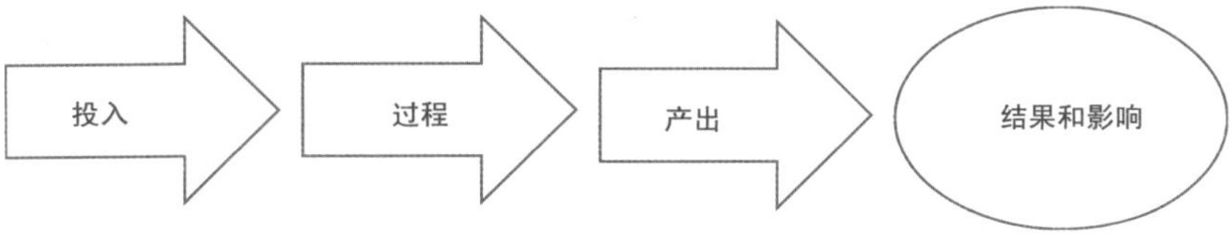

图 2-1　EEA“投入—产出—结果-影响”（IOOI）框架

②主题框架

主题框架是基于不同环境主题来选取相应指标、构建指标体系的一种指标选取框架（图 2-2）。主题框架下不同层次的主题之间是一种并列关系。如 2010 年耶鲁大学环境法律与政策中心和哥伦比亚大学国际地球科学信息网络中心对全球 163 个国家进行环境成效评估，环境健康和生态系统活力是两大主题，环境健康主题包括疾病的环境负担、水资源对人类的影响以及大气污染对人类的影响 3 个副主题；生态系统活力主题包括大气污染对生态系统的影响、水对生态系统的影响、生物多样性和栖息地、森林、渔业、农业和气候变化 7 个副主题，最后对这 10 个副主题分别选取合适的指标来表征。主题框架既能突出强调国家面临的主要问题和政策关注的重点主题，又能在很大程度上解决基于因果框架构建的指标体系中存在的指标重复性、缺乏意义和相关性等问题。

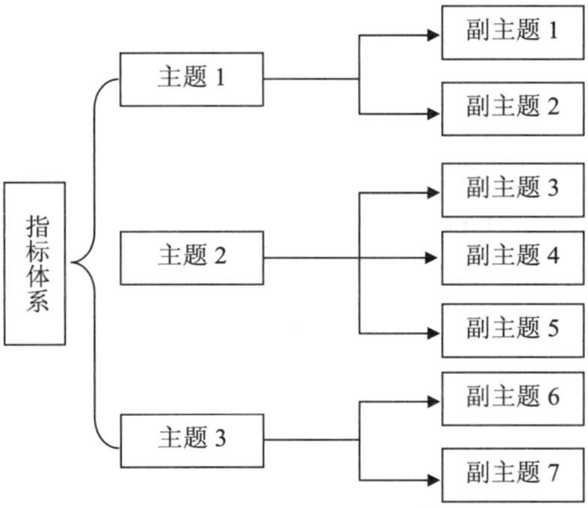

图 2-2　主题框架评估指标体系

③ 因果框架

因果框架是基于指标间的因果关系而建立的指标选取框架。指标间的这种因果关系源自经济、环境和社会之间的因果关系。因果框架分为因果链框架和因果网框架两种。

因果链框架："压力—状态—响应"（PSR）模型（图 2-3）最早是 1970 年由加拿大统计学家弗雷德提出的，后来被 OECD 采纳，于 1993 年发展形成了应用于环境评估的框架，并在此框架指导下构建了关键环境指标和核心环境指标。OECD 的 PSR 指标框架模式结构是人类活动对环境施以"压力"，从而影响环境的质量和自然资源的数量（状态），随后社会通过环境政策、一般经济政策和部门政策，以及意识和行为的变化做出反应（社会响应）。在环境成效评估中，"压力"可能是一个已经存在的问题（如耕地土壤污染），也可能是一个新的项目或者投资的结果；"状态"通常描述的是因压力而引起的物理性的、可测量的环境特征（如土壤污染综合指数等）；"响应"是着眼于环境管理者对压力做出的有效反应及其结果。

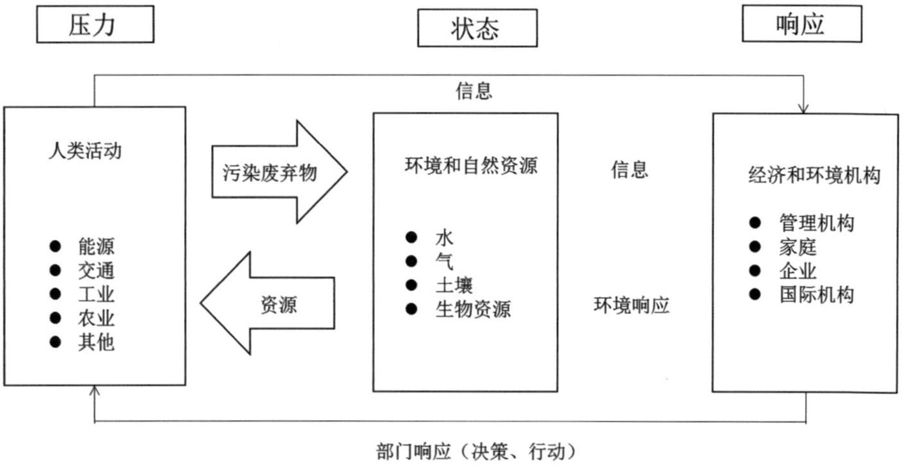

图 2-3 OECD"压力—状态—响应"（PSR）模型

PSR 模型的突出特点就是"是什么""为什么""怎么办"3 个方面。它为出现的问题分析原因并提出对策办法，在这 3 个方面相辅相成、层层递进，为解决实际问题提供了一种思路和方法。虽然 PSR 模型反映了人与自然、人与环境的相互关系，但是由于自然环境自身的特征和属性，决定了其存在各种具有复杂变化性的不确定因素，故而不能科学全面地体现人与环境相互之间的因果关系，特别是涉及经济与社会相关问题的时候，其缺陷更加明显。此外由于大尺度应用范围影响因素复杂、空间差别大，给评价工作带来一定难度，因此在应用尺度上，PSR 模型适用于较小尺度范围，并且在小尺度范围内应用，更能够体现模型与环境类问题指标之间的因果关系。

针对 PSR 模型的不足和缺点，1996 年，联合国可持续发展委员会（UNCSD）用“驱动力”代替“压力”后形成的“驱动力—状态—响应”（DSR）模型，用于构建可持续发展指标体系，其中“驱动力”指标描绘了社会、人口和经济发展以及由此而产生的人类生活方式、生产和消费模式的改变，比 OECD 提出的“压力”指标涵盖的范围更广。随着指标体系作为决策工具使用的日益频繁，学者们认为需要将环境的改变从环境状态中分离出来。1999 年欧洲环境署（EEA）提出了包含五类指标的“驱动力—压力—状态—影响—响应”（DPSIR）模型，用于构建环境成效指标体系；2000 年，澳大利亚和新西兰环境及自然保育会提出了“状况—压力—响应”（CPR）模型，用于构建环境状况指标体系，将状况作为模型的核心与起点。

随着 PSR 模型和 DSR 模型的出现及使用，人们发现这两种模型各自都具有一定的局限性。为了适应实际需要，在这两种模型基础之上，研究人员又陆续提出了 PSRP、PSIR 等修正模型，既是对前面两种模型的继承，同时也有新的发展。澳大利亚悉尼次发达地区市政府组织（WSROC）于 20 世纪 90 年代初提出了 PSRP（压力—状态—响应—潜力）模型，该模型在 PSR 模型的基础上新增了一个“潜力”指标，主要是指在一定社会生产力、科技发展水平等条件下人们改造自然和环境的潜在能力，某种程度上来讲具有一定意义和运用价值。为促使 PSR 模型和 DSR 模型在更多领域得到运用和发展，特别是在环境评价与可持续发展方面，同时使 DSR 模型中的“D”和“S”两个指标之间的界限更明确，相互之间的逻辑关系更加清晰，需要判断出环境变化与环境状态之间的区别，为此 Wingogard 等在 PSR 框架的基础上新增了一个“影响”（Impact）指标，构成了 PSIR 框架（压力—状态—影响—响应）。为全面精确地体现人与环境之间的关系，1998 年欧洲环境署在各种修正模型的基础上提出了 DPSIR 模型（驱动—压力—状态—影响—响应），以期为环境衡量及可持续发展服务。

DPSIR 模型(图 2-4)是由 5 个部分组成的，即 Driving Force-Pressure-State-Impact-Response（驱动力—压力—状态—影响—响应），其中每一部分表示一种类型的指标，每一种类型的指标又包括一些不同的指标项。DPSIR 模型可以看作是一根具有因果联系的链条。这根链条反映了以人口快速增长、社会经济快速发展为驱动力作用于环境，进而给环境带来一定压力，使得环境状态发生改变，从而对耕地资源等生态环境造成各种影响。这些影响促使人类对生态环境状态的变化做出响应，响应措施又作用于社会、经济和人口所构成的复合系统或直接作用于环境压力、状态和影响。

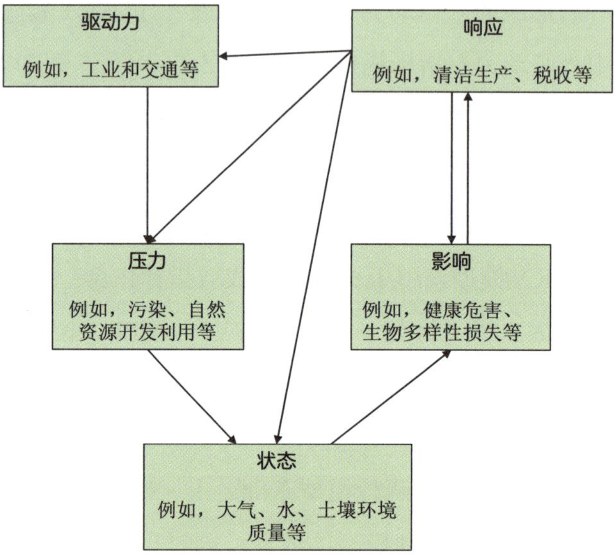

图 2-4　DPSIR 模型

DPSIR 模型涵盖经济、社会、环境、政策四大要素，不仅表明了社会、经济发展和人类行为对环境的影响，还表明了人类行为及其最终导致的环境状态对社会的反馈。这些反馈是由社会为应对环境状态的变化以及由此造成的对人类生存环境不利影响而采取的措施组成。邓维强等选择 DPSIR 模型构建耕地资源安全评价指标体系的结构，主要包括目标层、准则层、指标层 3 个层次。

因果网框架：2008 年，荷兰学者 David Niemeijer 提出了因果网框架。他指出，因果链框架考虑的是多个平行的因果链条，从“驱动力”指标到“压力”指标、“状态”指标、“响应”指标、“影响”指标，每一条链涵盖一个特定的问题，而因果网框架则包含了各因果链相互之间的关系，因此更为全面。David Niemeijer 在文章中运用因果网框架尝试构建了“氮肥施用对水生生态系统影响”的指标体系，但尚未应用于实证案例，因此，因果网框架理论的可行性和有效性还有待检验。

（2）指标筛选方法

成效评估指标过多就很难保证指标体系的简洁有效，容易影响评估结果和反应速度，因此需要对指标进行筛选。目前最常用的指标筛选方法有三大类，即数理统计筛选法、知识挖掘筛选法和专家主观筛选法。

①数理统计筛选法

完全依靠统计数据进行客观定量分析，以数据自身所反映出来的特征筛选指标，主要包括主成分分析法、相关系数法、条件广义最小方差法、线性差别分析法、逐步类回归法、偏最小二乘法等。这类方法的核心思想是建立多元统计回归模型，通过考察数据变化引起的函数变化程度，提取具有更大影响力的指标，但这类方法是建立在线性回归的基础上，对非线性问题的处理效果往往不好。耕地土壤污染风险管控成效评估显然是一个非线性的复杂系统，因此，本研究不考虑此类指标筛选方法。

②知识挖掘筛选法

在专家主观评判的基础上，利用数学模型对评估指标所包含的信息进行深入挖掘，寻找评估指标和指标筛选结果之间的内在规律，实现指标体系的智能化评估和筛选，比较常见的有粗糙集分析、灰色关联分析、神经网络分析等。粗糙集是一种处理不确定数据的新方法，主要通过检索指标对粗糙集分类结果的影响和作用，提炼指标与评估结果之间的规律性知识，但该方法处理动态的、大型的数据库效率较低，不适用于本研究；灰色关联分析通过拟合指标数据变化，考察变化曲线集合形状的相似程度，判断因素间的关联程度，但该方法筛选的结果只具有相对意义，缺少明确的临界值，使得筛选指标具有较大的随意性，理论上不具备严格的规范性，鉴于耕地土壤环境区域污染综合治理成效评估的目的是通过衡量政府环境管理的水平，为今后耕地土壤环境监管提供决策依据，因此不宜选用灰色关联分析法筛选指标；神经网络方法通过模拟人类大脑工作原理，利用非线性函数模拟输入—输出之间的关系，并通过分析自变量在一定范围变化时函数值相应变化的情况，利用变化大小衡量指标的影响程度，虽然该指标筛选效率高，但需要数据训练网络，若没有明确的输入—输出变量将无法实现，因此也不适用于本研究。

③专家主观筛选法

通过调查表、会议等形式咨询相关领域专家，依据专家意见对指标赋予权重，往往结合一些统计方法，最终确定指标体系。常见的专家主观筛选法主要有德尔菲法（Delphi）、层次分析法（AHP）、模糊（Vague）集法等。Delphi 法由美国兰德公司在

1946 年首次提出，该方法能充分利用专家的知识和经验，有效避免决策的片面性，从而得到了广泛的应用。耕地土壤污染风险管控成效评估涉及多个领域，包括环境（耕地土壤条件、水利条件、交通区位等）、经济（经济激励措施等）和社会（耕地土壤环境监管能力建设、居民满意度和环境突发健康时间等）等，将多个领域的专家意见集中，筛选出综合全面的指标，因此适用于本研究。AHP 法是一种定性和定量相结合的分析方法，由美国著名运筹学家匹兹堡大学 Satty 教授于 20 世纪 70 年代创立，这种方法的特点是将分析人员的经验判断进行量化，对目标（因素）结构复杂且缺乏必要数据的情况更为实用。Vague 集法自 1993 年被 Gau 等提出以来，就被用于处理模糊不确定的主观定性指标，是一种主客观相结合的筛选方法。

2. 耕地土壤成效评估

随着环境成效评估的发展，耕地土壤污染修复领域也采用了该成效评估方法。联合国粮农组织于 1976 年颁布了《土地评价纲要》，该纲要从土地的适宜性角度出发，分为纲、类、亚类、单元四级。主要反映土地的适宜性程度及土地的限制性因素和改良管理措施。苏联也颁布了《全苏土地评价方法》。参照美国的系统和方法，许多国家结合本国的实际情况做了修改，并在理论上给予补充，如加拿大土地潜力分类系统和英国土壤调查局土地利用潜力分类系统。1886 年 B.B.道库恰耶夫（俄罗斯）对耕地质量评价体系做出了较全面和系统的阐述。20 世纪 30 年代随着资源调查与耕地合理利用规划，以合理利用耕地为目的的耕地评价研究开始产生和发展起来。由于中西部地区水土流失和土壤侵蚀严重，1961 年美国农业部土壤保持局正式颁布了“土地潜力分类系统”，是当时世界上第一个较为全面的土地评价系统。它以农业生产为目的，主要从土壤的特征出发进行耕地潜力评价，建立了耕地综合评价指标体系，分为潜力级、潜力亚级、潜力单元三级。

20 世纪 80 年代，随着计算机的应用，耕地评价向综合化、精确化方向发展，并取得了很大的进展。耕地评价过程不仅综合考虑了土地的自然属性和土地利用的社会经济因素，评价方向也由一般目的的评价转向特定目的的评价，评价结果充分反映了土地的最佳利用方式、适宜性程度及改良利用的可能性。80 年代末期，随着“3S”技术和自动制图技术等的发展与应用，在数据更新、土地动态评价、评价精度方面取得了很大进展，并能快速完成多维、多元信息复合分析。在耕地评价与管理中，逐渐建立了一系列土壤管理信息系统，如 FAO 世界土壤图和世界土壤资源数据库、土培数据库（SOTER）、全球土壤数据库，加拿大、澳大利亚、英国、美国都建立了属于自己的土壤管理系统。

2.3.2　国内研究进展

目前，我国专门针对耕地土壤环境的评估方法主要集中于对耕地土壤质量的评价。例如，吴克宁等以土种为单元，建立了土种数据库、耕地地力评价指标体系，采用限制因素法和综合归纳法，对耕地地力因素进行系统分析和评比，评价耕地（土种）地力等级。李佳丹等借助遥感、地理信息系统技术和景观生态学的相关方法，于 1990—2010 年，在浙江省对建设用地时空格局、驱动机制、城市结构体系以及区域发展差异等方面展开研究，对快速城市化背景下耕地保护对策及成效进行综合评价，并选取浙江省临安市作为典型案例，从土地规划编制源头探究和制定耕地保护方案。

而对于采取耕地土壤污染风险管控与修复后的评价方法，都是沿用了工业污染场地的评估方法，专门针对受污耕地风险管控与修复的成效评估方法尚未建立，仍存在没有综合考虑耕地生态系统的复杂性、异质性等问题，缺乏适用且经济可行的综合成效评估方法。评估方法的缺失阻碍了耕地土壤风险管控与修复成效评估和耕地污染土壤的管理。耕地环境与大气、地表水、地下水、生态等要素之间均存在较强联系，既是其他要素的污染源也是其受体。由于评估方法不完善，评估标准缺乏适用性，近 40 年来开展的耕地土壤管控与修复综合成效评估都无技术导则的支撑。

综上所述，面对当前国家对耕地土壤环境保护及经济社会发展的现实需求，亟须建立具备科学性、稳定性、可操作性、经济可达性及社会可接受性的受污耕地风险管控与修复综合成效评估方法，以满足改善耕地土壤环境质量和确保农产品安全的需求，为我国耕地土壤的可持续利用和环境管理提供重要的技术支撑。

本篇小结

我国是个农业大国，在耕地管理上建立了较为完善的法规体系，但对于耕地土壤污染问题，相应的管理策略和技术体系尚不健全。我国在耕地土壤管理法规、政策和模式方面的现状及存在的主要问题：①现状，提出了对耕地土壤采取“保护优先、风险管控、分类管理”的理念；开展了农用地土壤污染的详查工作；发布了农用地土壤风险管控筛选值和管控值标准；发布了农用地土壤管理办法；在重点区域陆续开展了污染耕地管控与修复示范项目，并取得了一些成功经验。②存在的问题，耕地土壤污染防治体系规尚不完善，标准体系不健全，缺乏成熟、农民可接受且可推广的综合管控模式等。

基于我国的基本国情、耕地土壤污染特征的差异和紧迫程度，直接将国外发达国家在耕地土壤环境管理方面的措施和模式用于我国的耕地土壤是不太可行的。针对我国耕地土壤污染特点，要以耕地土壤污染问题及其风险控制为导向，通过耕地土壤污染诊断、风险源识别与评估、风险管控与修复模式构建、技术模式的成效评估与适宜性评价，构建耕地土壤污染防治三维矩阵整装集成技术与方法学体系。①通过源头保护、过程监管、加强监督执纪问责环节开展制度建设，优化对耕地土壤管理的考核机制；②通过出台耕地土壤风险评估和成效评估等技术导则，使耕地土壤风险防控有据可依；③普及建立基于耕地土壤不同污染风险的管控与修复模式和满足农业绿色、可持续发展要求的理念，并建立相应的实施细则，为新时期耕地土壤综合整治、精准修复提供技术方案。

第二篇

方法与技术研究

第 3 章　耕地土壤污染风险评估方法

3.1　背景与原则

3.1.1　评估方法建立背景

土壤污染风险评价对于控制土壤污染具有重要意义，是降低污染风险的基础和前提。研究者们针对具体的评价目的和评价尺度建立了多种评价方法。国内外常见的土壤污染风险评价方法大致可以分为指数法和模型法两大类。指数法包括单项污染指数法、内梅罗指数法、污染负荷指数法、环境风险指数法和地累积指数法。模型法包括富集因子法、潜在生态危害指数法、物元分析法和灰色聚类法。此外还有基于 GIS 的地统计法学评价法和健康风险评价方法等。

随着耕地土壤污染越来越受重视，这些已有的评价方法被单独或者联合应用于耕地土壤污染评价中。通过这些评价方法，耕地土壤污染的程度及时空分布特征一目了然。然而，在实际耕地土壤污染防治过程中，以上评价方法也表现出了其局限性，不能满足工作要求。出现的问题如下：①现有评价方法给出了耕地土壤污染的程度和时空分布特征，然而对其污染趋势却研究较少。②以重金属为例，农产品在人体摄取重金属方面占主要比重，通过食物摄取进入人体的重金属占进入人体重金属总量的 50% 以上。因此，在耕地土壤污染风险评价时，除了土壤污染，还应将农产品安全考虑在内。而以上评价方法很少考虑。③农产品中污染物含量除了受耕地土壤中污染物总量影响，还受农作物自身污染物富集能力和土壤基本理化性质（pH、有机质等）的影响，单纯的土壤污染物总量值无法准确地反映土壤污染物的污染风险，因此出现了“土壤不超标、农产品超标”和“土壤超标、农产品不超标”的问题，前者给居民健康带来直接危害，后者导致政府投资浪费。而现有的评价方法在面对这些问题时显得束手无策。④根据以上评价方法获得了耕地土壤污染的程度和时空分布的特征，然而却未给出风险来源。这使得在耕地土壤污染防治工作中，根据现有评价方法获得的结果，对土壤污染防治措施制定的作用很小。

综上所述，为保证农业的可持续发展和农产品的安全利用，迫切需要一种专门针对耕地土壤污染风险的评估方法，该方法在给出耕地土壤污染程度、时空特征的同时，可以判断污染的来源和发展趋势，并且评价结果为耕地土壤污染防治给予支持。因此，针对现有评价方法应用于耕地土壤污染风险评价时存在的不足，本研究提出一种耕地土壤污染程度—趋势—危害综合评价方法。依据此评估方法，可以直观地获得农产品和耕地土壤的污染程度和范围，判断污染风险的来源，并给出合理的耕地土壤污染防治建议。该方法的提出可以为耕地土壤污染防治的实施工作提供导向性建议，减少不必要的人力、物力和资金投入。

3.1.2 评估方法建立原则

1. 科学性

评价程序要规范严谨，评价方法要科学，评价结果要能客观、真实地反映评价对象的耕地土壤污染风险程度，根据评价结果可以确定风险来源。

2. 实用性

评价程序和方法不能太过于繁杂，应具有广泛的可接受性和可操作性，评价结果的表征方式能清楚地表达环境问题，为环境管理提供技术支撑。评估程序应该有广泛的适用性，针对不同类型的耕地土壤和不同类型的农作物普遍适用。

3. 经济合理性

耕地土壤污染防治的根本目的是保障人体健康和保护农业生态系统。在这个前提下，污染防治工作还应十分注意经济合理性，以最小的经济代价取得最大效益。一方面，经济效益因素直接决定着耕地土壤污染防治的政策制定、方法选择等，另一方面，不正确的污染处理方式，不仅会消耗大量的投资，甚至花费大量的资金投入环境治理也不能取得很好的效果，而且有可能对环境增加新的污染。此外，土壤具有一定的自净能力，合理利用土壤的自净能力既可以保护环境，又能节约高昂的污染物处理费用，取得经济效益的最大化。因此，耕地土壤污染风险评估的评价结果应对耕地土壤污染防治工作起到导向性作用，从而引导有限的资金合理利用。

3.2　风险评估思路与流程

本评估方法的基本思路为：①明确评价对象和范围，收集评价所需的基础资料和数据；②根据监测数据确定评价对象的风险类型（无风险、潜在风险或现实风险）；③对不同的风险类型进一步等级划分；④根据所确定的风险等级，提出对应的防治措施。耕地土壤污染风险评估和分级的一般程序如图 3-1 所示。

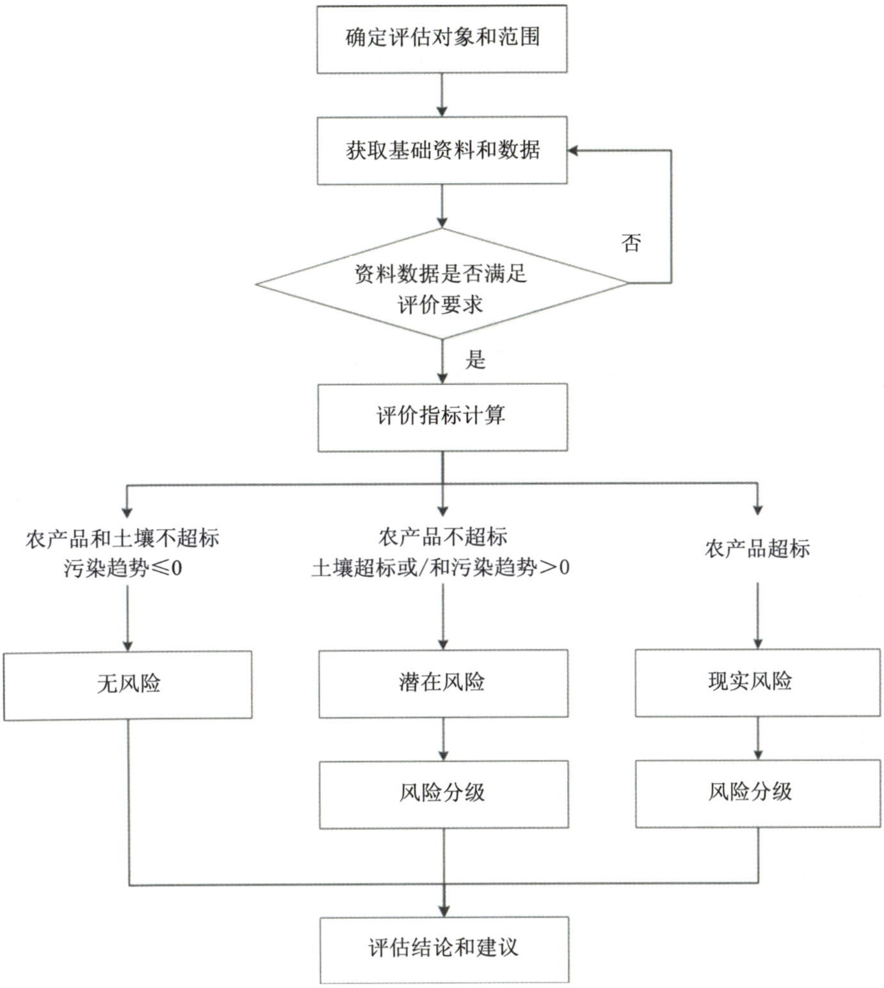

图 3-1　耕地土壤污染风险评价一般程序

3.3 风险分级及指标

3.3.1 风险类型确定

根据监测数据（表 3-1），初步确定评价目标的风险类型：①当农产品中污染物含量未超过对应的限量标准且农产品未出现减产现象，耕地土壤中污染物未超过对应的限量标准，同时耕地土壤中污染物的净输入量≤0 时，认为所评估耕地土壤不存在污染风险；②当农产品中污染物含量未超过对应的限量标准且农产品未出现减产现象，但是耕地土壤中污染物已超过对应的限量标准或者耕地土壤中污染物的净输入量>0 时，认为所评估耕地土壤存在潜在风险；③当农产品中污染物含量超过对应的限量标准或农产品出现减产现象时，认为所评估耕地土壤存在现实风险。

表 3-1 风险类型确定参考表

指标/风险类型	土壤污染现状	土壤污染趋势	作物危害程度
无风险	不超标	≤0	不超标（或不减产）
潜在风险	—	>0	不超标（或不减产）
	超标	—	不超标（或不减产）
现实风险	—	—	超标（或减产）

注：“—”表示该项指标为任意值。

3.3.2 风险等级划分

当所评估耕地土壤不存在污染风险时，终止风险评价，并根据环境质量现状和趋势，提出对应的保护措施；当所评估耕地土壤存在潜在风险和/或现实风险时，根据指标数值确定风险等级，并提出对应的防治措施。

1. 现实风险等级划分

不同污染物对健康或者生态安全的风险差异显著，因此应分别对待。对涉及人体健康的污染物（如重金属元素 Cd 等），用污染物超标程度表征其现实风险；对涉及生态安全的污染物（如重金属元素 Ni 等），用农作物减产程度表征其现实风险。具体如下：

（1）涉及人体健康的污染物的现实风险等级划分

以农产品中污染物的超标程度作为等级划分的依据，公式如下

$$E_i = \frac{C_{ia} - C_{il}}{C_{il}} \times 100\%$$

式中，E_i—— 农作物中污染物 i 的超标程度；

C_{ia}—— 农产品中污染物 i 的实测值；

C_{il}—— 该农作物中污染物 i 的限量值，参考《食品安全国家标准　食品中污染物限量》（GB 2762—2017）。

根据计算结果，按照表 3-2 进行风险等级划分。

表 3-2　涉及人体健康的污染物的风险等级划分

风险等级	无风险	低风险	中风险	高风险	极高风险
E_i	＜0	$0 \leqslant E_i < 50\%$	$50\% \leqslant E_i < 100\%$	$100\% \leqslant E_i < 150\%$	＞150%

（2）涉及生态安全的污染物的现实风险等级划分

以污染物导致农作物减产的程度作为等级划分的依据，公式如下

$$E_i = \frac{Y_{\mathrm{ck}} - Y_i}{Y_{\mathrm{ck}}} \times 100\%$$

式中，E_i—— 污染物 i 导致农作物减产的程度；

Y_{ck}—— 农作物在无污染耕地生长的产量平均值；

Y_i—— 农作物在被污染物 i 污染的耕地生产的产量。

根据计算结果，按照表 3-3 进行风险等级划分。

表 3-3　涉及生态安全的污染物的风险等级划分

风险等级	无风险	低风险	中风险	高风险	极高风险
E_i	＜0	$0 \leqslant E_i < 20\%$	$20\% \leqslant E_i < 40\%$	$40\% \leqslant E_i < 60\%$	＞60%

2. 潜在风险等级划分

耕地土壤污染潜在风险主要从耕地土壤污染现状和污染累积趋势两个方面进行评估。

（1）耕地土壤污染现状风险

以风险商表征耕地土壤污染风险，并根据风险商的值进行等级划分。土壤污染现状风险商计算公式如下

$$S_i = \frac{C_i}{C_{il}}$$

式中，S_i——土壤污染物 i 的风险商，量纲一；

C_i——土壤污染物 i 的实测值；mg/kg；

C_{il}——土壤污染物 i 的限量值，参考《土壤环境质量 农用地土壤污染风险管控标准》。

根据计算结果，按照表 3-4 内容进行风险等级划分。

表 3-4　土壤污染现状风险分级

风险等级	无风险	低风险	中风险	高风险	极高风险
污染现状（S_i）	<1	$1 \leqslant S_i < 1.5$	$1.5 \leqslant S_i < 2$	$2 \leqslant S_i < 2.5$	$S_i \geqslant 2.5$

（2）耕地土壤污染趋势风险

以土壤中污染物年净输入量的商值表征耕地土壤污染趋势风险，并根据风险商的值进行等级划分。土壤污染趋势风险商计算公式如下

$$Q_{\mathrm{s}} = \frac{A_{i,\mathrm{net}}}{A_{i,\mathrm{lm}}} = \frac{\sum_{j=1}^{m} A_{ij} - \sum_{l=1}^{k} O_{il}}{A_{i,\mathrm{lm}}}$$

式中，Q_{s}——耕地土壤污染物年净输入量商值；

$A_{i,\mathrm{net}}$——耕地土壤污染物（i）的每年净输入量；

$A_{i,\mathrm{lm}}$——耕地土壤污染物（i）的每年净输入量的限量值［以重金属为例，可参考瑞典和加拿大的限量值（表 3-5）］；

m——耕地土壤污染物输入源的数量；

A_{ij}——经输入源 j 每年输入耕地土壤的污染物（i）；

k——耕地土壤污染物（i）输出源的数量；

O_{il}——经输出源 l 每年输出耕地土壤的污染物（i）。

根据计算结果，按照表 3-6 进行风险等级划分。

表 3-5　耕地土壤污染物年净输入量限量参考值　　单位：kg/（$hm^2 \cdot a$）

	瑞典/[g/（$hm^2 \cdot a$）]	中国均值/[g/（$hm^2 \cdot a$）]	加拿大/[kg/（$hm^2 \cdot 45a$）]
As	—	47	15
Cd	0.45	10	4
Cr	40	131	210
Cu	300	489	150
Hg	0.8	2	1
Ni	25	66	36
Pb	25	237	100
Zn	600	1 041	370

表 3-6　耕地土壤污染趋势风险等级划分

风险等级	无风险	低风险	中风险	高风险	极高风险
污染趋势	$Q_s<1$	$1 \leqslant Q_s<1.5$	$1.5 \leqslant Q_s<2$	$2 \leqslant Q_s<3$	$Q_s \geqslant 3$

3. 生物富集风险分级

在某些情况下，耕地土壤中污染物低于限量要求，污染物的年净输入量≤0，而农产品中污染物却出现超标的现象，即潜在风险不存在的情况下，却出现了现实风险。考虑到影响农产品中污染物含量的因素，除了耕地土壤中污染物总量，还包括生物可利用量、农作物种类和品种以及农艺措施等。因此，我们引入生物富集系数（Bio-Concentration Factors，BCF）作为风险评价的指标之一，以进一步确定显示风险产生的原因。以生物富集系数的商值表征生物富集风险，具体计算如下

$$Q_{BCF}=\frac{BCF_t}{BCF_s}$$

式中，Q_{BCF} —— 研究区污染物（i）的生物富集风险商；

BCF_t —— 研究区农作物对污染物（i）的生物富集系数实测值；

BCF_s —— 研究区农作物对污染物（i）的生物富集系数的标准值；该标准值的确定需经实际验证或专家讨论。

根据计算结果，按照表 3-7 进行风险等级划分。

表 3-7　污染物的生物富集风险等级划分

风险等级	无风险	低风险	中风险	高风险	极高风险
生物富集风险	$Q_{BCF}<1$	$1\leqslant Q_{BCF}<2$	$2\leqslant Q_{BCF}<3$	$3\leqslant Q_{BCF}<4$	$Q_{BCF}\geqslant 4$

本研究提出一种 BCF_s 的估算方法供参考，公式如下

$$BCF_s=\frac{C_{i1}-2SE_i}{S_{i1}}$$

式中，BCF_s —— 研究区农作物对污染物（i）富集系数的标准值；

C_{i1} —— 农产品中污染物（i）的限量值；

SE_i —— 研究区农产品中污染物（i）的实测值的标准误差；

S_{i1} —— 耕地土壤中污染物（i）的限量值。

3.4　风险评估方法的技术要求

3.4.1　监测和调查项目要求、规范

科学准确地了解研究区耕地环境质量现状，为优化布点、风险评估以及耕地土壤污染防控建议提供科学依据。根据研究区的特点，兼顾重要性、典型性、代表性，重点调查研究区环境质量现状、发展趋势及区域污染控制措施，兼顾研究区自然环境、社会经济及工农业对耕地环境质量的影响。监测项目包括以下全部或者部分内容：

①自然地理：地理位置、地形地貌。

②气象：该区域的主要气候特性，年平均风速和主导风向、年平均气温、极端气温与月平均气温、年平均相对湿度、年平均降水量、降水天数、降水量极值、日照时数等。

③水文状况：该区域地表水、水系、流域面积、水文特征、地下水资源总量及开发利用情况等。

④土地资源：土壤类型、土壤肥力、土壤背景值、土壤利用情况。

⑤植被及生物资源：林木植被覆盖率、植物资源、动物资源、鱼类资源等。

⑥自然灾害：旱、涝、风灾、冰雹、低温、病虫草鼠害等。

⑦社会经济概况：行政区划、人口状况、工业布局、耕地水利和农村能源结构等

情况。

⑧农业生产方式：农业种植结构、生态养殖模式等。

⑨工农业污染：包括污染源分布、污染物排放、农业投入品使用情况等。

⑩生态环境保护措施：包括废弃物处理、农业自然资源合理利用、生态农业、循环农业、清洁生产、节能减排等情况。

3.4.2　数据处理方法

各种基础数据是评估工作的基础，关系到评价结果的正确性和客观性。监测数据可以来自专项调查，也可以来自法定监测单位的例行监测。首选法律认可的数据，其次是有资质的单位调查监测获得的数据，再次是科学研究的数据和历史数据。当遇到以下情况时，需要开展实测工作：①部分必需数据缺失；②已有数据的时效性不达标。例如十年前的土壤监测数据只能反映十年前的土壤环境质量，对现阶段的土壤污染评估而言可能已经不适用了。

评价工作承担单位务必审核数据的完整性和代表性，要按照法定的布点、采样标准和分析方法获得，数据的处理要按照国家有关标准执行，评价结论与采集数据所对应的时间要一致。

3.4.3　风险源区域性指标的确定

污染物在耕地土壤系统中输入/输出的途径包括大气干湿沉降、灌溉水、农业投入品和农作物收获、秸秆移除、土壤渗滤、地表和地下径流等。追踪以上各途径，确定污染物的风险来源。

3.4.4　风险估计与表示方法

根据以上方法，获得土壤、农产品、生物富集和污染源的风险评价指标。对照表3-1，确定对应的风险等级；以 P、S、B、M 字母代表以上各评价指标，以角标标注风险等级来表达评价结果，例如，$P_{低}$、$S_{无}$、$B_{中}$、$M_{中}$。

3.5 风险评估结果及应用

3.5.1 评估结果

根据计算的风险值大小，将耕地土壤的不同类型风险分为 5 个等级，并统计不同超标程度的点位数和比例，结果如表 3-8 所示。如果点位能代表确切的面积，可同时统计面积比例。

表 3-8 耕地土壤污染物风险评价结果

	风险等级	点位数/个	点位比例/%
I	无		
II	低		
III	中		
IV	高		
V	极高		

3.5.2 评估结果说明

①存在现实风险，耕地土壤中的污染物已经对农产品安全或农业生态安全产生威胁，需要立即采取应对措施。

②存在潜在风险，土壤污染现状风险高，但污染趋势风险低或不存在：可能是因为土壤自然背景水平较高，或外源污染物的输入已经停止。

③存在潜在风险，土壤污染现状风险低或者不存在，但是污染趋势风险高：耕地土壤仍适宜利用，但随着污染物的输入，可能会出现现实风险。

④存在现实风险和生物富集风险，但不存在潜在风险。表明耕地土壤中污染物的生物可利用性、农作物的富集能力以及农艺措施可能是造成现实风险的原因。

3.5.3 风险控制建议

通过以上评估方法对研究区耕地土壤污染物进行风险类型确定及等级划分，根据前期收集的基础资料和该目标区域已有的研究文献，给出研究区耕地土壤污染物风险管控的建议，具体如下：

1. 无风险

参考国标 NY/T 1119 耕地质量监测技术规程，每年监测田间作业情况、作物产量、施肥量以及土壤理化性质。在此基础上，以五年为单位，增加检测土壤容重、全磷、全钾、中微量元素（交换性钙、镁、有效硫、硅、铁等）及重金属元素。

2. 潜在风险

①参考国标 NY/T 1119 耕地质量监测技术规程，在年度常规监测的基础上，以三年为单位监测耕地土壤污染物含量变化情况。

②每年监测耕地土壤污染物的净输入量。当污染物趋势风险为高时，需要分析各污染源对耕地土壤污染物的贡献，并制定相应的控制政策，降低污染源对耕地土壤污染物的输入。

3. 现实风险

此时需要按照以上评估程序，评估耕地污染物的风险，找出原因，并开展污染治理工作。

4. 具体建议

（1）耕地土壤污染现状风险控制

降低耕地土壤中污染物总量：从土壤中去除污染物，使其存留浓度接近或达到背景值。常用的方法有超积累植物萃取，或用工程技术方法将污染物变成可溶态、游离态，再经淋洗收集。

种植结构调整：利用油料作物和纤维作物替代食用作物，阻止污染物进入食物链，从而达到农业可持续发展条件下的污染耕地综合治理和安全利用。

换土或客土：针对土壤污染物风险极高的地区，采用去表土、换土法和客土法等工程措施降低污染风险。

（2）耕地土壤污染趋势风险控制

从源头切断污染物进入耕地土壤的途径。耕地土壤中污染输入的统计包括大气干湿沉降、灌溉水和各种农业投入品。分别分析经各途径进入耕地土壤的污染物的量，并制定相应的控制措施。

（3）污染物生物富集风险控制

影响农产品中污染物含量的因素，除了耕地土壤中污染物的总量，还包括生物可利用量、农作物种类和品种以及农艺措施等。通过系统研究污染物在土壤—植物系统中迁移转化的过程，确定导致风险的原因（包括土壤中污染物的生物可利用量、农作物品种以及田间管理等），制定控制措施：采用各种固化/稳定化技术，降低土壤中污染物生物可利用量；更换种植品种，以低吸收品种代替高吸收品种；调整田间管理方式，根据具体研究区土壤的性质、肥力状况和作物种类采取合适的农业管理措施，配合适当的污染物固定/稳定化技术，可显著降低农产品中污染物含量。

3.6 评估报告撰写规范

评估报告应全面、概括地反映环境质量评估的全部工作，文字应简洁、准确，并尽量采用图表。原始数据、全部计算过程不必在报告书中列出，但应编入附录。对于文中引用的数据和结论参考《信息与文献　参考文献著录规则》（GB/T 7714—2015）列出目录。评估报告应包括如下内容：

——前言，包括评估任务的来源和区域基本情况等；

——耕地环境现状，包括自然状况、农业生产方式、污染源分布和生态环境保护措施等；

——耕地环境监测，包括布点原则与方法、采样方法、监测项目与方法和监测结果等；

——风险评价，包括评价方法、评价标准、评价结果与分析等；

——结论；

——附件。

第 4 章　耕地土壤污染风险管控与修复技术模式构建

4.1　背景与原则

依据耕地污染土壤的生态净化功能与机制，建立耕地污染的分级、分类管控与修复技术模式具有重要意义。根据污染源和污染物情况，确定污染耕地风险等级。基于各项单项过程控制技术进行不同风险等级耕地过程控制技术的组合集成，建立污染物源头控制、污染农用灌溉水净化、污染耕地化学控制、生物消减阻控和农艺综合措施控制等组合技术体系，并建立相应过程控制技术集成体系管控—决策平台，选择管控和修复效果好且成本低廉的技术集成体系。构建以“污染物消减阻隔”“生物消减阻控技术”和“养分运筹”为核心的针对不同风险等级的污染耕地过程控制技术体系，最终为污染耕地土壤安全和可持续利用管理提供技术支撑。

进行重金属污染耕地土壤风险管控与修复时需要考虑诸多影响因素，在管控与修复技术的选择上需要确保污染耕地的修复效果以及安全利用和风险控制的要求，优先选择能够降低污染物毒性、迁移性和含量的技术。具体的筛选原则如下：

①管控与修复技术的筛选需要优先考虑人体健康及生态环境；

②管控与修复技术的选择需要兼顾修复费用和实际承受能力；

③可行性方面，管控与修复技术的筛选需要充分考虑我国耕地土壤修复队伍的能力以及现有重金属处理设施的先进水平；

④在条件允许的情况下，尽可能选取环境友好的环境管控与修复技术或原位管控与修复技术。

4.2 技术集成思路与流程

4.2.1 技术集成总体思路

我国地域辽阔，不同地区土壤类型、气候、水文等有较大差异，耕地污染类型多样，生态环境风险不等。耕地土壤管控与修复技术的集成一般不可能为单一的物理、化学与工程方法，而是需要基于不同风险等级的控制技术，综合考虑各个单项技术的特点、资金投入、分级管理以及治理模式等。

污染土壤的管控与修复，首先要了解污染物空间分布格局，并根据污染物性质和土壤条件，尽可能发挥土壤的自然缓解修复作用；确定合适的管控与修复方法，研究原位和异位的物化净化过程和稳定化控制机理，植物和微生物修复过程和机理，多途径联合强化生态修复过程和机理；要对修复系统条件优化和修复效率进行评价，建立修复标准和技术规程；研究管控与修复后土壤资源和生物资源的利用和管理等。

针对不同风险等级的污染耕地，需要因地制宜地选取合适的过程控制组合技术体系。耕地土壤污染的风险管控与修复模式和技术集成体系的选择需要考虑污染风险等级、污染源、污染途径、污染土壤特性、单项技术体系的特性 5 个影响因素。根据收集入库的单项过程以及以上流程信息，归纳成为过程控制组合技术体系及管控与修复模式，如图 4-1 所示。

4.2.2 适用于耕地污染风险管控与修复的单项技术入库

1. 植物修复技术

（1）定义及原理

1983 年，美国科学家 Chaney 首次提出了植物修复（Phytoremediation）的理念。植物修复广义上是指利用植物提取、吸收、分解、转化或固定土壤、沉积物、污泥或地表、地下水中有毒有害污染物的技术总称，而狭义上是指通过植物的一些特殊的生理功能来降低土壤中重金属污染物，甚至将重金属移出环境的污染治理技术。植物修复也可称作绿色修复或生物修复。植物修复技术是一种新兴的绿色技术，它能有效地修复被重金属污染的土壤。植物对重金属的生物有效性由土壤理化性状、植物特性和各种各样的环境因素决定。主要的土壤理化性状包括 pH、土壤含水量、铁锰氧化物含量、有机质含量、黏土含量、磷酸盐含量、氧化还原电位、土壤粒径、阳离子代换量；植物特性包括植物种类、植物组织特点和植物年龄；环境因素包括气候条件、灌溉条件、土壤施肥状况等。

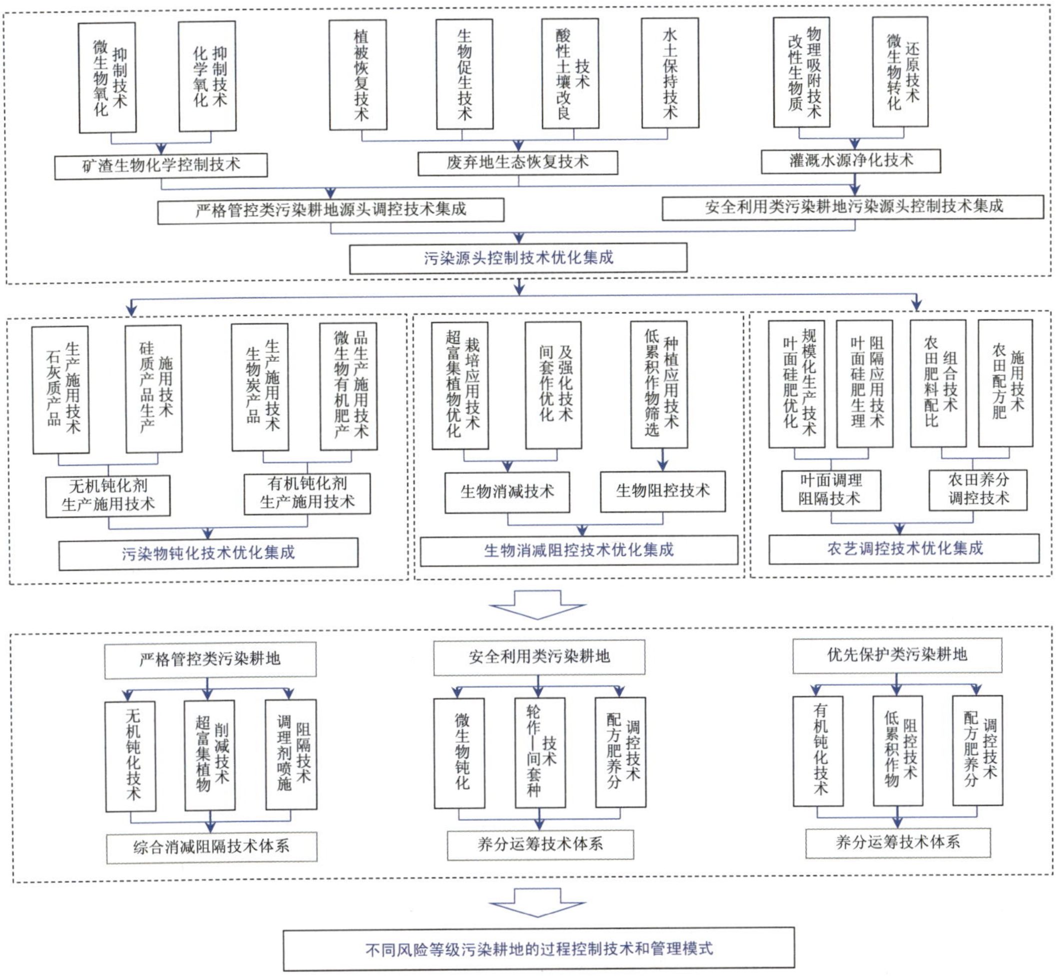

图 4-1　管控与修复技术体系及模式的构建

为了将植物修复技术在生产实践中推广应用，首先需要寻找能在重金属污染土壤中生长的具有较强耐性的植物。于是在 1976 年，Jaffré 首先提出了“超富集植物”这一术语。具体的概念是 1977 年由 Brooks 首先提出，当时超富集植物的定义是根据 Ni 元素来命名，即每千克地上部干物质量累积 Ni 的量超过 1 000 mg 的植物。1989 年，Baker

等对“超积累植物”重新作了定义，即累积重金属含量是一般植物100倍以上的植物。目前，关于超积累植物的衡量标准包括3个特征：其一是具有临界含量特征，一般超富集植物地上部（茎和叶）重金属含量是普通植物在同一生长条件下的100倍，其临界含量Zn和Mn为10 000 mg/kg；Pb、Cu、Ni和Co为1 000 mg/kg；Au为1 mg/kg；Cd为100 mg/kg。其二是具有转移特性，植物体地上部（主要指茎和叶）重金属含量大于其根部含量。其三是超富集植物具有耐性特征和富集系数特征，对高浓度的金属有较强的忍耐性，植物对土壤中重金属的富集系数大于1。目前发现的超富集植物很多，针对的重金属元素也不尽相同。例如有对Cd处理效果较好的龙葵、宝山堇菜和天蓝遏蓝菜，对砷（As）处理效果较好的蜈蚣草，对Cu处理效果较好的海州香薷，以及对锌（Zn）、Cd处理效果较好的东南景天等。

重金属污染土壤的植物修复技术按其修复的机理和过程分为植物提取、植物固定、植物挥发和根际过滤等部分。研究显示，其修复机理可能包括细胞壁防御、重金属胞内区域化、重金属与各种有机酸络合、酶适应、渗透调节等机制。

（2）主要技术

①植物提取（Phytoextraction）

定义：植物提取是指在受重金属污染的土壤上连续种植专性植物或超富集植物，并收割植物地上部分，以降低土壤中重金属浓度的技术。待处理的污染物要在土壤水中溶解并且和根系接触。污染物进入植物体内后，植物可能将其储存在体内，或将其扣留在地上部分的组织液泡中。

适用介质：常用于处理土壤、底泥以及污泥，而在处理污染水体方面应用较少。

优点：提取污染物后的植物仍有利用价值。例如，提取硒元素的植物可用于动物养殖以及缺乏硒的地区。

缺点：富集重金属的植物通常生长较慢，生物量较小，而且根系生长较浅；处理后的植物需要收割处理以及进行重金属回收；重金属可能有植物性毒性效应；以水培方式进行的植物提取研究可能不能反映其在土壤中的真实情况；在实际修复过程中测得的植物提取系数可能比实验室测得的小。

适用的重金属：Ag、Cd、Co、Cr、Cu、Hg、Mn、Mo、Ni、Pb、Zn。

根系长度：根系决定植物提取的效率。

相关植物：具备植物提取作用的植物很多分布于十字花科、大戟科、菊科、唇形科及玄参科中。以下是几种典型的相关植物（表 4-1）。

表 4-1　具备提取能力的植物范例

植物	处理的重金属
印度芥菜（芸薹属）	Pb、Cr、Cd、Cu、Ni 和 Zn
天蓝遏蓝菜	Ni 和 Zn
乌氏庭荠	Ni
黄杨科和大戟科部分植物	Ni
小黑杨	As 和 Cd
向日葵	Cs
红叶苋和绿叶苋	Pb

污染区域考虑：需控制植物和草食动物接近；处理后的植物需要进一步处理。

土壤条件：土壤需要适宜植物生长以及植物提取过程；土壤酸碱度可能需要进一步调节，其他螯合剂可能也要同时添加来增加植物的提取效率。

气候条件：超累积植物可能生活在特定的生活环境中。

技术使用状况：实验室和实地的试验均有开展。

体系成本比较：植物提取成本远远低于土方开挖和土壤淋洗技术。

②植物固定（Phytostabilization）

定义：植物固定利用植物根系分泌物减少土壤中的有机和重金属污染物的流动性，防止污染物侵蚀、浸出或径流，减少污染物的生物可利用度，进而防止其进入地下水或食物链。其中包括了分解、沉淀、螯合、氧化还原等多种过程。植物固定的过程中，根系分泌物或者反应过程中产生的二氧化碳可能会改变土壤酸碱度。植物影响下的土壤可以把金属从可溶态变为不可溶氧化态。

适用介质：常用于处理土壤、底泥以及污泥。

优点：成本较低而且对土壤环境的扰动较小；再种植可以改善生态恢复状况；无需处理危险的生物量或有毒物质。

缺点：污染物会停留在原位，植物和土壤需要进行长期的维护以阻止污染物的释放；修复过程中需要不断地施肥和施用其他添加物；必须避免污染物从地下部分转移到地上；植物固定措施仅用于一种过渡手段；污染物在土壤中的稳定性可能在很大程度上取决于土壤添加物。

适用的重金属：As、Cd、Cr、Cu、Hg、Pb、Zn。

根系长度：可以依据根系长度来选择植物。例如，白杨木可用来修复 5～10 ft[①]厚度的土壤。根系可以影响到更深的土层，但这取决于根系分泌物在土层之间的迁移。

相关植物：在重污染地区，需要用重金属耐受性植物进行修复。以下是一些具备固定作用的植物（表 4-2）。

表 4-2　具备固定作用的植物范例

植物	重金属
印度芥菜（芸薹属）	98%的重金属不再释放
常绿草	防止 Pb、Zn 和 Cu 的释放
紫羊茅	防止 Pb 和 Zn 的释放

污染区域考虑：植物需要进行长期的培植维护。

土壤条件：植物固定作用最适合于黏重土壤以及有机质含量高的土壤；植物固定也可以在多种其他处理方法实施后再使用；植物固定过程中也可以向土壤中加入其他添加物来固定重金属，其中添加物最好能够促进植物的生长。

气候条件：植物生长与气候条件的关系密切。

技术使用状况：实验室和实地的试验均有开展。

体系成本比较：1 200～60 000 元/hm^2。

③ 植物挥发（Phytovolatilization）

定义：植物挥发利用植物根系分泌物使土壤中的有机碳或无机重金属（如 Hg、Se 等）转化为挥发态，进而去除其污染。

适用介质：常用于处理地下水、土壤、底泥以及污泥。

优点：污染物可以转化为低毒性的状态，如元素汞和二甲基亚硒酸盐气体等。

缺点：污染物及其代谢物可能会释放到大气中；污染物及其代谢物可能会累积在植物中，并且在植物生长后期累积在果实中。

适用的重金属：Se 和 Hg。

① 1 ft=0.304 8 m。

根系长度：污染物要在根系影响范围内存在。

相关植物：以下是一些具备挥发作用的植物范例（表 4-3）。

表 4-3　具备挥发作用的植物范例

植物	处理的重金属
芥菜（芸薹属）	Se
油菜、洋麻和牛毛草	Se
拟南芥	Hg

污染区域考虑：由于植物挥发作用会使污染物进入大气，因此在修复过程中需要考虑其对生态环境和人体健康的影响。

土壤条件：植物挥发作用需要较好的土壤水力传输性能。

气候条件：温度、降水、湿度、日晒和风速均会影响植物的挥发作用。

技术使用状况：实验室和实地的试验均有开展。

体系成本比较：暂无。

④ 根际过滤（Rhizo-filtration）

定义：根际过滤是利用植物根际吸收或吸附功能以过滤重金属的过程。根际过滤适用于植物提取技术所不能适用的情况，即植物不能有效地把重金属从根转移到茎和叶。其适用介质一般为地表、地下水以及废水等。

⑤ 植物转化/植物降解（Phytotransformation/Phytodegradation）

定义：在植物体内，通过植物代谢作用进而破坏污染物结构，或在植物体外通过特殊物质（例如酶等）来分解污染物的过程。植物转化/植物降解一般均用于有机污染物。

（3）研究与应用综述

① 相关研究：近年来，大量科研工作者在实验室规模下研究了各种植物对重金属的累积作用、效率和机理，形成了大量可借鉴的成果。以下是植物修复相关的研究报道总结（表 4-4）。

表 4-4　植物修复相关研究一览

植物	其他添加物	现象与结论
三叶鬼针草/万寿菊与生菜	—	套种后提高了根际对 Pb 的提取效率；土壤 pH、EC、有机质等指标和 Pb 在植物根系中的累积量有很强的相关关系
银合欢	丛枝菌根真菌（摩西球囊菌 GM 和多胞囊霉菌 DS）	GM 接种后促进了植物对 P 和 S 的吸收，DS 接种后则没有。GM 和 DS 减少了银合欢中 Pb、Cd 和 As 的浓度
药蜀葵、金银花、鼠尾草和大丽花	EDTA	药蜀葵、金银花、鼠尾草对 Cd 的累积能力强，可以作为潜在的超富集植物；EDTA 可以促进植物萃取效率
小米、小豆、芥菜和高粱	—	高粱可用于修复重金属土壤
伴矿景天	—	研究伴矿景天在不同农艺措施下（间作玉米和种植密度）对 Zn 和 Cd 的累积。长期的植物萃取作用导致土壤中 Zn 和 Cd 的浓度显著下降。间作条件下，对重金属的累积量要高于单一种植条件，而且玉米中 Cd 的浓度低于国际标准。种植密度实验中，种植密度越高则重金属累积越多，间作玉米对重金属累积也有效
油菜	EDTA	随着 EDTA 含量的增加，Cr 在根和茎中的含量也增加。研究表明，油菜+EDTA 可以较好地去除 Cr
龙葵和黑麦草	细菌 JYC17	龙葵和黑麦草套种，并接种 JYC17 后，不仅提高了对 Cd 的萃取效率，而且减少了黑麦草中 Cd 和 Pb 的含量，因此可以保证黑麦草可以给动物正常喂食
伴矿景天和芹菜	—	蔬菜和超富集植物间作提高了农作物产量，同时进行了土壤修复
菠菜和芥菜	EDTA	EDTA 提高了两种蔬菜对重金属的提取
速生柳树	—	研究表明柳树对 Cd 和 Zn 的提取效果很好，但目前这种植物的价格比较高
玉米与其他豆类植物间作（苜蓿、豇豆、豌豆、四季豆、花生和大豆）	—	花生是较好的间作植物，可以提高 Cd 的萃取率
藜和墙生藜	—	藜更适合用于土壤修复和农业措施
钻天杨	马粪	施用两种物质后，土壤中 60%的重金属可被去除
鼠尾草、庭荠、菜用鼠尾草、印度芥菜	苯灵菌	几种植物适用于中度 Pb 污染土壤
芝麻和辣椒	—	辣椒可以在低重金属污染区域种植
饭包草	—	饭包草对土壤中 Cu、Pb 和 Cd 的累积效果非常高

植物	其他添加物	现象与结论
伴矿景天/小麦-茄子	—	麦季间作伴矿景天既能有效减少污染土壤中重金属浓度，又能降低小麦及后茬茄子的重金属污染风险
蜈蚣草	—	蜈蚣草对土壤中的 As 污染具有较好的修复效果，供试土壤中总 As 量降低了 12.4%
天蓝遏蓝菜	—	植物对 Zn 的累积量达 39 600 mg/kg，Cd 累积量达 1 800 mg/kg，远远超出了其他普通植物所能忍受的极限
蓖麻	—	蓖麻对土壤 Zn 污染有较高的耐性，分别在叶、茎、根中对 Zn 有不同程度的积累，随着土壤 Zn 浓度的增加积累量也增大，说明蓖麻适合较高程度 Zn 污染土壤的修复
东南景天	—	土壤中高含量的 Cd 有很强的忍耐、吸收和积累能力，地上部在 500 μmol/L 的镉水平下，叶和茎中的镉含量分别达到 5 677 mg/kg 和 5 274 mg/kg
日本华冠、日本冬妃、虹桥矮青和结球甘蓝品种	—	几种植物均可作为潜在的修复植物
滇苦菜	—	地上部 Cd 富集浓度最高达 3 919 mg/kg，且 64%～87%的 Cd 分布于地上部，初步认定为 Cd 超富集植物
羽叶鬼针草和酸模	—	两种植物对 Pb 有很好的耐性，可以作为先锋物种来修复 Pb 污染土壤
香根草	—	香根草地上部 Pb 含量可达到 2 458～4 069 mg/kg
香薷和鸭跖草	—	两种植物适合修复 Cu 污染土壤
密毛蕨	—	地上部重金属含量可达 2 342 mg/kg
印度芥菜	—	地上部分 Cu 含量可达 13 696 mg/kg

② 植物修复工程应用（表 4-5）

表 4-5　植物修复的工程应用实例

污染位置	污染区域面积/hm^2	污染物	处理介质	植物
铝厂	6	重金属	土壤和地下水；砂质黏土	小黑杨
安德森（美国）	17	重金属	土壤和地下水	小黑杨和草
法国巴约纳	1	重金属	表层 15 cm 土壤	印度芥菜
美国邦克山附近	1 050	重金属	土壤	几种草本植物
切诺基镇（美国）	1	重金属	土壤	小黑杨

污染位置	污染区域面积/hm^2	污染物	处理介质	植物
多尔切斯特（英国）	1	Pb	土壤	印度芥菜
爱荷华（美国）	/	重金属	0～48 cm 土壤	草血竭
洛斯巴诺斯（美国）	0.5	重金属	黏土和壤土	印度芥菜、牛毛草和三叶草
湖南郴州	42	As	稻田	蜈蚣草
广西环江	300	重金属	耕地土壤	蜈蚣草和东南景天
国内某地	0.1	As、Pb、Zn和 Cd	土壤	蜈蚣草和桑树套种
沈阳	0.1	Cd	耕地土壤	龙葵

（4）植物修复体系的选择和设计

在进行植物修复工作前，需要对植物进行遴选，并对整个植物修复的过程进行详细的计划和设计。表 4-6 包括了植物选择的概括性步骤。

表 4-6　植物选择的概括性步骤

① 识别植物修复技术以及修复目的。
② 收集污染区域信息：地点、温度（平均值、范围）、降水量和时间、种植季节和周期、日照时间、土壤理化性质、污染物类型和浓度、与污染区域相关的具体情况等。
③ 明确植物遴选的重要原则：抗病性、抗热性、抗寒性、耐虫性、抗旱性、耐药性、植物入侵性、植物来源、繁殖方法/率、生长率和生物量、竞争/异株相克效应等。
④ 栽培和维护需要考虑的因素：发芽前的种子预处理、栽培方法、时间、密度和深度、覆盖度、灌溉情况、土壤 pH、施肥、害虫和疾病保护、落叶和碎片、收割要求、人力和费用等。
⑤ 修复相关应考虑的：可能的修复效率、根系类型和形状、根深度、污染物分布和深度、落叶性或非落叶性、单一或混合栽培、本地植物或外地植物和生长季节等。
⑥ 筛选出符合以上一系列原则的植物：选择出所有的备选植物，开展费用/收益分析，初期试验验证发芽率、存活率和生物量等（发芽率实验、温室栽培实验等）。
⑦ 选用植物并开展修复：监测植物生长以及修复效率、根据观察来重新评估植物好坏、必要时重新播种种植

（5）小类植物修复技术推荐及其技术特性

根据以上植物筛选的步骤可知，植物的修复效率除了与自身生理生化因素有关，还与污染区域的环境特征有关。为了帮助相关部门在了解待修复耕地土壤环境质量的前提下选用可能的技术，表 4-7 提供了几种适合在广东生长、具有较好超富集作用的植物品种。

2. 低累积作物技术

（1）定义与原理

与植物修复的理念相反，低累积作物技术是通过研究作物耐重金属程度的差异，以筛选和培养出具有低吸收、低累积重金属特征的作物（称为污染预防品种），使其可食用部位的重金属含量低于相关食品安全标准限值，从而降低水土环境污染物经食物链危害人类健康的风险。在如今国内耕地资源紧缺的情况下，合理有效地筛选低累积作物是保证粮食产量和安全的有利保障措施之一。重金属低累积作物的形成机理包括以下几个方面：

根际生物学机理：根系的生物量、根毛数量及长度是植物根系吸收功能的主要影响因素。在轻度污染或非污染的土壤上，超富集植物的根系较细弱，侧根根系比较分散。而非超累积植物的根系主要分布于非重金属污染区，尽可能地向低污染区域伸展。根际 pH 和氧化还原电位会影响土壤中重金属的移动性和生物有效性，降低根际土壤的 pH 可增加土壤重金属的溶解性，而增加 pH 则可能降低作物对重金属的吸收。另外，土壤中的溶解性有机碳（DOC）在不同 pH 条件下会和重金属进行络合，增加重金属的溶解度和迁移能力，从而可能增加低累积作物对重金属的吸收。植物根系分泌物是植物在生长过程中通过根的不同部位向外界环境释放的各种物质的总称。不同植物根系分泌物类型不同，同一植物在不同生理状况下根系分泌物种类和含量也存在差异。在 Pb 的胁迫下，植物可分泌苹果酸、乙酸、乳酸等物质与 Pb 形成可溶性络合物来抑制 Pb 的跨膜运输，从而减少植物对 Pb 的吸收。

表 4-7　小类植物修复技术推荐及技术特性①

植物	技术开发程度②	适合的重金属	污染程度/污染风险	去除效率	修复时间	成本	适合土层厚度/cm③	生长条件	适合的土壤 pH④	技术体系可信程度及可维护性⑤	二次污染
东南景天	●	Cd 和 Cu	中和高	◎	¤	●	0～100	＜1 400 m 的阴湿地带，常见于华南地区	范围较宽，偏酸性土壤对修复有一定促进作用	○	●
蜈蚣草	●	As、Pb 和 Hg	中和高	⊙	¤	●	0～20	喜温暖潮湿，常见于广西、广东、云南等地		○	●
龙葵	●	Cd 和 Pb	中和高	⊙	¤	●	0～80	适宜温度 22～30℃，对土壤环境要求低，喜生于田边，全国均可见		○	●
天蓝遏蓝菜	●	Cd	中和高	⊙	¤	●	—	—		○	●
伴矿景天	●	Cd 和 Pb	中和高	◎	¤	●	0～100	—		○	●
海州香薷	◎	Cu	中和高	◎	¤	●	—	生于山坡路旁或草丛中，常见于辽宁、山东、河南、江西和广东		○	●
苎麻	○	Hg	中和高	◎	¤	●	—	适宜温度 15～32℃，生于草坡或山谷，雨量要求在 800 mm 以上，常见于广西、广东、云南和贵州	酸性（pH＜4.4）影响生长	○	◎

注：①表中“●”表示最优，“◎”表示优，“⊙”表示良好，“○”表示一般，“¤”表示略低，“/”表示没有相关数据。②表示技术目前的应用规模；③由植物根系长度范围确定；④除过酸或过碱外，以上植物均可用于修复，其中偏酸环境利于重金属浸出，进而有利于植物修复；⑤与其他技术相比，此技术的可信度及是否便于维护。

生物化学机理：金属离子从根系转移到地上部分主要受两个过程的控制，从木质部薄壁细胞转载到导管和在导管中运输，后者主要受根压和蒸腾流的影响。蒸腾作用越强，向茎叶中运输的重金属就越快越多，叶片细胞中的Cd主要来源于从维管束到叶片组织的水分迁移，说明蒸腾作用对叶片中重金属的累积起重要作用。重金属从根部到地上部的输运过程中，常伴随着有机酸的作用，金属离子与木质部中的有机酸和氨基酸结合形成的复合物是重金属离子在木质部中运输的主要形式。如Fe主要是以柠檬酸—三价铁螯合物的形式存在，Zn主要是与苹果酸或柠檬酸结合，Ca、Mg、Mn则以离子形态存在。在不同物种或品种间，以及同一植物的不同部位对重金属的累积量都会存在显著的差异。一般情况下，植物吸收的重金属主要累积在根部，地上部各组织中的含量较低。研究表明重金属在植物的叶片中存在区隔化分布，在组织水平，重金属主要分布在表皮细胞、亚表皮细胞和表皮毛中；在细胞水平，重金属主要分布在质外体和液泡中。Cd在超积累植物东南景天根、茎和叶中的含量和分配比例为细胞壁＞可溶性组分＞细胞器。芹菜吸收的Cr主要储存于细胞壁及残渣和可溶部分等细胞活性较低的区域，这样的区隔化分布有效降低了重金属对细胞器的伤害。

分子生物学机理：植物体中多种金属阳离子转运蛋白家族已被鉴定出来，包括重金属吸收蛋白和重金属排出蛋白。ZmYS1的功能是转运Fe-PC螯合物，ZmYS1受缺铁诱导在植物根系和叶片强烈表达，同时参与Cu、Ni、Zn等螯合物的转运。AtIRT1是二价铁离子进入根系的最主要铁转运蛋白，而且参与调控了Mn、Zn和Cd等其他二价金属离子的转运。重金属排出蛋白可将重金属运载出细胞质或使其进入特定的细胞器。研究表明农作物重金属低累积是受遗传因素控制的性状，具有高度的遗传稳定性。

（2）研究与应用综述

近年来，大量学者在实验室或大田内筛选对比了多种植物对重金属的累积作用及机制，在充分利用耕地、保障粮食产量和安全及农民经济效益方面起到了极大的促进作用。低累积作物技术的相关研究及实践案例见表4-8。

（3）低累积作物技术推荐及其技术特性

根据适合种植的作物品种，推荐以下低累积作物技术（表4-9）。

表 4-8 低累积作物技术相关研究及实践

作物/植物	重金属种类	规模	现象与结论
不同苋菜品种	Cd、Pb 和 Zn	实验室盆栽	15 个苋菜品种中，9 个苋菜品种可食用部分中对重金属的累积较少，且生物量较大，因此适合推广种植
不同玉米品种	Cd、Pb、Zn 和 Cu	田间试验	筛选出了适合广东种植的重金属低累积玉米，以充分利用于中、低污染耕地
第一宝春（大白菜品种）	Pb	实验室盆栽	第一宝春这种大白菜品种可视为具有 Pb 低累积潜力
正丹 958（玉米品种）	重金属	田间试验	此品种为低累积作物，可用于在广东冬季种植
番茄	Cd	实验室盆栽	在轻度 Cd 污染的胁迫下，番茄体内 Cd 含量超标率较低
25 种大豆品种	Cd 和 Pb	实验室盆栽	沈农 10 号、铁丰 3 号和 37 号、铁豆 36 号、和辽豆 21 号被鉴定为 Cd 的低累积作物。沈农 6 号、铁丰 29 号和 37 号，集 1005 号、辽豆 15 号和苏科 1 号为 Pb 的低累积作物
9 种蔬菜	Cd	田间试验	几种蔬菜对 Cd 的累积量大小为菠菜＞芹菜＞大白菜＞韭菜＞黄瓜＞油菜＞花菜＞番茄＞甘蓝
叶菜和果菜	Cd	田间试验	叶菜类吸收 Cd 的能力大于果菜类
各类蔬菜作物（国外品种）	Cd	/	按蔬菜作物对 Cd 的累积量，将其分为：低累积型-豆科（大豆和豌豆）；中等累积型禾本科（水稻、大小麦、玉米和高粱）、百合科（洋葱和韭菜）、葫芦科（黄瓜和南瓜）、伞形科（胡萝卜和欧芹）；高累积型-十字花科（油菜和萝卜）、藜科（唐莴苣和糖甜菜）、茄科（番茄和茄子）、菊科（莴苣）
药用作物	Cd	田间试验	车前草、夏枯草、薏苡、决明、白扁豆为 Cd 的低累积植物
昆明蔬菜	Pb、Cd、Cu 和 Zn	田间试验	叶菜类蔬菜（大白菜和西芹）对 Pb、Cd 和 Zn 表现为高富集，对 Cu 为中富集；根菜类蔬菜（萝卜）对 Cu 表现出高富集，其他均为中富集；花果类蔬菜（青花菜、菜豆和番茄）对 Cd 和 Zn 均为低富集；茎菜类蔬菜（莴苣）对几种重金属均为中富集或低富集
287 个作物	重金属	田间试验	5 种不同类型的作物对重金属的富集能力为：叶菜类＞花序类＞块根类＞谷物类＞结实类
不同菜心品种	Cd	实验室盆栽	尖叶早绿菜心、珍芯油青尖叶菜心、尖叶 40 天菜心和油绿粗苔菜心在较低 Cd 浓度下为低积累作物

表 4-9 低累积作物技术推荐及其技术特性[①]

植物	技术开发程度[②]	重金属	污染程度/污染风险	成本	技术体系可信程度及可维护性[③]	二次污染
玉米	●	Cd、Cu 和 Pb	中和低	●	⊙	●
大豆	◎	Cd 和 Pb	中和低	●	⊙	●
甘蓝	◎	Cd	低	●	○	●
白菜	⊙	Pb	低	●	○	●
番薯	⊙	Hg	低	●	○	◎
芹菜	◎	Pb 和 Cu	低	●	○	●
胡萝卜	⊙	Cd	低	●	○	●
莴苣	⊙	Pb、Cd 和 Cu	低	●	○	●

注：①表中“●”表示最优，“◎”表示优，“⊙”表示良好，“○”表示一般；②表示目前的技术应用规模；③与其他技术相比，此技术的可信度及是否便于维护。

3. 农艺调控技术

中国传统农艺以精耕细作为主要特点，并且有着悠久的历史，在其发展的过程中有着光辉的成就，曾居于世界领先水平。然而直至 19 世纪，随着化学、物理、生物学以及其他自然学科的发展，传统农艺才逐渐成为一门科学。随之而来的农艺措施也越来越受到人们的重视。农艺措施是针对生产人类有用的动植物以及在不同程度上配制供人类使用的产品及其处置的科学技艺而采取的处理办法。在重金属污染耕地修复方面，农艺调控技术往往与植物修复及低累积作物技术一同使用，起到促进超富集植物吸收重金属、减少农作物对重金属吸收等作用。以下是几类主要的农艺调控技术。

（1）水肥管理技术

①定义与原理

施肥是农作物种植最重要的措施之一，也是植物修复过程中十分必要的手段。在传统农艺中，施肥可以增加土壤肥力，提高农作物产量和品质；在现代植物修复中，一方面，施肥可以增加土壤肥力，促进重金属积累植物生长，提高生物量；另一方面，施肥可以改变土壤的某些理化性质，提高或降低土壤 pH 进而改变土壤溶液中重金属的生物有效性，降低或增加污染物的流动性，从而影响植物根系和地上部分的生理代谢过程或重金属在植物体内的运转等，从而间接影响重金属元素的吸收。不同肥料由于所含营养成分不同，与土壤重金属元素的作用机制也不同，其对植物吸收重金属的效果也不尽相同。在某些情况下，肥料受到土壤类型、植物自身特性的影响也可变成改良剂，强化植物修复。在施肥强化植物修复研究中常用的肥料有氮、磷、钾肥和有机肥等。

氮、磷、钾都是植物生长所必需的大量营养元素，氮肥可以影响植物产量和品质；磷肥可以促进早期根系的形成和生长；钾肥可以提高作物品质，并且钾肥中的 K^+可以与土壤中的重金属发生交互作用。合理施肥可以使植物修复效率成倍增加。

有机肥中含有多种有机酸、肽类以及氮磷钾等营养元素，不仅可以为作物提供全面的营养，肥效期长，还可增加和更新土壤有机质，改善土壤理化性质，促进微生物繁殖。在植物修复方面，有机肥可以影响重金属在土壤中的形态，提高土壤的缓冲性，减少植物对重金属的吸收量，还可以有效降低植物籽粒重金属含量。

植物主要通过根系吸收土壤或营养液中的营养。除根系外，植物的茎叶（尤其是叶片）也可以吸收各种营养成分，且吸收效果比根系更好。叶面肥是以作物叶面吸收为途径将植物需要的肥料或营养成分按比例制成一定浓度的营养液。根据其功能和主要成分等，可把叶面肥大概划分为营养型、调节型、生物型、复合型、肥药性以及其他型六大类。叶面肥具有针对性强、吸收快、效果好、易于施用、环境污染风险小等优点。

水分是植物生存的必要因素之一，是植物体的重要组成成分，植物体内的正常生理活动都离不开水。植物修复中，某些超累积植物可以在较为干旱的地方正常生长，例如蜈蚣草在高于年降水量 500 mm 的条件下就可以正常生长和繁殖。虽然这些超累积植物具有一定的抵抗干旱能力，但是有研究表明，过度缺水会削弱其修复能力。不同作物种类需水不同，同一种作物不同生长期需水也不同。

②研究与应用综述

水肥管理技术能够提高植物修复重金属效率或降低作物对重金属的吸收。近年来有关学者开展了很多相关研究。表 4-10 介绍了国内外主要的水肥管理技术方面的研究和实践案例。

表 4-10 水肥管理技术相关研究及实践

植物	水肥管理	重金属	规模	现象与结论
苹果树	有机肥+磷钾肥+生石灰	Cd	果园	肥料处理下，低、中、高 3 个 Cd 污染区的苹果叶片 Cd 含量分别比对照减少 41.6%、34.7%和 17.0%；果实 Cd 含量分别比对照减少 53.9%、31.0%和 28.6%

植物	水肥管理	重金属	规模	现象与结论
苎麻	有机肥	Pb 和 Cd	田间试验	有机肥有效降低了土壤中有效态 Cd 的含量，进而减少了 Pb 和 Cd 对苎麻的影响
苎麻	腐殖酸叶面肥	重金属	实验室+田间试验	苎麻叶面喷施腐植酸类叶面肥，促进了其根系生长，增强了其根系活力，增加了其吸收功能，能够有效地利用深层土壤的养分与水分，吸收重金属的能力也随之增强
莴苣和黑麦草	尿素	Cu、Cd 和 Zn	实验室	施入尿素后，莴苣和黑麦草对几种重金属的累积量明显增加
蜈蚣草	磷肥	As	田间试验	适量的磷肥可以明显促进蜈蚣草的生长，提高其对 As 的累积，但施入过量磷肥反而会降低蜈蚣草对 As 污染土壤的修复效率
东南景天	磷肥	Zn	盆栽实验	土壤中适当增磷显著促进东南景天的增长，同时促进了东南景天对 Zn 的吸收和向地上部分的运移
东南景天	氮磷钾肥、有机肥	Zn 和 Cd	盆栽实验	适量添加这些肥料可以增加东南景天对重金属的累积
遏蓝菜、黑麦草和地肤	牛粪	Cd	盆栽实验	牛粪的加入提高了几种植物的生物量，同时牛粪使得遏蓝菜对 Cd 累积量达到了对照组的 1～2 倍
东南景天	秸秆稻草	Zn	盆栽实验	秸秆稻草提高了东南景天的生物量以及其地上部分锌的累积量
水稻	富硒叶面肥	Cd	田间试验	与对照组相比，喷施叶面肥可使水稻增产 0.5%～14.0%，并使稻米的 Cd 含量降低 25.75%～64.38%，Se 含量增加 3.40～21.54 倍
稻谷	腐殖酸肥、富硒肥、自配钛硒微肥	Hg、Cd 和 Pb	田间试验	3 种喷施肥使稻谷中 Pb 含量分别降低 10.49%、16.05% 和 27.78%；Hg 含量分别降低 38.20%、47.19% 和 51.69%；Cd 含量分别降低 22.00%、34.00%和 52.00%
车前、夏枯草、薏苡、决明、白扁豆	厩肥	Cd	田间试验	施用厩肥能明显降低植物中 Cd 的含量，也能明显增加地上部分生物量
水稻	纳米硅制剂	Cd、Pb、Cu 和 Zn	田间试验	叶面喷施纳米硅制剂之后，可以降低籽实中水稻对几种重金属的吸收量
水稻	磷溶液	Pb、Zn 和 Cd	田间试验	喷施磷溶液后，水稻的生物量显著增加，而且减小了水稻对重金属的累积

植物	水肥管理	重金属	规模	现象与结论
龙葵	$(NH_4)_2SO_4$ 和钾肥（KCl）	Cd	田间试验	$(NH_4)_2SO_4$ 可显著提高龙葵地上部质量和上部 Cd 的积累量
水稻	水分管理	As、Cd、Cu 和 Zn	盆栽实验	土壤水分含量对水稻根际土壤中 As、Cu 和 Zn 的含量影响不大。随着土壤水分的增加，水稻器官中 As 的含量显著增加，Cu 的含量却逐渐减少
天蓝遏蓝菜属、庭荠	水分管理	Ni	田间试验	在低湿度（田间最大持水量的 30%～40%）的条件下，超累积植物的生存明显受到了抑制
伴矿景天	水分管理	Zn 和 Cd	盆栽实验	在 70%土壤最大田间持水量（70% WHC）处理下，伴矿景天生长最好，生物量最大。70% WHC 处理伴矿景天对重金属吸收能力最强，其茎中 Zn 的浓度显著高于其他处理，茎中 Cd 的浓度分别比 35% WHC、100% WHC、淹水处理高 27.1%、29.0%、63.1%

③水肥管理技术推荐的肥料

水肥管理技术一般需要和植物修复技术或低累积作物技术联合作用。因此，针对每一种植物/作物，都可形成不同的植物/作物—肥料组合及配比。同时，植物/作物—肥料的组合及配比受耕地土壤理化性质及植物的生理特性影响很大，很难凭研究报道直接确定，一般情况下需要对实地土壤进行勘察后才能初步选定。因此，表 4-11 仅列出推荐的肥料目录，不提供具体的浓度配比及配套植物。

表 4-11　水肥管理技术推荐的肥料一览①

肥料	技术开发程度②	重金属	污染程度/污染风险③	成本	技术体系可信程度及可维护性④	二次污染
有机肥	●	Cd 和 Pb	低和中	●	●	○
腐殖酸肥	◎	Hg、Cd 和 Pb	低和中	◎	◎	◎
氮磷钾肥	●	Cd 和 As	低和中	●	●	○
富硒叶面肥	⊙	Cd	低和中	◎	⊙	◎
叶面硅肥	◎	重金属	低和中	◎	◎	◎

注：①表中“●”表示最优，“◎”表示优，“⊙”表示良好，“○”表示一般；②表示目前的技术应用规模；③耕地处于中度和高污染风险时，施加肥料的作用主要是促进植物（如超富集植物和低累积作物）的生长，而耕地处于低污染风险时，施加肥料则主要是控制重金属的释放与迁移；④与其他技术相比，此技术的可信度及是否便于维护。

另外，水分管理也是植物/作物种植过程中需要调控的重要指标，而且田间持水量会随着植物的类型、同种植物的品种差异、土壤理化性质等来确定，因此本书不提供土壤水分含量的具体范围。

（2）间作套种技术

①定义及原理

间作套种是指在统一土地上按照一定的行、株距和占地的宽窄比例种植不同种类的农作物。间作套种是运用群落的空间结构原理，以充分利用空间和资源为目的发展起来的一种农业生产模式，也可称为立体农业。

一般把几种作物同时期播种的叫间作，不同时期叫套种。间作套种能够合理配置作物群体，使作物高矮成层，相间成行，有利于改善作物的通风透光条件，提高光能利用率，充分发挥边行优势的增产作用。

污染土壤的植物修复技术是当今的研究热点，能够大大地减少土壤清洁所需的费用，是一种绿色的土壤修复技术。然而，植物修复技术清洁土壤往往需要较长的时间，而且需要中断农业生产。因此，选择适当的作物形成间套作复合体系，实现对污染土壤的边修复边生产，是重金属污染土壤修复的新思路。

② 研究与应用综述

基于这种思路，研究者开展了大量的实践工作，并形成了多种超富集植物—作物的组合，以实现边生产、边修复的目的（表 4-12）。

表 4-12　间作套种技术实践一览

植物	作物	重金属	现象与结论
—	小麦和水稻	Cd	间作交互作用虽然降低了两作物地上部 Cd 的吸收积累，也降低了小麦籽粒的 Cd 浓度，但水稻籽粒的 Cd 浓度有所升高
杉木	茶树	多种重金属和微量元素	间作杉木可降低茶园土壤 Pb、Ni、Mn、Zn 元素含量，间作茶树叶片中 Pb、Mn、Cu、Zn 含量均显著低于单作茶园，说明间作杉木可以减少茶叶中重金属含量，改善茶叶品质
天蓝遏蓝菜	小麦	Zn	遏蓝菜减少了小麦对 Zn 的吸收

植物	作物	重金属	现象与结论
—	豌豆和大麦	多种重金属	豌豆和大麦混作，豌豆地上部的 Cu、Pb、Zn、Cd 和 Fe 浓度是分别是单作的 1.5 倍、1.8 倍、1.4 倍、1.4 倍和 1.3 倍，混作中大麦的根系分泌物能活化土壤中金属并有利于豌豆吸收
—	印度芥菜和油菜	Cd	土培盆栽试验把印度芥菜与同属的农作物油菜互作，互作时印度芥菜的吸 Cd 量和对土壤的净化率在高浓度 Cd 处理下高于单作，油菜植株 Cd 含量也增加，产量下降
—	眉豆、扁豆、鹰嘴豆、紫花苜蓿、油菜、籽粒苋和墨西哥玉米草	Cd	4 种豆科作物大幅提高玉米对 Cd 的积累量，其中眉豆和鹰嘴豆效应最大，它们使玉米积累 Cd 总量分别达到玉米单作的 1.6 倍和 2.1 倍，玉米草和籽粒苋则降低了玉米对 Cd 的积累；7 种间作植物对 Cd 有不同的吸收水平，其中油菜与籽粒苋可大量积累 Cd
—	甘蓝型油菜、菜心和玉米	Cd	Cd 富集植物甘蓝型油与菜心或玉米间作在一起，油菜地上部 Cd 浓度和 Cd 累积量明显得到提高，证明了间作技术用于修复 Cd 污染土壤的能力
东南景天	玉米	重金属	东南景天和玉米套种模式处理城市污泥，可以同步实现城市污泥的稳定化和重金属的去除
东南景天	玉米	Cd 和 Zn	单种东南景天地上部生物量在后 4 次试验中均较套种高，重金属的总提取量也较高。然而，间/套种可生产符合饲料卫生标准的玉米籽粒，第 4 季达到食品卫生标准
续断菊	玉米	Cd	续断菊和玉米间作提高了续断菊各部位的 Cd 积累量，同时降低了玉米各部位 Cd 的积累量
鸡眼草	蔬菜	Cd	间作鸡眼草能显著或极显著降低番茄、白菜、卷心菜、萝卜、玉米可食部位对 Pb 的积累，分别平均下降了 40.4%、17.4%、16.5%、64.6%和 46.7%；显著或极显著降低了番茄、白菜、卷心菜可食部位对 Cd 的积累，分别平均下降了 27.0%、26.5%和 14.3%；显著或极显著降低了番茄、白菜可食部位对 Ba 的积累，分别平均下降了 40.8%和 43.5%
东南景天	大豆或玉米	Cd 和 Pb	大豆和玉米与 Zn 的超富集植物东南景天混作，使东南景天地上部 Zn 和 Pb 的含量显著增加，Zn 比各自单种分别增加了 13%和 22%，而 Pb 比单种分别增加了 11.5%和 24%，而与黑麦草的混作却使东南景天地上部分对 Pb 和 Zn 吸收比单种分别减少了 18%和 9%。与东南景天的混作后，大豆对 Pb 的吸收量降低为单种的 28%左右，黑麦草、玉米 2 种植物地上部对 Cd 和 Zn 的吸收减少，其中 Cd 的吸收量减少了 25%以上，但却显著地提高玉米对 Pb 的吸收
马唐草	玉米	Cd	玉米和马唐间作互相促进对 Cd 的吸收

植物	作物	重金属	现象与结论
青花	玉米	Cd	玉米和青花间作显著降低了在玉米可食部分的 Cd 含量，与单作相比下降了 59.9%，青花单作与间作相比 Cd 含量下降了 33.7%
黑麦草和紫云英	芥菜型和甘蓝型油菜	Cd 和 Pb	与黑麦草、紫云英混种时，芥菜型油菜和甘蓝型油菜地上部和根部的 Cd、Pb 含量均显著降低，黑麦草和紫云英地上部的 Cd、Pb 含量变化均不显著
伴矿景天	小麦或水稻	Zn 和 Cd	通过伴矿景天/小麦-水稻的间作和轮作种植模式，可吸取修复污染土壤中有害重金属，降低后茬水稻的食物链风险
小花南芥	玉米	Pb	间作提高了小花南芥根和地上部分 Pb 含量，由单作的 762.11 mg/kg、842.10 mg/kg 分别增至 834.95 mg/kg、923.15 mg/kg，降低玉米根和地上部分 Pb 含量，由单作的 145.80 mg/kg、90.49 mg/kg 分别降低到 121.42 mg/kg、73.55 mg/kg
苜蓿	印度芥菜	Cd	单作和间作苜蓿 Cd 含量均超过饲料卫生限定标准，但间作种植方式仍然使苜蓿地上部 Cd 含量较单作降低了 2.8%～48.3%，印度芥菜地上部 Cd 含量也较单作降低了 1.1%～48.6%
—	玉米和其他蔬菜	Pb、Cu 和 Cd	玉米与油毛菜间作与单作相比较，玉米中 Cd 含量显著下降了 72.9%，油毛菜中 Cu 含量显著下降了 49.8%，套作西葫芦时 Pb 含量显著下降了 56.8%；间套作条件下，显著降低了重金属 Cd、Pb、Cu 在玉米和蔬菜可食部分的累积含量，与单作相比平均下降了 30%、37.9%和 28.6%。玉米和不同蔬菜间套模式是抑制作物可食部分吸收累积重金属 Pb、Cu、Cd 含量的有效措施
伴矿景天	小麦和茄子	Cd 和 Zn	麦季间作伴矿景天既能有效减少污染土壤中重金属浓度，又能降低小麦及后茬茄子的重金属污染风险，为土壤修复与生产兼顾的修复模式提供理论支持
—	燕麦和白羽扇豆	Pb	11%扇豆和 33%燕麦可以增加金属在土壤溶液中的浓度，以及燕麦组织里面的含量
苜蓿	玉米、花生	Cd、Pb 和 Zn	在轻度污染土壤上，三种植物/作物单独种植或者以间作模式种植，均可满足国内对重金属安全含量的标准
伴矿景天	玉米	Zn 和 Cd	在合适的种植密度下，伴矿景天和玉米间作的方式可以提高重金属的修复效率，同时可以增加玉米的产量
龙葵	大葱	Cd	龙葵和大葱间作后可用来修复重金属污染土壤，同时可以产生经济效益
天蓝遏蓝菜和毛枝柳	—	Cd、Pb 和 Zn	中度污染土壤上，间作模式不影响重金属的去除效率；高污染土壤上，毛枝柳单独种植会由于植物毒性而死亡，而间作模式下，遏蓝菜吸收了重金属进而促进了毛枝柳的生长
蜈蚣草和桑树	—	As	间作后增加了蜈蚣草体内 As 的浓度，而且可以同时增加经济效益

③推荐的间作套种技术及其技术特性（表 4-13）

表 4-13　间作套种技术推荐及其技术特性①

植物	技术开发程度②	优先控制的重金属	污染程度/污染风险	去除效率	修复时间	成本	适合土层厚度/cm	土壤pH	对作物产量的影响	技术体系可信程度及可维护性③	二次污染
伴矿景天+玉米间作	●	Cd 和 Pb	中和低	◎	¤	●	0～100	范围较宽；偏酸性土壤对修复有一定促进作用，但也增加作物的污染风险	增加产量	○	◎
三叶鬼针草+生菜套种	◎	Pb	低	⊙	¤	●	0～20		/	○	⊙
东南景天+玉米间作	●	Cd 和 Pb	中和低	◎	¤	●	0～80		增加产量	○	◎
东南景天+大豆间作	◎	Cd 和 Pb	中和低	◎	¤	●	0～80		增加产量	○	◎
龙葵+大葱间作	⊙	Cd	中和低	⊙	¤	●	0～20		无影响	○	◎
鸡眼草+番茄或萝卜	○	Cd、Pb 和 As	中和低	⊙	¤	●	0～20		/	○	◎

注：①表中“●”表示最优，“◎”表示优，“⊙”表示良好，“○”表示一般，“¤”表示略低，“/”表示没有相关数据；②表示技术目前的应用规模；③与其他技术相比，此技术的可信度及是否便于维护。

4. 工程物理技术

耕地重金属污染工程治理技术由于涉及工程量大，费用高，只适宜用于小面积的、污染严重的土壤修复；对于大面积耕地重金属污染修复不仅需要大量的人力、物力，成本高，还容易引起耕地肥力减弱，耕层破坏（图 4-14）。

（1）客土技术

客土技术是根据被污染土壤的污染程度，将适量清洁土壤添加到被污染的土壤中，降低土壤中重金属污染物含量或减少污染物与植物根系的接触，从而达到减轻危害的目的。在选择客土时，用该方法具有见效快、效果好等优点。缺点是会耗费大量的人力、物力和财力，修复成本高，深耕后的污染土不能彻底清除等。故仅适用于污染物含量不高、取土方便的地区。

（2）换土技术

换土技术与客土技术类似，也是利用外地的清洁土壤来修复土壤，是将污染土壤移去，换上未被污染的新土。仍需要考虑用于置换的土壤与被污染土壤理化性质等因素，避免置换过后改变土壤环境而引起原土壤中重金属污染物活性增强的现象。换土法对重金属污染重、面积小的耕地，特别是设施农业局部大棚土壤重金属污染具有非常明显的修复效果，不受外界条件限制，治理效果彻底，但仍然需要注意下层重金属污染和换下来的表层土存在二次污染的环境风险。

（3）隔离包埋技术

隔离法是采用工程措施，将污染土壤与其周围环境进行隔离，减少由于重金属的迁移、扩散或渗透等对周围环境产生的污染。该方法适用于大多数重金属污染土壤的治理，具体措施为以钢筋、水泥等材料，在污染场地四周修建隔离墙体。为减少地表径流或地表水渗滤的影响，还可以在污染场地表面铺设防渗膜，采用水平灌浆的方式在污染土层下方浇注水泥等固化剂。由于存在成本和操作上的限制，故该方法仅适用于污染严重且污染面积较小的地块。

表 4-14 工程物理技术推荐及其技术特性①

技术	技术开发程度②	优先控制的重金属	污染程度/污染风险	去除效率	修复时间	技术体系可信程度及可维护性③	二次污染
客土法	●	各类重金属	高	●	●	¤	○
换土法	●	各类重金属	高	●	●	○	⊙
隔离包埋法	●	各类重金属	高	●	●	○	⊙

注：①表中“●”表示最优，“⊙”表示良好，“○”表示一般，“¤”表示略低；②表示技术目前的应用规模；③与其他技术相比，此技术的可信度及是否便于维护。

5. 土壤淋洗/冲洗技术

（1）定义与原理

土壤淋洗/冲洗技术其原理是借助一定的化学试剂，将污染物从土壤中分离出来并进行处理的技术。从广义上说，土壤淋洗就是利用流体淋洗土壤中污染物的过程。其作用机制在于利用淋洗液或化学助剂与土壤中的污染物结合，通过淋洗液的解吸、螯合、溶解或固定等化学作用以达到修复土壤的目的。所处理的污染物既可以是有机污染物，也可以是无机污染物。

土壤淋洗/冲洗技术可分为原位冲洗和异位淋洗技术。其中土壤原位化学淋洗主要是根据污染物纵向分布的深浅，利用外力或淋洗液自身重力，使其流过污染土壤，再利用抽提井或人工沟渠收集和清除淋洗液的过程。土壤异位化学淋洗则是先将受污染土壤进行挖掘并运移，然后再将土壤置于淋洗装置中进行修复处理并将淋出液中污染物无害化，最后进行土壤回填（图 4-2）。

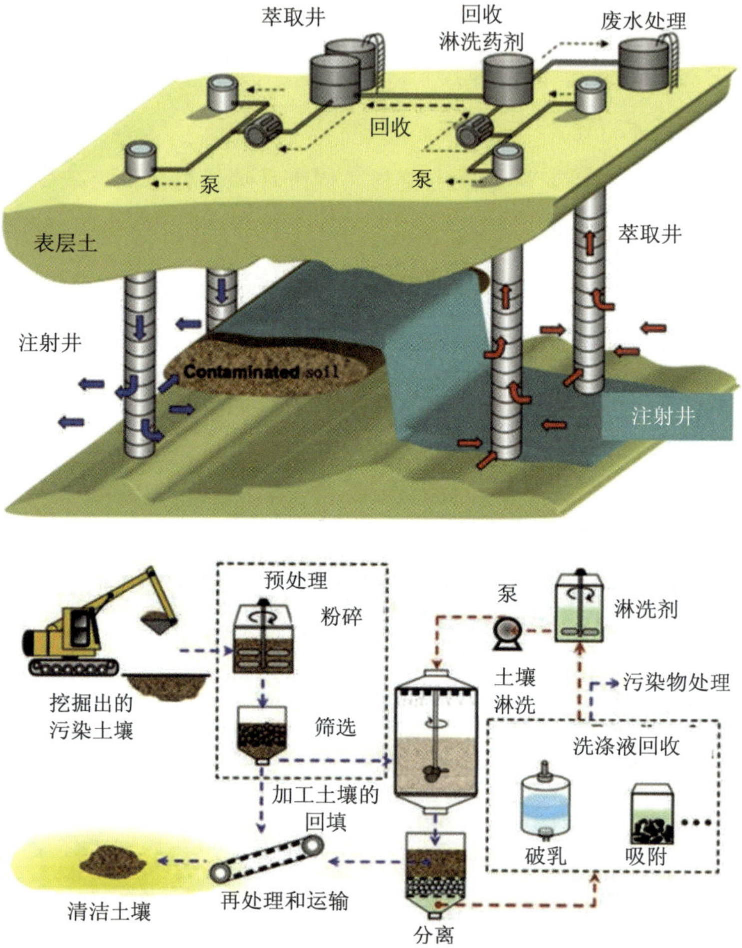

图 4-2　原位/异位土壤淋洗技术示意图

土壤淋洗修复方法的技术关键是寻找一种合适的淋洗剂，且理想化的淋洗剂应满足以下条件：一是淋洗剂的使用对修复土壤的理化性质破坏性有限；二是淋洗剂的价格经济且性价比高；三是对土壤中的重金属有较强的溶解能力；四是淋洗剂和重金属的结合体易于分离可以重复利用，不对环境带来二次污染。然而，实际应用中，淋洗剂的优缺点均非常显著。目前，用于重金属污染土壤的淋洗剂主要有无机溶液、螯合剂和表面活性剂 3 种。

无机淋洗剂包括酸、碱、盐等无机化合物，是传统淋洗剂的组成部分。其中无机酸主要通过 H^+与重金属发生置换反应，从而达到去除污染物的目的。无机盐和碱大多通过置换和络合作用达到淋洗效果。无机淋洗剂的优点有效果好、速度快、成本低等，但无机淋洗剂在淋洗过程中所带来的 pH 变化对土壤理化性质及其结构有严重的破坏，且由于自身的性质，一般不易再生利用，大量淋出液的处理大大增加了运营成本。

螯合剂可以用来与土壤中重金属离子结合，改变重金属在土壤中的存在形态，使其从土壤颗粒表面解吸转化为可溶态，从而提高淋洗的效率。常用的螯合剂一般分为天然螯合剂和人工螯合剂两种。天然螯合剂主要有柠檬酸、苹果酸等天然有机酸，天然有机酸能与重金属离子形成络合物，使其变成可溶态以便被洗出。天然有机酸的生物降解性较强，对土壤理化性质的破坏有限，且不会造成二次污染。常见的人工螯合剂有乙二胺四乙酸（EDTA）、二乙烯三胺五乙酸（DTPA）等，其中 EDTA 对 Pb 和 Cd 的去除效果已经过反复验证，均能达到较好的效果，但人工螯合剂成本较高，生物降解性较差，易在土壤中残留并对土壤和地下水造成二次污染。

表面活性剂是具有固定的亲水、亲油基团，在溶液表面定向排列并使表面张力显著下降的物质，通过改变土壤表面性质，增强疏水性有机污染物在水中的溶解性。而在处理重金属污染土壤方面，表面活性剂可通过发生离子交换，促进金属阳离子或配合物从固相转移到液相中。

生物表面活性剂是由细菌、酵母菌、真菌及植物产生的具有一定活性的代谢产物。一些生物表面活性剂分子结构上有羟基或羧基，对土壤中一些重金属去除效果好。而且，此类表面活性剂毒性较低、生物可降解性好，但缺点就是表面活性剂的产率低、成本较高。

（2）土壤淋洗技术的影响因素

影响土壤淋洗技术的因素主要包括以下方面：

土壤类型影响其对重金属的结合力，黏土对重金属的结合力比砂土强，导致淋洗效率较低。水力传导系数大的污染土壤，比较适合采用淋洗技术。

土壤阳离子交换容量越大，即带负电荷的土壤胶体，对土壤溶液中的重金属阳离子所吸附的数量越多，重金属越难从土壤胶体解吸。

重金属种类不同，与土壤的结合力不一样。重金属含量越低，与土壤结合得越紧密，从而淋洗效率越低。

重金属的形态与活性、淋洗效率密切相关，按照从大到小的顺序为可交换态＞碳酸盐结合态＞铁锰氧化物结合态＞有机物结合态＞残渣态。

螯合剂分子的大小影响对重金属元素的活化能力，大分子的人工螯合剂具有较强的重金属活化能力，小分子的天然有机酸活化能力相对较弱。

淋洗液中 pH 影响土壤重金属体系的螯合平衡和吸附状态，较低的 pH 更容易溶解碳酸盐和氢氧化物结合态重金属。

（3）研究与应用综述

很多学者在土壤淋洗的过程机理方面做了大量工作，如淋洗剂在土壤—水界面的吸附动力学和热力学作用、重金属与淋洗剂的络合过程机理、淋洗剂的筛选、淋洗条件的优化、淋洗限制因子的研究等。而在工程方面，早在 20 世纪 90 年代，土壤淋洗技术已经在欧洲很多国家（如荷兰、比利时和瑞士等）开始应用，后来技术应用逐渐蔓延至世界很多国家。土壤淋洗技术在工程应用方面，主要还是用于有机污染物方面，而在重金属方面的实践案例相对较少。虽然如此，很多学者仍在重金属污染土壤淋洗方面做了大量工作。表 4-15 是研究和工程方面的案例。

表 4-15　土壤淋洗相关研究与应用实例

淋洗剂	重金属	规模	现象与结论
褐煤提取腐殖酸	Cd	实验室	低浓度的腐殖酸不但对 Cd 去除效率较高，而且腐殖酸可以改善土壤的理化性质
EDTA＋ 氨三乙酸	Pb、Cd 和 Zn	实验室	两种药剂对重金属的处理效率排序分别为 Pb＞Cd＞Zn 和 Cd＞Zn＞Pb
柠檬酸发酵液	Pb、Cu、Cr 和 Cd	实验室	淋洗过程不破坏土壤的理化性质；发酵液对 Pb、Cu、Cr 和 Cd 的去除效率分别为 48.2%、30.6%、43.7%和 58.4%
马桑提取液	Pb、Zn 和 Cd	实验室	提取液对 Pb、Zn 和 Cd 的去除效率分别可达到 62.02%、29.18%和 21.59%
LED3A	Pb 和 Zn	实验室	LED3A 在 7 g/L 的条件下，对重金属的去除效率较高
EDTA、草酸和磷酸	As 和 Cd	实验室	连续洗脱的顺序为磷酸-草酸-EDTA，在此条件下可去除 42%和 90%的 As 和 Cd

淋洗剂	重金属	规模	现象与结论
盐酸、EDTA、柠檬酸和酒石酸	Pb 和 Zn	实验室	药剂单独使用可以去除 65%以上的 Zn，EDTA 和其他 3 种淋洗剂分别复合则可以使重金属的解析率达到 80%以上
EDTA	Cd、Pb、Cu 和 Zn	中试	Cd、Cu、Pb 和 Zn 的去除率分别可达到 80%、69%、73%和 62%
GLDA	Cd、Pb 和 Zn	实验室	在最优的淋洗条件下，GLDA 对矿区土壤和耕地土壤中 Cd、Pb 和 Zn 的洗脱率分别达到 69%、88%、40% 和 71%、81%、50%
Texapon	Cd、Zn 和 Ni	实验室	Cd、Ni 和 Zn 的去除率可达到 83.2%、82.8%和 86.6%
Tween80	Cd、Zn 和 Cu	实验室	0.5%的 Tween80 在 23 小时内对 Cd、Zn 和 Cu 的去除率分别达到 86%、85%和 82%
EDTA	Cu	实验室	最佳淋洗单因素组合后对 Cu 的去除率为 20.14%，将之应用于耕地土壤，重金属 Cu 的去除率略有降低，可达 18.29%
EDTA、柠檬酸和鼠李糖脂	Cu 和 Pb	实验室	在淋洗剂浓度为 0.02 mol/L 时，EDTA、柠檬酸和鼠李糖脂对 Cu 洗脱率分别为 62.74%、52.28%和 15.35%，对 Pb 的洗脱率分别为 96. 10%、23.08%和 14.42%
Tween80	Zn、Cd 和 Pb	实验室	随着表面活性剂浓度的提高，表面活性剂对 Pb、Cd 及 Zn 的去除作用增强，Tween80 溶液的浓度越高，对重金属的萃取效果越好，对重金属的去除能力大小顺序为 Cd＞Zn＞Pb
EDTA、EDDS 和柠檬酸	Cd	实验室	3 种外源添加 Cd 的低污染土壤（酸性、石灰性和高有机质土壤）为研究对象，对比了两种螯合剂，两种酸性溶液对 Cd 的浸提效果。结果表明，螯合剂的浸提效率高于酸性溶液，并呈现 EDTA＞EDDS＞柠檬酸和 HCl 的顺序
EDDS	Cd、Cu、Zn 和 Pb	实验室	EDDS 的酸碱度为 pH ＝ 5.5 时，能够去除 52%的 Cd、66%的 Cu、64%的 Zn 和 48%的 Pb
硝酸铵、磷酸二氢铵、草酸铵	Zn、Pb	实验室	随着淋洗次数的增加，淋洗液中 Zn 浓度下降，草酸铵随着浓度升高，下降幅度逐渐变小；淋洗液中的 Pb 浓度随淋洗剂浓度及淋洗次数的增加而增加
EDDS	Cd、Cu、Zn 和 Pb	实验室	EDDS 在 pH 为 5.5 的条件下，对 Cd、Cu、Zn、Pb 去除率最高，分别为 52%、66%、64%和 48%

淋洗剂	重金属	规模	现象与结论
EDTA、EDDS	Cd、Pb	实验室	EDTA 和 EDDS 对 Cd 的最高去除率分别为 82%和 46%；在 5～30 mmol/L 范围内，同一浓度下，对于 Pb 的去除效果，EDDS 要高于 EDTA
Texapon N-40，Tween80，Polafix CAPB	Cu、Ni、Zn、Cd 和 As	实验室	Texapon N-40 对 Cu、Ni、Zn 的去除率分别为 83%、82%和 86%，Tween80 对 Cd、Zn、Cu 的去除率分别为 86%、85%和 81%，Polafix CAPB 对 Ni、Zn、As 的淋出率分别为 79%、83%和 49%
皂素	Cu、Pb、Zn	实验室	在酸性（pH 4.0）条件下，对 Cu、Pb、Zn 的最高去除率分别可达到 95%、98%和 56%
酒石酸、乙酸、柠檬酸和苹果酸	Cd、Pb 和 Zn	实验室	有机酸对土壤重金属 Cd、Pb、Zn 的浸提率与酒石酸、乙酸、柠檬酸和苹果酸的浓度变化呈正相关，4 种有机酸对土壤重金属的浸提效果从高到低排序依次为 Cd、Pb、Zn；酒石酸在浓度为 0.5 mol/L 时对土壤中重金属 Cd、Pb、Zn 的浸提效果最大浸提率分别为 99.39%、57.65%和 43.52%
茶皂素	Pb、Cd、Zn 和 Cu	实验室	茶皂素对重金属 Pb、Cd、Cu、Zn 都具有一定的去除能力，茶皂素的浓度对去除率有明显影响。茶皂素去除 4 种重金属的适宜浓度范围在 3%～7%。Pb 和 Cd 在三种土壤中最大去除率的大小顺序为棕壤＞潮土＞褐土，Zn 和 Cu 为褐土＞棕壤＞潮土
皂素	Cu 和 Zn	实验室	研究者用皂素去除 3 种不同土壤（黏土、沙土和含有大量有机质的土壤）中的重金属。结果表明皂素对 Cu 和 Zn 的去除率分别达到了 90%～100%和 85%～98%
鼠李糖脂	Cd	实验室	鼠李糖脂（由铜绿假单胞菌 ATTC9027 制备）分组淋洗重金属 Cd，结果表明鼠李糖脂与 Cd 的络合反应快速而且稳定，能高效地减少游离态的 Cd
柠檬酸和皂素	Pb、Zn 和 Cd	实验室	40 mmol/L 的柠檬酸与质量分数为 3%的皂素在体积比为 1∶5 的情况下对重金属 Zn、Pb 淋洗的累计去除效率较高，分别为 67.2%和 68.8%；在体积比为 1∶1 时对 Cu 的累积去除率较高，为 37.7%，不及单独用柠檬酸淋洗的效果好
酒石酸、柠檬酸和草酸	Cd 和 Pb	实验室	以耕地耕作层土壤为研究对象，采用酒石酸、柠檬酸和草酸为淋洗剂，在不同实验条件下进行振荡淋洗实验，酒石酸、柠檬酸和草酸在液固比为 20，淋洗液浓度为 0.2 mol/L、pH 为 3 的实验条件下，对 Cd 和 Pb 的淋洗效果最好

淋洗剂	重金属	规模	现象与结论
EDTA	Pb、Cd、Cu 和 Zn	大田实验	Ca-EDTA 对土壤中 Pb、Cd、Cu、Zn 重金属的总去除率分别为 65.80%、75.89%、36.00%和 14.74%，其中 Cd 淋洗效率最高，Zn 的淋洗效率最低
HCl 和 $CaCl_2$	Cd 和 Pb	实验室	Cd 和 Pb 的去除率分别达到 78.0%和 29.3%
EDTA-Na^{2+} 和草酸	Pb、Cu、Zn 和 Ni	实验室	两步淋洗法对 Zn、Cu、Cr、Ni 的去除率分别为 Zn：75.21%、Pb：21.30%、Cu：59.81%、Cr：60.72%、Ni：62.10%，对非残渣态金属去除效果为 Zn：91.93%、Pb：57.75%、Cu：75.33%、Cr：73.94%、Ni：77.99%
淋洗剂	Cu、Ni 和 Cr 等	实地工程	美国新泽西州 Winslow 镇的一块土地被重金属 As、Be、Cr、Cu、Pb、Ni 和 Zn 所污染，处理的土壤和污泥量近 19 000 t，该地采用异位淋洗方法，包括土壤清洗系统、筛分、固液分离、空气浮选、污泥浓缩和土壤脱水等工艺，成功地修复了该污染点的土壤重金属污染
淋洗剂	As、Pb 和 Zn	实地工程	美国马萨诸塞州 Monsanto 地区有 34 hm^2 田地受到萘、BEHP、As、Pb 和 Zn 污染。1996 年技术人员在该地搭建了处理能力为 15 t/h 的清洗工厂对该地进行异位土壤淋洗修复工程；该工程共修复土壤 9 600 t，污染物去除率达 93%，土壤清洗和生物修复总费用为 90 万美元
天然和人工螯合剂	Cd	实验室	8 种有机物均能显著促进 Cd 从紫色土中的溶出。作用大小顺序为：EDTA≥DTPA＞柠檬酸＞胡敏酸＞草酸＞富里酸＞酒石酸≥水杨酸
酸和离子交换螯合树脂	Cu、Ni、Pb 和 Zn	实地工程	土壤中重金属的初始浓度分别为 Cu：1 223 μg/g，Ni：469 μg/g，Pb：1 687 μg/g 和 Zn：3 072 μg/g；处理土壤量共 820 t，处理后对土壤中 Cu、Ni、Pb 和 Zn 的去除效率可达 86%、82%、87%和 93%
盐酸	Pb、Cu 和 Zn	实地工程	土壤中 Pb 初始浓度为 4 117 μg/g，处理的土壤量为 835 t，处理效率为 Cu：97%；Pb：90%；Zn：89%
表面活性剂+重金属分离浸提液	As、Cd、Pb、Zn 和 Hg	实地工程	处理量达 200 000 m^3，处理速度为 30 m^3/h，处理效率 As：36%，Cd：61%，Pb：57%；Zn：53%，Hg：92%

（4）小类土壤淋洗技术推荐及其技术特征（表 4-16）

表 4-16　小类土壤淋洗技术推荐及技术特性①

淋洗剂	技术开发程度②	优先控制的重金属	污染程度/污染风险	去除效率	修复时间	成本	适合土层厚度/cm③	适合的土壤pH④	适合的土壤传导率/(cm/s)⑤	适合的有机质含量/%⑥	技术体系可信程度及可维护性⑦	二次污染
EDDS	◎	As、Pb 和 Hg	中和高	◎	◎	¤	均可	范围较宽；偏酸性土壤对修复有一定促进作用	$>10^{-5}$	<10	⊙	○
柠檬酸	◎	Cd 和 Pb	中和高	⊙	◎	¤					⊙	●
皂素	⊙	Hg、Cd 和 Pb	中和高	◎	◎	¤					⊙	◎
茶皂素	○	Cd	中和高	⊙	◎	¤					⊙	◎
清水	●	重金属	轻	¤	◎	●					◎	●

注：①表中“●”表示最优，“◎”表示优，“⊙”表示良好，“○”表示一般，“¤”表示略低；②表示技术目前的应用规模；③表示技术所能应用的土壤剖面厚度；④淋洗技术在正常情况下均可使用；土壤偏酸性时利于重金属浸出，从而增加淋洗效率；⑤土壤传导率大于 10^{-5} cm/s 时便于淋洗液透过土层；⑥土壤传导有机质含量越低，淋洗剂的吸附程度越小，有效淋洗剂浓度越大；⑦与其他技术相比，此技术的可信度及是否便于维护。

6. 土壤钝化技术

（1）定义与原理

土壤中重金属的钝化技术，也称稳定化技术，是从改变污染物的有效性出发，将污染物转化为不易溶解、迁移能力或毒性更小的形式，以降低其环境风险和健康风险。稳定化技术通常通过施用调理剂来调节土壤理化性质以及吸附、沉淀、离子交换、腐殖化、氧化—还原等一系列反应，添加调理剂虽然不能去除土壤中的重金属，但却能在一定时期内，不同程度地把重金属稳定在土壤中，阻止重金属从土壤通过植物根部向农作物地上部的迁移累积，以达到治理污染土壤的一种修复技术。土壤钝化技术又可以分为无机钝化技术、有机钝化技术和生物钝化技术。

钝化修复技术具有修复速率快、稳定性好、费用低、操作简单等特点，同时不影响农业生产，可以实现边修复边生产，尤其适用于修复大面积的中轻度重金属污染耕地土壤。大量研究表明：土壤经钝化修复后，重金属 Cd、Pb 等有效态一般可降低 30%～60%，农作物（稻米、蔬菜地上部）中 Cd、Pb 等含量可降低 30%～70%；一般土壤中 Cd、Pb 等钝化修复稳定性可以达到 3 年以上。但该项修复技术可能会影响土壤环境质量，修复长期稳定性需要进行长期监控评估。

（2）主要技术

①无机钝化技术

a. 硅酸盐类钝化剂

定义及原理：硅酸盐矿物不仅有巨大的比表面积还带有负电荷，表面的负电荷通过静电引力吸引重金属阳离子，并在胶体表面完成化学吸附，形成络合物或者螯合物，达到钝化的效果。另外，由于巨大的比表面积，可以促进其对重金属的物理吸附，通常硅酸盐钝化重金属的机理为：形成重金属沉淀 Si-O-Pb、Pb_3SiO_5、Pb_2SiO_4 等；吸附、络合作用降低重金属有效性；火山灰反应降低重金属移动性；通过增加生物量积累，提高叶绿素含量，激发抗氧化酶的活性。

优点：硅酸盐矿物是土壤中的组成成分之一，在重金属污染土壤中使其具有超强的自净能力，且具有丰富、价格低廉、较高的比表面积、良好的化学机械稳定性、特殊的晶层结构、良好的环境兼容性等。

缺点：天然的硅酸盐矿物在应用上仍然存在一些缺陷，如低负荷能力、相对较小的金属络合平衡常数、对金属离子低的选择性等。

适用的重金属：Cd、Pb、Zn、Cu、Mn、Ni 和 Hg。

相关钝化剂：沸石、安山岩、蒙脱石、海泡石等矿物。

影响因素：重金属种类、形态和浓度；有机质高的土壤中硅酸盐钝化剂的钝化效率高；硅酸盐矿物本身基本结构和类型有关；pH 越高，硅酸盐矿物材料与重金属的吸附作用越强。

b. 磷酸盐类钝化剂

定义及原理：磷酸根离子可以与重金属结合形成稳定的磷酸盐矿物，其吸附机理为：磷酸盐表面直接吸附重金属；磷灰石表面与重金属的离子交换反应；磷酸根诱导重金属形成沉淀。

优点：我国磷矿储量丰富，作物增产同时修复土壤。

缺点：过量使用带来的面源污染等环境风险，作物缺乏营养。

适用的重金属：Pb。

相关钝化剂：水溶性的磷酸二氢钾、磷酸二氢钙、三元过磷酸钙、磷酸氢二铵、磷酸氢二钠、磷酸，以及难溶于水的羟基磷灰石、磷矿石。

影响因素：重金属种类、形态和浓度；土壤的固/液比，较高的土壤的固/液比有利于磷酸盐矿物的形成；土壤 pH，土壤的微酸性（pH＜6）有利于磷酸铅类物质的形成；磷酸盐的加入量与重金属的摩尔比（P/M）。

c. **石灰类钝化剂**

定义及原理：石灰类物质通常呈碱性，施入土壤降低了重金属的活性。其吸附机理为：吸附作用及离子交换作用；重金属离子生成氢氧化物或碳酸盐沉淀；钙铝离子等金属离子之间存在离子拮抗作用。

适用介质：南方酸性土壤。

优点：钝化重金属的同时，改良土壤酸化，补充植物钙元素。

缺点：石灰大量施用会引起土壤过度石灰化，土壤板结，导致作物减产。另外值得注意的是施加碳酸钙，pH 大于 7 时，容易使 Cr（Ⅲ）氧化到 Cr（Ⅵ）增加 Cr 的移动性和植物有效性。

适用的重金属：Pb、Cu、Cd、Zn、Ni、Hg、Cr 和 As。

相关钝化剂：石灰、氢氧化钙、碳酸钙。

影响因素：重金属种类、形态和浓度；土壤 pH 越低，石灰类钝化剂的钝化效率越高。

d. **金属及金属氧化物类钝化剂**

定义及原理：氢氧化物、水合氧化物和羟基氧化物是土壤中含量较低的天然组分之一，它们主要以晶体态、胶膜态等形式存在，粒径小、溶解度低，在土壤化学过程中扮演着重要作用。金属氧化物通过表面吸附、共沉淀途径完成对土壤重金属的钝化固定。

优点：对阴离子重金属修复效果较好，并且修复过程中可以增加土壤生物活性。

缺点：Fe（Ⅲ）很容易造成土壤酸化，铁物质还会降低土壤养分如磷的有效性。

适用的重金属：As、Cr、Cd、Pb、Zn、Cu 和 Ni。

相关钝化剂：铁物质、锰氧化物、铝氧化物。

影响因素：土壤 pH、Eh、温度、共沉淀金属都是影响转化过程的关键因素。另外，土壤中有机配位体、无机配位体（胡敏酸、富里酸、磷酸盐）及与重金属的复合反应影响着其在氧化物表面的吸附。当有机配体与重金属形成难溶复合物时，促进了氧化物对重金属的吸附，当形成可溶复合物时，抑制了重金属在氧化物上的吸附。

②有机钝化技术

定义及原理：有机物质可以通过提升土壤 pH、增加土壤阳离子交换量、形成难溶性金属有机络合物等方式来降低土壤重金属的生物可利用性。

优点：钝化重金属的同时增加土壤有机质、提高土壤肥力，促进作物增产。

缺点：有机物矿化分解后，重金属有被二次释放的风险。

适用的重金属：Cu、Cd、Pb、Zn 和 Ni。

相关钝化剂：堆肥、腐殖酸、生物碳。

影响因素：芳香度越高的有机物对重金属的钝化能力越强；有机物质的种类；重金属种类、形态和浓度。

③微生物钝化技术

定义及原理：生物钝化是指依靠微生物活动使环境中的污染物活性降低，转化为低毒甚至无毒物质的过程。在土壤环境下，微生物对重金属的作用有多种，如通过对重金属的积累而将其固定，或促进重金属与土壤胶体等的络合/沉淀，从而减轻重金属污染程度。某些微生物细胞壁外含有大量带正、负电荷的基团，如氨基、咪唑、碳水化合物、去磷酯酸、肽聚糖，以及微生物代谢产生的胞外聚合类物质等均可与环境中的多种重金属元素发生诸如离子交换、配位结合或络合等定量化合反应，从而达到固定重金属的目的。

适用介质：适合微生物定殖的土壤。

优点：微生物的选择性强，对土壤环境的扰动小。

缺点：钝化效率不高，环境因素容易让微生物受抑制。

适用的重金属：Cu、Cd、Pb、Zn、Ni、Hg、Cr 和 As。

（3）研究与应用综述

许多研究者开发并筛选了不同类型的钝化剂，并研究了钝化过程和机理，为实地修复提供了数据和理论基础。在工程实践方面，钝化剂往往加入土壤中，以降低重金属在土壤中的移动性，从而降低潜在的生态风险。表 4-17 是相关的研究和应用案例。

表 4-17 钝化技术研究与案例一览

钝化剂	重金属	污染物浓度/（mg/kg）	pH	有机质/%	修复时间/d	修复效果
H_3PO_4、磷矿粉	Pb	7 490 和 14 900	6.95 和 6.35	6.94 和 1.07	14	水溶态降低 72%～100%，易溶的磷酸比难溶的磷矿石效果好
$Ca(H_2PO_4)_2$	Cd、Cu、Ni、Pb 和 Zn	Pb：956；Cd：4.52	8.00	2.23	30	Pb、Cu、Zn 和 Cd 的有效浓度分别降低 99%、97%、96%和 98%
H_3PO_4	Pb	3 529	7.10	8.27	90	0～5 cm 土层修复效率达 80%，5～10 cm 土层修复效率达到 60%
H_3PO_4 和 $Ca(H_2PO_4)_2$	Pb	11 600	6.95	3.91	330	残渣态 Pb 相对对照相比增加了 53%
γ-聚谷氨酸+磷矿粉	Pb	—	8.07	—	30	残渣态 Pb 相对对照相比增加了 48.6%
钠基膨润土和钙基膨润土	Cd、Ni、Zn、和 Cu	Cd：77；Ni：1 650；Zn：4 500；Cu：2 000	7.00	13.3	111	经过 Na-膨润土，Ca-膨润土处理后可交换态 Zn 分别减少了 51%和 48%；Cd 分别减少了 75%和 68%；Cu 分别减少了 57%和 69%；Ni 分别减少了 59%和 63%
天然沸石	Cd 和 As	Cd：0.41；As：138.8	4.44	0.3	50	降低了 Cd 和 As 的活性，抑制了蔬菜对重金属的吸收量
坡缕石	Cd	0.71	5.61	1.98	120	降低了籽粒中的 Cd 含量达到 55.6%
$Ca(OH)_2$	Cd	Cd：0、0.3、3 和 10	5.20	—	84	降低了土壤可交换态 Cd，最高可达 77.25%
石灰	Pb 和 Cd	Pb：25.37；Cd：1.52	5.70	2.6	25、50 和 75	添加石灰可以显著降低植株中 Cd 浓度，对 Pb 的效果不显著
针铁矿	As、Cu 和 Zn	As：78、59.5 和 71.9；Cu：32.5、508 和 102；Zn：69、114 和 118	8.2，7.4 和 6.5	7.7，15.4 和 14	90	降低了植株对 As 的吸收
堆肥	Cu、Cd、Pb 和 Zn	Cu：319；Cd：60；Pb：756；Zn：1 620	5.70	1.28	14	显著钝化 Zn 和 Cd 的活性，而 Cu 和 Pb 的效果不明显
腐殖酸	Cd	Cd：44.6	5.90	3.79	—	降低了水稻籽粒中 Cd 含量

（4）小类钝化技术推荐及其技术特征（表 4-18）

表 4-18　小类钝化技术推荐与技术特征①

钝化剂	技术开发程度②	重金属	污染程度/污染风险	去除效率	修复时间	成本	土壤 pH	技术体系可信程度及可维护性③	二次污染
石灰	●	重金属	中和高	●	●	●	2～5	●	⊙
石灰石	●	重金属	低	⊙	●	●	4～7	●	●
堆肥	●	Pb、Cd、Cu 和 Zn	低	○	◎	●	均可	◎	⊙
磷矿粉	⊙	Pb	中和高	●	●	◎	均可	●	◎
沸石	◎	Pb、Cd、Cu、Zn、Hg 和 Ni	高和中	●	●	◎	均可	●	●
生物炭	◎	Pb、Cd、Cu 和 Zn、	中和低	◎	◎	◎	4～8	◎	●
凹凸棒石	◎	Pb、Cd 和 Hg	中和低	⊙	●	◎	均可	●	●
钢渣	⊙	Cd、As 和 Cr	中和低	⊙	●	●	均可	◎	○
羟基磷灰石	⊙	Pb	中	◎	●	◎	6～9	●	◎
针铁矿	○	Cd、As 和 Cr	中	◎	●	⊙	均可	◎	◎
赤泥	◎	重金属	中和高	●	●	●	均可	●	○
微生物	○	重金属	低	○	◎	○	6～8	○	●

注：①表中“●”表示最优，“◎”表示优，“⊙”表示良好，“○”表示一般，“¤”表示略低；②表示目前的技术应用规模；③与其他技术相比，此技术的可信度及是否便于维护。

4.2.3　不同污染风险耕地土壤的管控与修复技术归纳

表 4-19 归纳了基于不同污染风险等级耕地土壤的管控与修复技术。

表 4-19　不同污染风险等级耕地土壤管控与修复技术汇总

污染风险等级	大类技术	潜在技术
高	植物修复技术	东南景天、伴矿景天、龙葵、天蓝遏蓝菜、海州香薷和苎麻超富集技术
	工程物理技术	客土法、换土法、隔离包埋技术
	土壤淋洗技术	EDDS、柠檬酸、皂素和茶皂素淋洗技术
	土壤钝化技术	石灰、磷矿粉、沸石和赤泥钝化技术
中	植物修复技术	东南景天、伴矿景天、龙葵、天蓝遏蓝菜、海州香薷和苎麻超富集技术
	低累积作物技术	低累积玉米和大豆技术
	水肥管理技术	有机肥、腐殖酸肥、氮磷钾肥、富硒叶面肥、叶面硅肥
	间作套种技术	伴矿景天+玉米间作、东南景天+玉米间作、东南景天+大豆间作、龙葵+大葱间作、鸡眼草+番茄或萝卜技术
	土壤淋洗技术	EDDS、柠檬酸、皂素和茶皂素淋洗技术
	土壤钝化技术	石灰、磷矿粉、沸石、生物炭、凹凸棒石、羟基磷灰石、针铁矿和赤泥钝化技术
低	低累积作物技术	低累积玉米、大豆、甘蓝、白菜、番薯、芹菜、胡萝卜和莴苣技术
	水肥管理技术	有机肥、腐殖酸肥、氮磷钾肥、富硒叶面肥、叶面硅肥
	间作套种技术	三叶鬼针草+生菜套种、伴矿景天+玉米间作、东南景天+玉米间作、东南景天+大豆间作、龙葵+大葱间作、鸡眼草+番茄或萝卜技术
	土壤钝化技术	石灰石、堆肥、生物炭、凹凸棒石、微生物
	土壤淋洗技术	清水

4.2.4　单项管控与修复技术的对比及筛选

现阶段污染修复项目资金投入较大，试验技术繁杂，鉴于有些技术缺少完整的投资与运行参数、实际应用时间不长、推广价值有待检验等原因，试点选取的技术可偏向于植物修复、微生物修复、电化学修复等原位修复技术。经济条件宽裕的省区，可因地制宜地开展各类管控与修复技术的试点示范。各类技术的参数见表 2-5。

技术选取的基本原则是：①短期效果；②长期效果；③对污染物毒性、迁移性和数量减少的程度；④可操作性；⑤成本；⑥符合应用与其他相关要求；⑦全面保护人体健康与环境；⑧政府的接受程度；⑨公众接受程度。

在选取了单项过程控制技术入库后，需要建立单项管控与修复技术的筛选机制。根据上述原则及现行的土壤环境质量标准，耕地污染风险等级，结合影响区域耕地土壤环境质量的因素，并考虑耕地土壤污染修复的单项管控与修复技术主要受土壤特性、单项技术的适用性两个方面的因素影响。在两个影响因素中选取特征因子，如土壤 pH、土壤机械组成等，开展典型案例分析、专家经验论证等，初步确定适宜的各个单项过程控制技术。

4.2.5 重金属污染耕地管控与修复技术筛选步骤

上述内容中推荐了一些可行的技术，而技术的选择需要结合具体的耕地土壤环境质量特征来进行。因此，重金属污染耕地管控与修复技术的筛选步骤应如下进行：

①基于污染风险筛选：根据待修复耕地环境质量调查，提取出污染耕地污染风险等级和重金属等信息，在本章的表 4-7、表 4-9、表 4-11、表 4-13、表 4-14、表 4-16、表 4-18 和表 4-19 中初步筛选出符合污染等级和重金属类型的技术群 1。

②基于土壤理化特性筛选：在技术群 1 中，按照技术开展所对应耕地相关性质指标（如土壤 pH、土壤传导系数、土壤污染的深度等），筛选出技术群 2。

③基于技术特性筛选：在技术群 2 中，依据小类技术的技术特性（如开发程度、可维护性、修复效率等），筛选出技术群 3。

④基于人为因素筛选：在技术群 3 中，按照修复过程进度安排、资金成本等因素，筛选出技术群 4，相关人员可在本技术群中选出合适的技术。若技术群 4 中包含两种以上的技术，则需要进一步开展实验论证。

4.3 重金属污染耕地风险管控与修复技术模式构建

单项管控与修复技术都有各自的技术特点和适用范围，它们在重金属类型相对单一的耕地可以发挥良好的效果。然而，随着工业的不断发展，投入耕地中的污染物类型日趋复杂。不同污染源作用下，耕地中重金属的类型、浓度和价态均有差异。因此，仅靠单项技术完成大面积的耕地修复是非常困难的。在单项技术无法达到修复目标时，应考虑进行有效的技术集成。耕地土壤风险管控与修复技术模式构建流程可以为土壤修复的工程技术组合提供基本的思路和准则（图 4-3、图 4-4）。基本流程为：适用于耕地土壤修复的单项技术归纳与入库；各类单项技术小类技术的推荐及其技术特性；基于污染风险、土壤理化特性、技术特性、人为因素等筛选出适用于特定地块的修复技术组合，在实地应用中进行动态长期监测和调整，最终确定了选定技术模式的适用条件和效率范围。

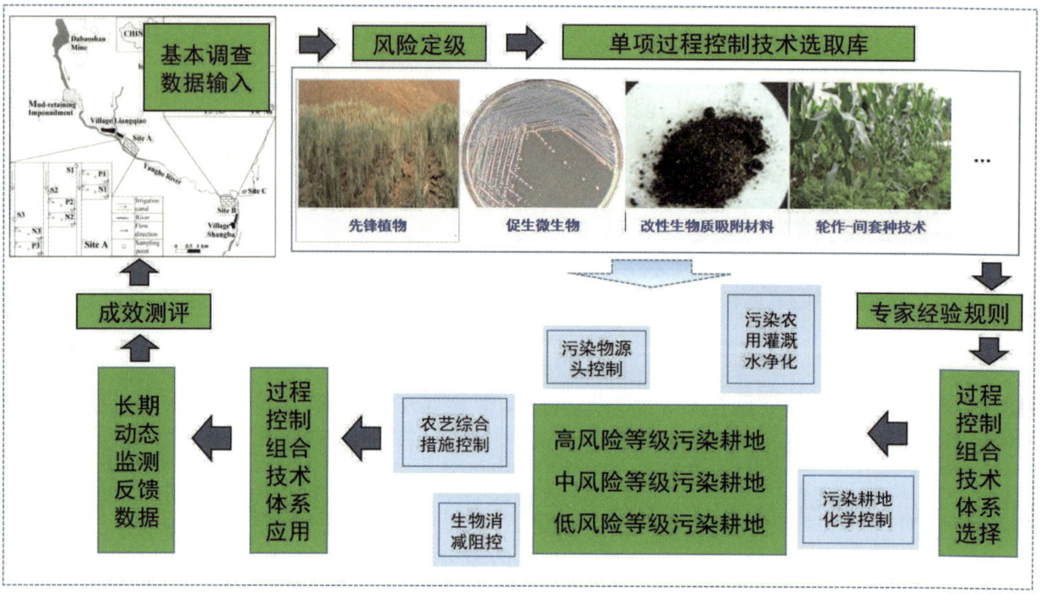

图 4-3　耕地土壤风险管控与修复技术模式构建思路

目前，具有潜在推广价值的模式探究示例如图 4-5、图 4-6、图 4-7 所示，根据土壤污染特征与风险，有针对性地提出了“化学活化+超富集植物”“土壤钝化+叶面阻控”“土壤钝化+水肥管理”“土壤钝化+低累积作物”“养分运筹+生物调控”等多种污染农田修复/安全利用技术模式。

存在轻微或无风险污染的耕地土壤归为优先保护类，建立了土壤自我生态净化功能提升模式，形成了“养分运筹+生物调控”等提升土壤自我生态净化能力的技术集成模式，实现了畜禽粪便农用地内在生态净化与调控功能，减少了重金属在土壤中的累积，有效控制了土壤污染的风险。

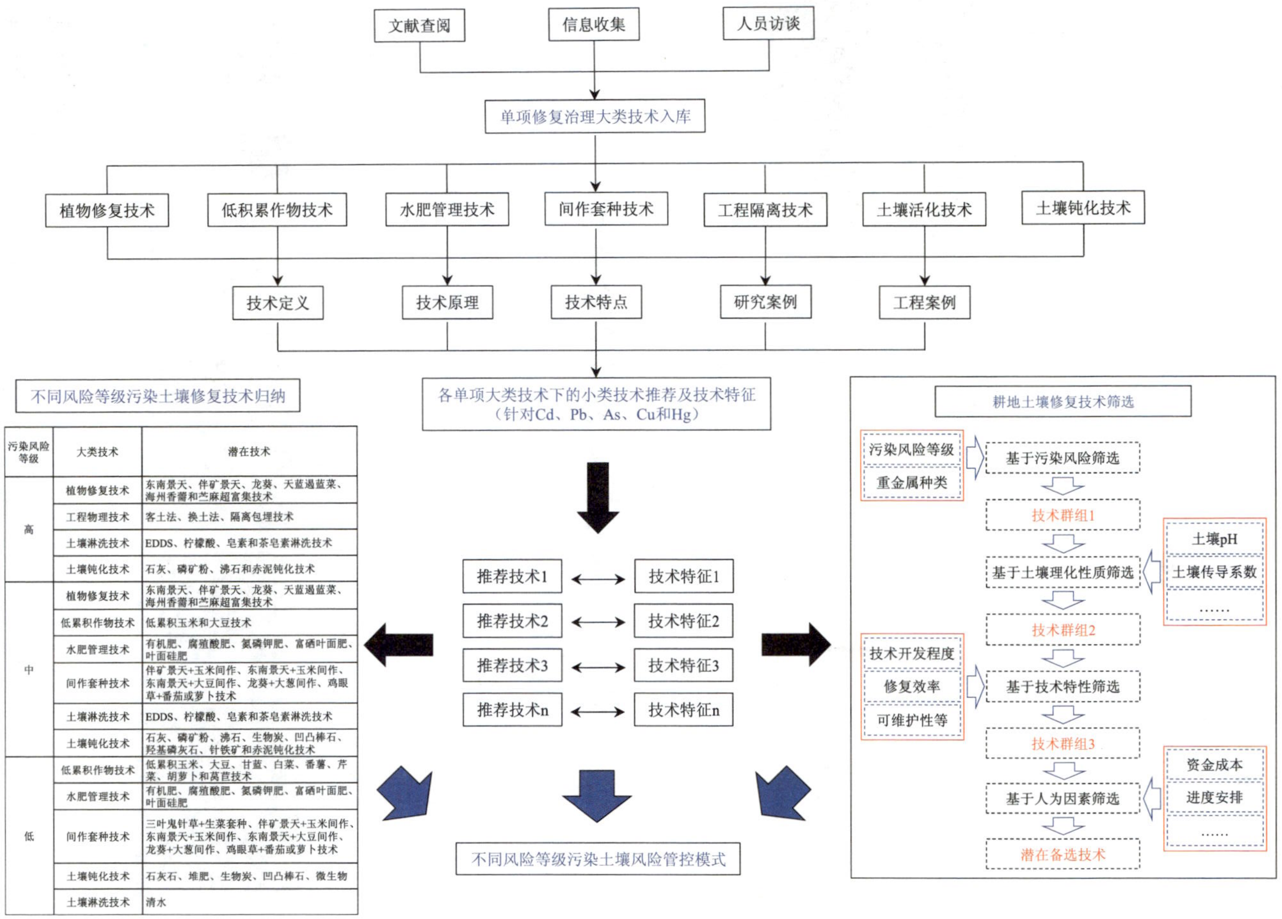

污染风险等级	大类技术	潜在技术
高	植物修复技术	东南景天、伴矿景天、龙葵、天蓝遏蓝菜、海州香薷和苎麻超富集技术
	工程物理技术	客土法、换土法、隔离包埋技术
	土壤淋洗技术	EDDS、柠檬酸、皂素和茶皂素淋洗技术
	土壤钝化技术	石灰、磷矿粉、沸石和赤泥钝化技术
中	植物修复技术	东南景天、伴矿景天、龙葵、天蓝遏蓝菜、海州香薷和苎麻超富集技术
	低累积作物技术	低累积玉米和大豆技术
	水肥管理技术	有机肥、腐殖酸肥、氮磷钾肥、富硒叶面肥、叶面硅肥
	间作套种技术	伴矿景天+玉米间作、东南景天+玉米间作、东南景天+大豆间作、龙葵+大葱间作、鸡眼草+番茄或萝卜技术
	土壤淋洗技术	EDDS、柠檬酸、皂素和茶皂素淋洗技术
	土壤钝化技术	石灰、磷矿粉、沸石、生物炭、凹凸棒石、羟基磷灰石、针铁矿和赤泥钝化技术
低	低累积作物技术	低累积玉米、大豆、甘蓝、白菜、番薯、芹菜、胡萝卜和莴苣技术
	水肥管理技术	有机肥、腐殖酸肥、氮磷钾肥、富硒叶面肥、叶面硅肥
	间作套种技术	三叶鬼针草+生菜套种、伴矿景天+玉米间作、东南景天+玉米间作、东南景天+大豆间作、龙葵+大葱间作、鸡眼草+番茄或萝卜技术
	土壤钝化技术	石灰石、堆肥、生物炭、凹凸棒石、微生物
	土壤淋洗技术	清水

图 4-4　耕地污染土壤风险管控与修复技术模式构建流程

不同风险等级污染土壤的管控模式

优先保护类耕地

无/低风险污染土壤管控模式：土壤自我生态净化功能提升模式。

- 技术创新：形成了“养分运筹+生物调控”等提升土壤自我生态净化能力的技术集成模式；
- 工程效果：实现了畜禽粪便农用地内在生态净化与调控功能，减少了重金属在土壤中的累积，有效控制了土壤污染的风险。

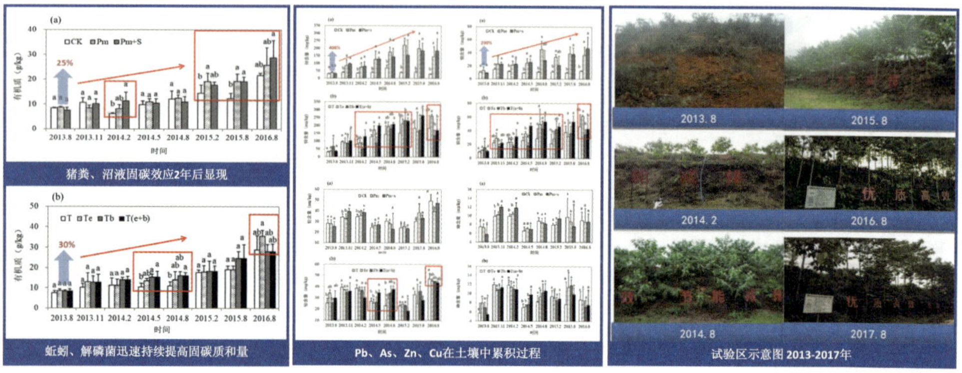

图 4-5　无风险污染土壤管控模式示例

不同风险等级污染土壤的管控模式

安全利用类耕地

中、低风险污染土壤管控模式：控源+生物消减阻控。

- 技术创新：形成了“超富集植物+低积累作物+间作套种技术”“土壤钝化+叶面调控”“低累积作物+土壤钝化+水肥管理”等多种农田安全利用技术模式；
- 工程效果：建立了10余个田间应用示范基地（示范面积100余亩、辐射面积约1000亩），实现了重金属超标农田的安全利用。

图 4-6　中、低风险污染土壤管控模式示例

不同风险等级污染土壤的管控模式

严格管控类耕地

高风险污染土壤管控模式：控源+污染物消减阻隔。

- **应用案例：** 广东清远某重度污染土壤修复（电子垃圾污染区）；
- **技术创新：** 形成了“化学活化+超富集植物”技术模式；
- **工程效果：** 促进超富集植物的富集效率，有效降低了土壤重金属总量。

化学活化强化植物提取

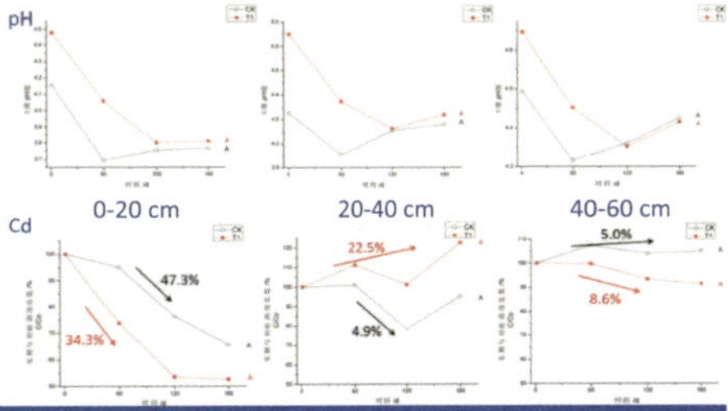

化学活化强化植物提取模式处理下土壤pH和总Cd含量的变化

应用范围：适用于高风险污染，不适宜种植农作物的土壤，须严格控制施入土壤的活化剂的剂量和频率，防止扩散造成二次污染。

图 4-7　高风险污染土壤管控模式示例

存在中、低风险污染的耕地土壤归为安全利用类，建立了生物消减阻控的模式，形成了“超富集植物+低积累作物+间作套种技术”“土壤钝化+叶面调控”和“低累积作物+土壤钝化+水肥管理”等多种农田安全利用技术模式，在广东韶关、广东中山、广东韶关等 10 余个中低风险地区建立田间应用示范基地，实现了重金属超标农田的安全利用。

存在极高风险和高风险污染的耕地土壤归为严格管控类，结合湖南耕地重金属污染修复及农作物种植结构调整试点经验，总结出了种植结构调整的基本路线和有效模式，建立了重度污染耕地农作物种植结构调整品种推荐目录，利用油料作物和纤维作物替代食用作物，阻止污染物进入食物链，从而达到农业可持续发展条件下的污染农田综合治理和安全利用。提出了特定农产品严格管控区的划定方法，形成了重度污染耕地严格管控技术模式。

第5章　耕地土壤污染地块风险管控与修复成效评估方法

5.1　背景与原则

5.1.1　评估方法建立背景

我国开展耕地土壤风险管控与修复技术及其成效评估的相关研究起步较晚。近年来通过示范项目开展了一些小规模的耕地污染修复实践，但大范围的耕地土壤污染风险管控与修复治理尚处于尝试阶段，尤其是对它们的成效尚缺乏相应的评价体系及方法。2016年5月，国务院正式印发实施《土壤污染防治行动计划》，对今后一个时期土壤污染防治工作做出了全面部署和具体安排，明确了严格保护、风险管控、治理修复等系列任务，并要求各省（区、市）要对土壤污染防治成效进行综合评估，并将结果向社会公开。农业部立项行业标准制修订项目《耕地污染治理效果评价技术导则》（农办质〔2016〕28号），并于2017年11月发布《耕地污染治理验收技术规范》（征求意见稿），着重于耕地污染治理后的效果评价，未考虑污染治理的成效，即治理前后的综合效益对比。2017年12月15日，环境保护部印发《土壤污染治理与修复成效技术评估指南（试行）》，用以指导各省（区、市）委托第三方机构对本行政区域各县（市、区）土壤污染治理与修复成效进行综合评估。但是指南中未提及具体评估指标和方法，无法给出定量评估结果。2018年1月，国务院办公厅印发《省级政府耕地保护责任目标考核办法》，其中耕地质量调查评价与分等定级成果将作为重要考核依据。我国为耕地污染土壤的风险管控与修复投入了大量的人力、物力和财力，但是其成效评估方法尚未确立，故有必要研究并建立耕地土壤污染地块风险管控与修复的成效评估指标体系和方法。

针对我国耕地土壤污染风险管控成效评估方法缺失、现有的成效评估评价方法应用于耕地土壤污染风险管控成效评估时存在的不足，本研究综合考虑健康风险、生态风险及其生态功能、经济合理性、社会性、可持续性，提出了一种耕地土壤污染风险管控与修复成效评估综合评估方法。依据此评估方法，从农产品安全改善程度、土壤污染降低程度、耕地生态功能、技术成本、二次污染防治等方面给出定量或半定量的评估，可以直观地判断不同侧面风险管控与修复模式的优劣，并给出合理的耕地土壤污染防治建议。耕地土壤污染风险管控的成效评估结果应对耕地土壤污染防治工作起到导向性作用，引导有限的资金合理利用。

5.1.2　评估方法建立原则

1. 科学合理性原则

评估指标选取、指标权重确定、评估方法以及评估模型的构建均有科学依据，评估程序严谨规范，以确保评估结果的准确、客观，根据评估结果可以确定耕地土壤风险管控模式的综合成效。评估的目标是推动区域受污染耕地土壤的治理和农业可持续发展，因此评估结果要有导向性，筛选可推广应用的耕地土壤风险管控和修复技术模式，引导有限的资金合理利用。

2. 可操作性原则

要结合区域人口规模、人均收入、耕地种植结构、灌溉情况、农产品产量与质量、土壤环境质量、周边污染源排放情况、环境监管能力等现状，在现有数据可循的基础上，选择适宜指标。所选择的指标应概念完整、意义明确，相关数据较容易获取，具有可监测性。在众多反映风险管控与修复成效的评估指标中，选择具有代表性的指标，力求精简，达到“少指标、高精度”的评价目的。评估方法针对不同的技术模式应有普遍适用性。评估程序要有可靠的统计数据支持和简便易行的操作程序，要有广泛的适用性。应考虑可靠的统计数据支持和简便易行的操作程序，简便易算，评估方法易于掌握。

3. 独立性原则

为了便于对评估对象的发展过程和状况进行分析和比较，评估指标之间应尽可能独立。要综合考虑评估对象和范围的调查结果、风险管控方案和实施情况等。

5.2 地块成效评估的思路与流程

耕地土壤污染地块风险管控与修复的成效评估是对污染地块实施风险管控和修复措施后取得的综合效果进行科学层面（保证农产品质量安全、维护土壤生态功能、防范环境和人体健康风险）、技术层面（推广技术/技术组合模式）的系统分析和评价的活动。

地块成效评估方法是运用科学的评价方法、量化指标及评价标准对耕地土壤污染地块风险管控的成效进行评估，提出进一步完善风险管控与修复技术模式的对策和措施，逐步提高耕地土壤污染地块风险管控与修复的水平。耕地土壤污染地块风险管控成效评估流程见图 5-1。

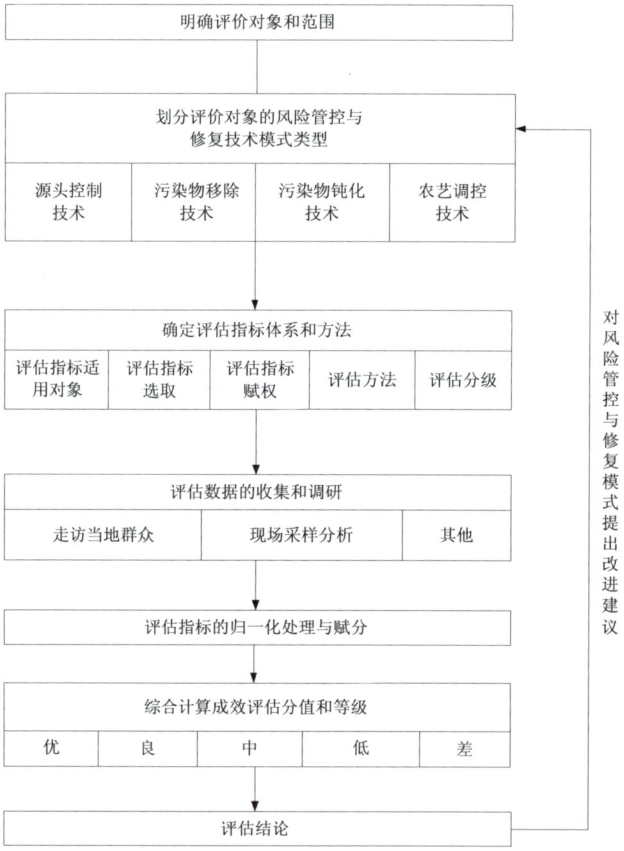

图 5-1 耕地土壤污染地块风险管控与修复成效评估流程

①明确评价对象和范围；

②划分评价对象的风险管控与修复技术模式类型；

③依据风险管控与修复技术类型，确定评估指标体系和方法，包括评估指标的适用对象、选取、赋权、方法、分级；

④评估数据的收集和调研；包括现场采样分析，走访当地群众等；

⑤评估指标的归一化处理与赋分；

⑥综合计算成效评估分值并确定其等级，分 5 个等级：优、良、中、低、差；

⑦根据所确定的成效评估等级，得出评估结论，并对该风险管控与修复模式提出改进/推广的建议。

5.3 成效评估的指标体系构建

5.3.1 评估指标选择范围

耕地土壤污染地块风险管控与修复的成效评估指标是指，对修复完成后土壤及其交互介质中目标污染物的去除效率或有效态降低率和农产品中污染物的达标率，并包含源头控制措施相关的，如农业投入品的使用情况，以及综合治理成本与效益、土壤生态功能保护等，主要考虑以下几个方面：

①管控与修复效果方面的指标有可食部位污染物消减率、土壤污染物去除率；

②管控与修复效益方面的指标有修复经济成本；

③管控与修复生态功能变化方面的指标有农产品产量变化、土壤肥力变化；

④其他指标：该部分指标可根据地方管控与修复项目实际情况进行筛选，应采用专家论证等方式确定。

5.3.2 评估指标选择原则

①指标值的变化对成效评估有较显著的影响、指标值有较大的变化范围；选择的指标对不同的管控与修复方法成效有较大的差异；

②其他指标根据项目具体情况选定。

5.3.3 评估指标权重确定

①采用层次分析法和德尔菲法初步确定评估指标权重；

②通过海量文献提取，对每种管控技术的效果进行定量提取，得到每项评估指标的变动范围及其整体平均水平，进行参数赋分；

③情景模拟验证方法合理性，从权重取值反推情景，确定各指标的敏感性；

④在全国范围内每种技术至少找 10 个技术案例进行评估，优化参数及方法。

5.3.4 评估指标量化及赋分规则

按表 5-1 内容选择指标，二级指标的权重依据不同技术的特点有所区别。

表 5-1 成效评估指标及其权重表

一级指标		管控与修复效果			生态功能		管控与修复模式经济性	其他
权重		0.72			0.14		0.14	
二级指标		可食部位污染物消减率	土壤污染物去除率	土壤污染物有效态降低率	农产品产量变化	土壤肥力变化	修复投入成本	
权重	技术①②	0.63	0.00	0.37	0.65	0.35	1.00	
	技术③④	1.00	0.00	0.00	0.65	0.35	1.00	
	技术⑤⑥⑦	0.63	0.37	0.00	0.65	0.35	1.00	
	技术⑧⑨	0.63	0.20	0.17	0.65	0.35	1.00	

注：（1）在其他一栏，采用德尔菲法确定需要补充的一级指标；

（2）技术分类：技术①污染物固定化稳定化技术；②水分调控技术；③低累积作物技术；④叶面调理技术；⑤富集植物提取技术；⑥污染物移除技术；⑦源头控制技术；⑧复合修复技术；⑨种植结构调整技术。

在评估指标权重的基础上，对各二级评估指标参数进行了科学量化及赋分。各评估指标的量化及其赋分规则见表 5-2。

表 5-2　指标赋分规则

评估技术	一级指标	二级指标	赋分方法
	管控与修复效果	可食部位污染物消减率	Ⅰ若修复后农产品可食部位污染物含量，达到 GB 2762 的标准，则取分 100； Ⅱ若修复后农产品可食部位污染物含量，未达到 GB 2762 的标准，则按照修复前后农作物可食部位污染物消减率不同，据以下几种情况，分别展开计算： ①若 0≤可食部位污染物消减率＜20%，则其在 0～30 区间内取分，具体计算公式如下 $指标分值=\frac{实际消减率-0}{20\%-0}\times 30$ ②若 20≤可食部位污染物消减率＜40%，则其在 30～50 区间内取分，具体计算公式如下 $指标分值=\frac{实际消减率-20\%}{40\%-20\%}\times 20+30$ ③若 40≤可食部位污染物消减率＜60%，则其在 50～70 区间内取分，具体计算公式如下 $指标分值=\frac{实际消减率-40\%}{60\%-40\%}\times 20+50$ ④若 60≤可食部位污染物消减率＜100%，则其在 70～100 区间内取分，具体计算公式如下 $指标分值=\frac{实际消减率-60\%}{100\%-60\%}\times 30+70$
		土壤污染物去除率	Ⅰ若修复后土壤污染物含量（以镉为例，其他重金属类同）≤0.6 mg/kg，达到 GB 15168 的标准，则取分 100； Ⅱ若修复后土壤中污染物含量＞0.6 mg/kg，未达到 GB 15168 的标准，则按照土壤污染物去除率的不同，据以下几种情况，分别展开计算： ①若 0≤土壤污染物去除率＜20%，则其在 0～30 区间内取分，具体计算公式如下 $指标分值=\frac{实际消减率-0}{20\%-0}\times 30$ ②若 20%≤土壤污染物去除率＜40%，则其在 30～50 区间内取分，具体计算公式如下 $指标分值=\frac{实际消减率-20\%}{40\%-20\%}\times 20+30$ ③若 40%≤土壤污染物去除率＜60%，则其在 50～70 区间内取分，具体计算公式如下 $指标分值=\frac{实际消减率-40\%}{60\%-40\%}\times 20+50$ ④若土壤污染物去除率≥60%，则其在 70～100 区间内取分，具体计算公式如下 $指标分值=\frac{实际消减率-60\%}{100\%-60\%}\times 30+70$

评估技术	一级指标	二级指标	赋分方法
	管控与修复效果	土壤污染物有效态降低率	按照土壤污染物有效态降低率的不同，据以下几种情况，分别展开计算： ①若0≤土壤污染物效态降低率＜20%，则其在0～30区间内取分，具体计算公式如下 $指标分值=\frac{实际消减率-0}{20\%-0}\times 30$ ②若20%≤土壤污染物效态降低率＜40%，则其在30～50区间内取分，具体计算公式如下： $指标分值=\frac{实际消减率-20\%}{40\%-20\%}\times 20+30$ ③若40%≤土壤污染物效态降低率＜60%，则其在50～70区间内取分，具体计算公式如下 $指标分值=\frac{实际消减率-40\%}{60\%-40\%}\times 20+50$ ④若土壤污染物效态降低率≥60%，则其在70～100区间内取分，具体计算公式如下 $指标分值=\frac{实际消减率-60\%}{100\%-60\%}\times 30+70$
	管控与修复方案经济性	修复投入成本	Ⅰ若修复投入成本≤3 000元/亩，则取分100； Ⅱ若3 000＜修复投入成本≤6 000元/亩，则其在50～100区间内取分，具体计算公式如下 $指标分值=\frac{实际成本-6000}{3000-6000}\times 50+50$ Ⅲ若6 000＜修复投入成本≤10 000元/亩，则其在0～50区间内取分，具体计算公式如下 $指标分值=\frac{实际成本-10000}{6000-10000}\times 50$ Ⅳ若修复投入成本＞10 000元/亩，则取分0
	生态功能	农产品产量变化	Ⅰ农产品产量较修复之前下降10%及以上，则取分0； Ⅱ-10%＜农产品产量变化率≤10%，则其在0～50区间内取分，具体计算公式如下 $指标分值=\frac{实际产量变化率-(-10\%)}{10\%-(-10\%)}\times 50$ Ⅲ 10%＜农产品产量变化率≤20%，则其在50～100区间内取分，具体计算公式如下 $指标分值=\frac{实际产量变化率-(10\%)}{20\%-10\%}\times 50+50$ Ⅳ 若实际产量变化率＞20%，则取分100

<table>
<tr><th>评估技术</th><th>一级指标</th><th>二级指标</th><th>赋分方法</th></tr>
<tr><td></td><td>生态功能</td><td>土壤肥力变化</td><td>
Ⅰ参照第二次全国土壤普查养分分级标准，将土壤分为 6 级，将修复前后的土壤肥力分级，按修复后的土壤肥力等级计分（注：评估土壤肥力以有机质和全氮为主要指标，其他指标为参考指标）。

Ⅰ表　第二次全国土壤普查养分分级标准
<table>
<tr><th>项目</th><th>有机质</th><th>全氮</th><th>速效氮</th><th>速效磷</th><th>速效钾</th></tr>
<tr><td>级别</td><td>%</td><td>%</td><td>PPM</td><td>PPM（P_2O_5）</td><td>K_2O</td></tr>
<tr><td>1</td><td>>4</td><td>>0.2</td><td>>150</td><td>>40</td><td>>200</td></tr>
<tr><td>2</td><td>3～4</td><td>0.15～0.2</td><td>120～150</td><td>20～40</td><td>150～200</td></tr>
<tr><td>3</td><td>2～3</td><td>0.1～0.15</td><td>90～120</td><td>10～20</td><td>100～150</td></tr>
<tr><td>4</td><td>1～2</td><td>0.075～0.1</td><td>60～90</td><td>5～10</td><td>50～100</td></tr>
<tr><td>5</td><td>0.6～1</td><td>0.05～0.075</td><td>30～60</td><td>3～5</td><td>30～50</td></tr>
<tr><td>6</td><td><0.6</td><td><0.05</td><td><30</td><td><3</td><td><30</td></tr>
</table>
Ⅱ并据修复前后肥力水平的变化，按照如下规则判定其土壤肥力变化水平得分：
①土壤肥力水平较修复之前下降一级及以上，则取分 0；
②土壤肥力水平较修复之前维持不变，则取分 60；
③土壤肥力水平较修复之前提升一个等级及以上，则取分 100
</td></tr>
</table>

5.4　成效评估的技术要求

5.4.1　评估时段

开始时间即第 1 次评估为管控或修复周期结束的收获期；在管控或修复后 2 年内的每季农作物收获时，持续评估管控或修复的稳定性；根据 2 年内每季评估结果，做出评估结论。

注：依据具体项目实施合同，可调整评估时段。

5.4.2　技术规范

根据研究区的特点，兼顾重要性、典型性、代表性，以耕地污染风险管控与修复治理地块作为评估监测单元，依照《土壤环境监测技术规范》（HJ/T166），《农、畜、水产品污染监测技术规范》（NY/T 398）的规定进行布点采样、分析测试。

5.4.3 资料收集

采样前现场调查与资料收集包括区域自然环境特征（包括气候条件、地形条件、土壤类型、水文状况等）、社会经济因素（包括修复成本、农民收入等）、污染源、农业投入品数据（包括灌溉水量及其中污染物浓度、大气污染物沉降量、肥料农药施用量及其中污染物含量、区域污染源分布、污染源类型、区域大气环境质量和水环境质量监测数据等）、农业生产土地利用状况、土壤环境污染状况、农作物污染监测资料、地块修复方案、实施方案、修复后治理效果评估报告等。

5.4.4 治理效果评价点位布设

将每一个风险管控与修复技术实施区域作为一个评估单元，在评估单元内或附近布设管控效果评价点位和管控效果对照点位。点位布设原则上采用网格法，布点数量见表 5-3。

表 5-3　成效评估点位布点数量

评估单元面积/hm^2	评估点位数量/个
小于或等于 1	5
大于 1 且小于 10	10
10 以上	每 1 hm^2 设置 1 个点

5.4.5 样品采集

土壤样品采集与农作物样品同步采集，采样点数和采样点位保持一致。无论土壤还是农产品样品，每一个样品为 5 点混合样，采集修复材料、农业投入品等。农作物可食部位测试指标为修复目标污染物的含量；同时测定农产品产量。土壤测试指标有修复目标污染物土壤全量及有效态、有机质、全氮、有效磷、速效钾。此外，对于修复材料和农业投入品测定重金属含量。

5.4.6　数据处理

将检测的农产品指标以及土壤指标取评估单元内多个样本检测指标的平均值作为评价单元相应指标的指标值。样本数和样本检测值质量需满足单尾 t 检验法评价要求，显著性水平取 0.05。

可食部位污染物消减率=（修复前农产品可食部位污染物含量−修复后农产品可食部位污染物含量）/修复前农产品可食部位污染物含量

土壤污染物去除率=（修复前土壤污染物含量−修复后土壤污染物含量）/修复前土壤污染物含量

土壤污染物有效态降低率=（修复前土壤污染物有效态含量−修复后土壤污染物有效态含量）/修复前土壤污染物有效态含量

修复经济成本（投入成本）：包括人力费、机器费用、植物种子及修复剂费用等一切田间劳务投入的费用。

产量增减率：相对常规管理的农作物每公顷产量变化值（kg/hm^2）。小面积按每个单元实割称产。在大面积测产中，选择有代表性的小田块进行收割、脱粒、称湿谷重。有条件的则送干燥器烘干，称重，而一般按早、晚季稻和收割时天气情况，按 70%～85% 折算干谷，并丈量该小田块面积，计算出每公顷干谷产量。

土壤肥力：参照第二次全国土壤普查养分分级标准以及有关专家意见和相关文献资料，将土壤分为 5 级，将修复前后的土壤肥力分级，按修复后的土壤肥力等级计分。

注：评估土壤肥力以有机质和全氮、有效磷、速效钾为主要指标。

5.5　评估模型与分级方法

采用综合指数法建立评估模型：

$$V=\sum_{i=0}^{t}E_iW_i$$

式中，V—— 成效评估综合指数；

i—— 成效评估的一级指标（表 5-1）；

t—— 针对于不同管控（修复）技术的一级评估指标的数量；

W_i—— 第 i 个一级评估指标的权重；

E_i—— 第 i 个一级评估指标的评分值。

E_i 的计算如下式

$$E_i = \sum_{j=0}^{k} P_j W_j$$

式中，j—— 第 i 个一级指标下的第 j 个二级指标（表 5-1）；

k—— 第 i 个一级指标下的二级指标数量；

P_j—— 第 i 个一级评估指标下第 j 个二级指标的的赋分，其取分见表 5-2；

W_j—— 第 j 个二级评估指标的权重。

依据选取的评估指标评分值与评估指标权重，计算成效评估综合指数。将综合成效评估结果划分为“优”（V＞80）、“良”（60≤V＜80）、“中”（40≤V＜60）、“低”（20≤V＜40）、“差”（V＜20）5 档。

5.6 评估报告撰写规范

评估报告应全面、概括地反映成效评估的全部工作，文字应简洁、准确，并尽量采用图表。原始数据、全部计算过程不必在报告书中列出，但应编入附录。根据文中引用的数据和结论参考 GB/T 7714 信息与参考文献著录规则列出目录。评估报告应包括如下内容：

——前言，包括评估任务的来源和地块基本情况等；

——耕地环境质量现状，包括自然状况、农业生产方式、污染源分布、土壤污染特征与成因和管控与修复措施简介等；

——耕地评估监测，包括布点原则和方法、采样方法、监测项目与方法和监测结果等；

——成效评估，包括评估方法、评价结果与分析等；

——结论；

——附件。

第 6 章　耕地土壤区域风险管控与修复的成效评估方法

6.1　背景与原则

确保耕地土壤区域污染风险管控与修复的成效评估结果具有科学性、准确性、合理性，对构建全面、科学、合理的指标体系起着最为关键的作用。因此，在构建指标体系过程中应坚持以下原则。

6.1.1　单项评价与综合评价相结合原则

耕地土壤区域污染风险管控与修复受驱动力、压力、状态、影响和响应 5 个方面因素的影响，在对其进行成效评估时，不仅要对耕地土壤环境质量本身进行评估，还包括对造成耕地土壤环境质量变化的原因和耕地资源所处的状态反过来对环境产生的影响，以及人类在耕地土壤污染风险管控与修复过程中所采取的措施进行综合评价。

6.1.2　因地制宜与可操作性原则

要结合区域人口规模、人均收入、耕地种植结构、灌溉情况、农产品产量与质量、土壤环境质量、周边污染源排放情况和环境监管能力等现状，在现有数据可循的基础上，选择适宜的指标。同时，所选择的指标应概念完整、意义明确，相关数据应是较容易便可以获取的，尽可能利用现有统计指标。指标还要适应地方监测能力和技术水平。

6.1.3　突出重点与典型代表相结合原则

表征耕地土壤污染风险管控与修复成效的指标有很多，甚至可以形成一个十分复杂的指标系统。但是，指标数量过多、指标体系过于复杂，不仅难以突出评估，还会令评估过程变得烦琐，从而易让人产生厌烦和抵触心理。为了便于成效评估指标体系应用于实践，应突出重点并选取有代表性的指标。本研究围绕耕地土壤环境质量与产出农产品之间的联系为主要评价内容进行指标设置，从而提高评价效率。

6.1.4 定性与定量相结合原则

在耕地土壤污染风险管控与修复成效评估指标结构中，均由不同数量的定量指标和定性指标共同构成。有些可以定量衡量和评价，如开展土壤环境质量定期监测的耕地面积比例（%）等；某些评价内容则采取定性方式，如重、特大突发环境事件等。通过对成效评估的全面了解，将定性评价进行定量的表述。定性与定量指标相结合，有利于更加全面地反映耕地土壤污染风险管控与修复成效评估的各个方面。

6.1.5 动态引导性和稳定性原则

耕地土壤环境质量改善是一个长期的、循序渐进的过程，不可能一蹴而就，特别是对区域环境而言，耕地土壤环境改善可能需要几年甚至更长时间才能显现。耕地土壤污染风险管控与修复成效评估指标是随时空变动的参数，随着系统的发展，应对这些指标不断进行取舍与扬弃，使指标择优更新，并具有前瞻性的引导作用。同时，应保持指标在一定时期内的稳定性，便于进行评估。

6.2 成效评估的指标体系构建

6.2.1 基本框架设计

根据上述原则及现行的土壤环境质量标准，密切结合影响区域耕地土壤环境质量的因素，采用“驱动力—压力—状态—影响—响应”（DPSIR）概念模型框架，认为耕地土壤污染风险管控与修复成效评估指标体系受驱动力、压力、状态、影响和响应 5 个方面因素影响。在 DPSIR 模型中，“驱动力”是指造成耕地土壤环境质量变化的原因，包括来自工矿企业污染物排放来源、农业面源等；“压力”表征在“驱动力”的作用下，耕地土壤环境变化的趋势，包括耕地中污染物含量的增加或降低等；“状态”指前两个因子在耕地土壤环境中的显现，包括居民对综合治理成效的满意度等；“影响”是指通过实施耕地土壤污染风险管控与修复，耕地土壤环境质量的改善，如居民满意度等；“响应”是指实施耕地土壤污染风险管控与修复的具体措施，包括污染源管控、定期监测措施等，如图 6-1 所示。

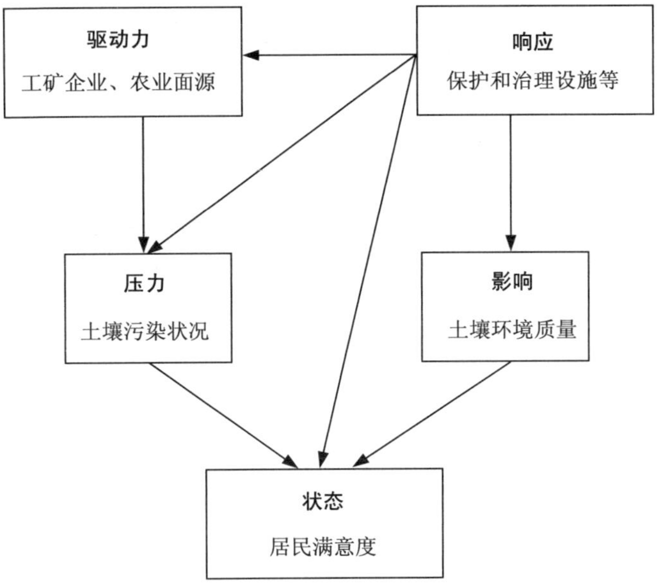

图 6-1 成效评估指标体系构建（DPSIR）框架

6.2.2 成效评估指标筛选

通过以上分析，耕地土壤污染风险管控与修复成效评估受驱动力、压力、状态、影响和响应 5 个方面因素影响。在阅读国内外相关文献的基础上，遵循综合评价、因地制宜与可操作性、突出重点与代表性、定性与定量相结合以及动态引导性和稳定性等原则，借鉴相关研究成果，采用德尔菲法（Delphi），充分考虑指标数据获取的可能性，保留相关性较大的指标，在耕地土壤环境保护成效评估指标体系中筛选出 11 项具体指标，从耕地土壤环境综合治理成效评估指标体系中筛选出 7 项具体指标（表 6-1 和表 6-2）。

表 6-1　耕地土壤环境保护成效评估指标库

系统	影响因素	序号	指标名称*	指标单位	指标值	指标属性
驱动力	工业源	1	工矿企业“三废”达标处理率	%	100	约束性指标
	生活源	2	生活污水达标处理率	%		约束性指标
			东部		≥80	
			中部		≥75	
			西部		≥70	
		3	生活垃圾无害化处理率	%	≥80	约束性指标
	农业源	4	农药施用强度	折纯，kg/（$hm^2·a$）	＜3.0	约束性指标
		5	农用化肥施用强度	折纯，kg/（$hm^2·a$）	＜250	约束性指标
		6	农膜回收率	%	≥70	参考性指标
压力	耕地土壤污染	7	耕地土壤污染综合指数	—	＜0.7	约束性指标
状态	居民满意度	8	居民对土壤环境保护的满意度	%	≥80	参考性指标
影响	土壤环境质量	9	耕地土壤环境质量	—	不降低且达到考核要求	约束性指标
	农产品质量	10	主要农产品中有机、绿色及无公害产品种植面积的比重	%	≥50	参考性指标
响应	提高土壤环境监管能力建设	11	开展耕地土壤环境质量定期监测	次/年	≥1	约束性指标

注：可根据评估区域土壤环境特征增加特色指标。

表 6-2　耕地土壤区域综合治理成效评估指标库

系统	影响因素	序号	指标名称	指标单位	指标值	指标属性
驱动力	主要污染源	1	工、矿企业“三废”达标处理率	%	100	约束性指标
		2	农药施用强度	折纯，kg/（$hm^2·a$）	＜3.0	约束性指标
		3	农用化肥施用强度	折纯，kg/（$hm^2·a$）	＜250	约束性指标
压力	耕地土壤污染	4	耕地土壤污染综合指数	—	≤1	约束性指标

系统	影响因素	序号	指标名称	指标单位	指标值	指标属性
状态	居民满意度	5	居民对土壤环境区域综合治理的满意度	%	≥80	参考性指标
影响	耕地安全利用	6	受污染耕地安全利用率	%	≥80	约束性指标
响应	治理与修复	7	开展受污染耕地土壤综合治理面积	万亩	—	约束性指标

注：可根据评估区域土壤环境特征增加特色指标。

6.2.3　指标解释与数据来源

1. 工矿企业“三废”达标处理率

指工矿企业所排放的“三废”（废气、废水、固体废物）达标排放量占“三废”排放总量的比例。达标排放量严格按照《污水综合排放标准》（GB 8978）、行业型水污染物排放标准、《一般工业固体废物贮存、处置场污染控制标准》（GB 18599）等执行。

$$\text{工矿企业“三废”达标处理率}=\frac{\text{“三废”达标排放量}}{\text{“三废”达标排放总量}}\times 100\%$$

2. 农用化肥施用强度、农药施用强度

农用化肥施用强度指辖区内实际用于农业生产的化肥施用量（包括氮肥、磷肥、钾肥和复合肥）与播种总面积之比。化肥施用量要求按折纯量计算。农药施用强度指实际用于农业生产的农药施用量与播种总面积之比。

$$\text{农用化肥施用强度}=\frac{\text{辖区内实际用于农业生产的化肥施用折纯量（kg）}}{\text{辖区播种总面积（hm}^2\text{）}}\times 100\%$$

$$\text{农药施用强度}=\frac{\text{辖区内实际用于农业生产的农药施用折纯量（kg）}}{\text{辖区播种总面积（hm}^2\text{）}}\times 100\%$$

3. 生活污水达标处理率

指生活污水经过污水处理厂或其他污水处理设施（如土地及湿地处理系统）处理，且达到排放标准的排水量与生活污水排放总量的百分比。污水处理标准严格按照《城镇污水处理厂污染物排放标准》（GB 18918）执行。

$$\text{生活污水处理率}=\frac{\text{污水处理厂达标排放量}+\text{其他污水处理设施达标排放量}}{\text{污水排放总量}}\times 100\%$$

4. 生活垃圾无害化处理率

指生活垃圾无害化处理量占垃圾产生量的比值。此指标主要是反映非正规垃圾填埋场渗滤液渗入土壤造成耕地土壤污染情况。生活垃圾无害化处理标准参照《生活垃圾焚烧污染控制标准》（GB 18485）、《生活垃圾填埋污染控制标准》（GB 16889）执行。

$$\text{生活垃圾无害化处理率} = \frac{\text{生活垃圾无害化处理量（t）}}{\text{生活垃圾产生总量（t）}} \times 100\%$$

5. 耕地土壤污染综合指数

又称内梅罗污染指数，指评估耕地土壤受多种污染物污染综合效应的环境质量指数，是一种相对的无量纲指数。常以土壤中各污染物的污染指数迭加作为土壤污染综合指数，分级标准见表 6-3。耕地土壤中常见污染物为镉、汞、砷、铜、铅、铬、锌、镍、六六六和滴滴涕等，土壤污染物超标情况严格参照《土壤环境质量 农用地土壤污染风险管控标准（试行）》（GB 15618）、《土壤环境监测技术规范》（HJ/T 166）执行。

表 6-3 土壤污染指数分级标准

土壤综合污染等级	土壤污染综合指数	污染等级
1	$P_{综} \leqslant 0.7$	清洁（安全）
2	$0.7 < P_{综} \leqslant 1.0$	尚清洁（警戒限）
3	$1.0 < P_{综} \leqslant 2.0$	轻度污染
4	$2.0 < P_{综} \leqslant 3.0$	中度污染
5	$P_{综} > 3.0$	重污染

资料来源：《土壤环境监测技术规范》（HJ/T 166）。

$$P_{综} = \sqrt{\frac{(\overline{P})^2 + P_{i\max}^2}{2}}$$

式中，$P_{综}$ —— 采样点的综合污染指数；

$P_{i\max}$ —— i 采样点污染物单项污染指数中的最大值；

$\overline{P}$ —— 单因子指数的算数平均值。

$$\overline{P}=\frac{1}{n}\sum_{i=1}^{n}P_i$$

式中，n —— 采样点个数；

P_i —— 采样点的单因子指数。

$$P_i=\frac{C_i}{S_i}$$

式中，C_i —— 土壤中单项污染物实测浓度；

S_i —— 土壤单项污染物标准浓度［采用《土壤环境质量　农用地土壤污染风险管控标准（试行）》（GB 15618）中管制值］。

6. 居民对土壤环境保护或综合治理的满意度

指耕地周边居民对土壤环境保护或污染综合治理的满意程度。指标值的获取通过现场随机发放问卷与委托独立的权威民意调查机构抽样调查相结合的方法，以现场调查与独立调查机构所获取的指标值的平均值为考核依据。问卷调查人员应涵盖不同年龄、不同学历、不同职业等情况。

7. 受污染耕地安全利用率

依据《土壤污染防治行动计划》（国发〔2016〕31 号），通过对重度污染耕地实施种植结构调整或退耕还林还草，对轻中度污染耕地实施农艺调控、替代种植等风险管控措施，可使受污染耕地实现安全利用。受污染耕地安全利用率按照以下公式计算。

$$A=\frac{B+C+D}{E}\times 100\%$$

式中，A —— 受污染耕地安全利用率；

B —— 轻微污染且实施了优先保护类措施的耕地面积；

C —— 实施了安全利用或治理修复措施，且实现农产品质量达标生产的轻中度污染耕地面积；

D —— 实施了严格管控类措施的重度污染耕地面积；

E —— 受污染耕地面积，即轻微污染、轻中度污染和重度污染耕地面积之和。

8. 开展受污染耕地土壤综合治理的面积

统筹考虑耕地土壤污染类型、土壤污染程度、区域代表性等因素，针对受污染耕地，开展耕地土壤污染综合治理工程的面积。

6.3 模糊积分评价模型

我国耕地土壤污染风险管控与修复成效评估主要的评价方法有模糊积分综合评价法、层次分析法、生命周期评价法、灰色关联分析法、费用效益分析法等，本研究主要采用模糊积分综合评价法，该方法的优点有：

①定量分析和定性分析相结合，从而对多因素进行综合决策；

②建立模糊隶属度关系，对评价指标设定适当的权重，充分考虑到权重小的因素通过积分对结果产生影响，避免被屏蔽，使得目标确定更加科学；

③对评价指标数据系统进行量化、归一化、标准化处理，数据翔实可靠；

④模糊数学理论避免了人为造成的主观分析因素，主观判断和客观分析相结合。

模糊积分是由日本学者 Sugeno 在 1974 年提出的。模糊积分的基础是模糊测度，用来表示一个元素从属于某个集合的可能性程度或者是概率测度。模糊测度以单调性代替了经典概率中的可加性条件，模糊测度是经典概率测度的推广。

模糊积分不需要假设可加性和独立性，因而可避免层次分析法的弊端。同时，模糊积分方法可避免模糊评价方法的一些不足之处，如权重大的因素在结果中得到反映，而其他权重小但影响大的因素被屏蔽掉等。模糊积分充分考虑到了各因素的影响，影响大但权重小的因素也可通过积分对结果产生影响。这样做更符合实际，更符合直观的认识。

运用模糊积分综合评价数学模型对耕地土壤污染风险管控与修复成效评估指标体系，其基本程序和步骤如下。

6.3.1 确定评价目标

我国耕地土壤污染风险管控与修复成效评估研究目标区域为耕地地块或耕地所属行政管理区，分别为两套成效评估指标体系，各指标项区分为耕地土壤环境保护型指标和综合治理型指标。

6.3.2 建立评价指标体系

指标是目标内涵的体现及衡量测定的尺度，应根据具体目标设立相应的评价指标。

我国耕地土壤污染风险管控与修复成效评估指标的选择，采用 DPSIR 概念模型框架，认为耕地土壤污染风险管控与修复成效评估指标体系受驱动力、压力、状态、影响和响应 5 个方面因素影响。

6.3.3　隶属度的计算

对于耕地土壤污染风险管控与修复成效评估指标取值与效用的界定，存在正反两方面比较程度，因此，把由于某种因素对整体评价系统影响好坏的程度称为隶属度。

隶属度 $h(I)$ 按照下面公式计算：

当 $0<I\leqslant 1$ 时，$h(I)=1$；

当 $I>1$ 时，$h(I)=e^{-(I-1)}$。

其中，当实际值 C_i 越大，效用越差时，$I_i=C_i/S_i$；

当实际值 C_i 越大，效用越好时，$I_i=S_i/C_i$。

由此可见，指标的隶属度取值介于［0，1］之间，取值越接近 1，隶属度越大；反之，取值越小隶属度越小。

6.3.4　指标数据的标准化

对耕地土壤污染风险管控与修复成效评估指标不能进行简单的比较，究其原因，主要是由于在不同的条件下，各项影响因子量化的标准不一致，导致评价基准的不一致，必然会造成成效评估指标项不可比较。因此，采用统一的评价基准是进行综合评价的基础。

同时，指标体系中各指标可能存在很大差别，有必要对指标数据进行标准化处理，指标数据的差异主要体现在以下几个方面：

正逆不同：既有越大越好的正指标，也有越小越好的逆指标；

量纲不同：各指标的量纲既有货币量，也有实物量等；

性质不同：既有定量的指标，也有定性的指标；

通过制定评分标准，进行指标数据标准化处理后，将正逆不同的指标转化为正指标；使量纲不同的指标具有相同的量纲或量纲一；并把定性指标变成定量指标。

6.3.5　确定指标权重值（模糊测度）

由于各指标对目标的相对重要程度不同，或者说各指标对目标的贡献不同，因此，应根据各指标的重要程度，对不同指标赋予不同的权值，赋予较重要的指标较大的权重，相对次要的指标则赋予较小的权重。

6.3.6 进行综合评价

采用综合指数法分析研究区域整体土壤环境区域综合治理成效评估结果。由于耕地土壤污染风险管控与修复成效评估评价系统的复杂性和层次性，耕地土壤环境区域治理各项指标只是从侧面反映了其发展状况，综合指数法可全面反映目标研究区域整体发展水平、土壤环境功能特征等因素。

6.4 成效评估的技术方法

6.4.1 数据标准化

在我国耕地土壤污染风险管控与修复成效评估指标体系的构建中，耕地土壤污染风险管控与修复成效评估方面共计 7 个指标项。耕地土壤环境区域治理成效评估涉及的指标有很多，并且各指标表征的意义又不相同，指标值的计算方法和计量单位也不尽相同，为了方便各指标间的相互比较，就需要对各指标的数据进行标准化（归一化）处理。

数据的标准化也就是将统计数据指数化。通常是先把数据进行标准化，然后对标准化后的数据进行分析。数据标准化处理包括两个方面：无量纲化处理及同趋化处理。数据同趋化处理是解决不同性质数据的问题，对不同性质的指标若直接加总就不能够正确地反映不同作用的综合结果，必须先改变逆向指标数据的性质，当所有的指标同趋化，然后加总和才能得出正确结果。数据进行无量纲化处理是为了解决数据间的可比性。

评估指标体系中区分正向指标与负向指标。数据标准化处理采用目标渐进法，即把原始数据转换为无量纲化指标测评值，这样就可以进行综合计算分析。

其中，正向指标标准化：指标观测值越大说明该项成效越好：

$$X_s = \frac{X - T}{V_{max} - T}$$

负向指标标准化：指标观测值越小说明该项成效越好：

$$X_s = \frac{T - X}{T - V_{min}}$$

式中，X_s—— 标准化值；

X—— 指标值；

T—— 基准值；

V_{min}—— 最小值；

V_{max}—— 最大值。

6.4.2　确定指标权重

合理地分配权重是量化评估的关键，在耕地土壤污染风险管控与修复成效评估中指标赋权是重要的环节。进行多指标综合评估，指标权重的确定是否科学对评估结果的可靠和准确性有直接影响。环境成效评估指标权重的确定要从 3 个方面考虑：指标变异程度、指标独立性和评估者的主观偏好（即权重分配有主观和客观之分）。

确定指标权重的方法主要有 Delphi 法和层次分析法。Delphi 法是集中专家的经验与意见，来确定各指标的权重值，并经过不断的反馈、修改得到满意的结果，最后综合处理各专家的权值分配；层次分析法通过对同层次各指标的相对重要性进行两两对比，从而构造判断矩阵，求出矩阵特征向量并进行归一化，最终得出权重系数。

采用熵值赋权法来确定各指标的权重，现将步骤介绍如下：

熵是系统无序程度的度量，应用熵可以度量评价指标数据的差异程度，并依此确定各项指标的权重。

设有 n 个评价方案，m 项评价指标，则第 j 项指标的熵值为

$$E_j = -k\sum_{i=1}^{n} P_{ij} \ln P_{ij}, j = 1, 2, \cdots, m$$

$$P_{ij} = \frac{X_{ij}}{\sum_{i=1}^{n} X_{ij}}$$

式中，P_{ij}—— 第 j 项指标下第 i（i=1，2，…，n）个方案指标值的比重；

k＞0，ln 为自然数；

E_j＞0 为正常数。

某项指标的指标值变异程度越大，熵越小，该指标提供的信息量越大，权重也应越大；反之，该指标的权重也越小。因此，我们可以用该指标的熵与 1 之间的差值来表示某项指标对评价的重要程度。

$$d_j=1-E_j，j=1，2，\cdots，m$$

d_j越大，指标对评价的重要性就越大。当 $d_j=0$ 时，说明该指标对各待评方案的影响程度相同，该指标对评价结果影响不大或没有影响，因此，该指标的权重为零。

当 $d_j>0$ 时，指标的权重按照下列公式计算：

$$W_j=\frac{d_j}{\sum_{j=1}^{m} d_j}，j=1，2，\cdots，m$$

6.4.3 计算相对权重

经过相容性验证，确定判断矩阵逻辑方面的一致性。通过此方法，可确定对于上一层次的某个元素而言，本层次中与其相关元素的重要性排序，确定相对权重。

将判断矩阵平均值作为判断矩阵一致性的指标，即用 $CI=（\lambda_{max}-n）/（n-1）$检测决策者判断思维的一致性，为了度量不同判断矩阵是否具有满意一致性，同时引入判断矩阵的平均随机一致性指标 RI 值（表 6-4）。

表 6-4　平均随机一致性指标值

矩阵阶数	1	2	3	4	5	6	7	8	9
RI	0	0	0.58	0.9	1.12	1.24	1.32	1.41	1.45

当阶数大于 2 时，判断矩阵的一致性指标 CI 与同阶平均随机数一致性指标 RI 之比称为随机一致性比率，为 CR。当 $CR=CI/RI<0.1$ 时，即认为判断矩阵具有满意一致性，否则就认为德尔菲法中专家评估存在较大误差，需要重新采用德尔菲法对判断矩阵进行调整，使之具有满意一致性。

综上所述，通过构建耕地土壤污染风险管控与修复成效评估指标体系，将评价指标采用 Delphi 法和层次分析法，计算其权重，体现耕地评价指标赋值的客观性。

6.4.4 一致性检验

由于客观事物的复杂性以及评价人员认识的多样性，人们在对大量因素进行两两比较时，可能会产生不一致的结论。例如，当因素 i、j、k 的重要性很接近时，对它们进行两两比较，有可能得出 i 比 j 重要，j 比 k 重要，而 k 又比 i 重要的矛盾结论。为检查决策者建立的判断矩阵是否具有一致性，要进行矩阵一致性检验。这需要计算一致性指标和检验系数。

6.4.5 综合指数评估

由于耕地土壤污染风险管控与修复成效评估评价系统的复杂性和层次性，耕地土壤环境区域治理各项指标只是从侧面反映了其发展状况，为全面反映目标研究区域整体发展水平、土壤环境功能特征等因素，采用综合指数法代表研究区域整体环境、经济和社会状况，具体是将各项指标采用加权函数法进行计算：

$$V_j=\sum_{i=1}^{m}W_iP_{ij}+\sum_{k=1}^{n}W_k(1-P_{kj})$$

式中，W_i —— 第 i 个正向指标的权重；

P_{ij} —— 第 i 个正向指标的标准化值；

W_k —— 第 k 个负向指标的权重；

P_{kj} —— 第 k 个负向指标的标准化值。

6.5 成效评估的分级方法

耕地土壤污染风险管控与修复成效评价分级划分，采用 DPSIR 模型构建指标体系，基于逻辑框架法，耕地环境区域治理成效评估等级划分包括驱动力因素、压力因素、状态因素、影响因素、响应因素 5 个方面，涉及考核保护成效评估的指标项，如“主农产品质量”；考核综合治理成效评估项，如“污染土壤修复率”；考核土壤环境区域综合治理成效评估项，如“开展耕地土壤环境质量定期监测”，共计 7 个指标项。

耕地土壤污染风险管控与修复成效评估指标体系各个指标项分别采用定量或者定性方法进行计算。对于可定量计算的指标，采取“结果-目标对比法”，将定量指标的实际值与预定目标值进行对比，计算两项数值的比值，即可得到这一指标的分值。定性指标采用分档、设定分值的方法，成效评价人员根据评价内容，综合确定后得出所属档位和分值。

耕地土壤污染风险管控与修复成效评估指标体系各个指标项分别采用定量或者定性方法进行计算。在参考相关文献的基础之上，结合成效评价综合指数值的特点（$F_{综合}$值为 0～1），采用平均等距离的方法，将综合成效评估结果划分为“优”（$0.75 \leqslant F_{综合} < 1.00$）、“良”（$0.50 \leqslant F_{综合} < 0.75$）、“中低”（$0.25 \leqslant F_{综合} < 0.50$）、“差”（$0.00 \leqslant F_{综合} < 0.25$）4 档。

本篇小结

1．建立了以耕地土壤风险管理理论为基础的新的风险评估方法，为耕地污染土壤分类管理和风险管控与修复模式的构建提供了技术支撑。

土壤污染风险评估对于控制土壤污染具有重要意义，是降低污染风险的基础和前提。研究者们针对具体的评价目的和评价尺度建立了多种评价方法，这些方法获得了耕地土壤污染的程度和时空分布特征，然而却未给出风险来源，这使得在耕地土壤污染防治工作中，根据现有评价方法获得的结果，对土壤污染防治措施制定的作用很小。针对现有评价方法应用于耕地土壤污染风险评价时存在的不足，本研究提出了一种耕地土壤污染程度—趋势—危害综合评价方法，新的评估方法在土壤—植物双指标评估方法的基础上，增添了污染积累趋势以及存在的潜在风险，丰富了污染土壤风险的评估指标，使新的评估方法更具有前瞻性。新方法考量了土壤重金属的输入—输出及土壤重金属累积特征，提升了评估的准确性和科学性，对环境修复和预警具有实质性指导作用。其优势为：综合考量土壤、植物、外部环境3个方面的影响，提高了准确性；补充土壤重金属累积趋势，可明确土壤重金属潜在利用风险；明确土壤污染风险的主要外部因素，源头管控，高效、精准修复。

2．构建了以“污染物消减阻隔”“生物消减阻控技术”和“养分运筹”为核心的针对不同风险等级污染耕地过程风险控制技术体系集成方法，为耕地污染土壤风险精准管控与修复提供了技术方案。

为了应对不同风险等级的土壤污染特征及土壤环境的复杂性，以保证农业的可持续发展和农产品的安全利用，迫切需要一种构建污染耕地土壤分级-管控-决策集成体系的思路与方法，该体系的提出可以为污染耕地土壤的风险管控与修复提供导向性建议，同时也是应对人口迅速增长、耕地面积减少、环境日趋恶化局面的必然选择。选取不同风险等级污染耕地的管控与修复模式技术的基本流程为：适用于耕地土壤管控与修复的单项技术归纳与入库；各类单项技术小类技术的推荐及其技术特性；基于污染风险、土壤理化特性、技术特性、人为因素等筛选出适用于特定地块的修复技术组合，在实地应用中进行动态长期监测和调整，最终确定了选定技术模式的适用条件和效率范围。

3．建立了不同尺度耕地污染土壤风险管控与修复模式成效评估方法，为完善我国耕地土壤环境管理标准体系提供技术支撑。

针对我国耕地污染土壤风险管控与修复模式成效评估方法的缺失，将现有的“土壤污染治理与修复成效技术评估指南”应用于耕地土壤污染风险管控与修复成效评估时缺少具体的指标体系和评估方法，本项目从耕地土壤地块和区域不同尺度建立了相应的成效评估指标体系及其方法，为完善我国耕地土壤环境管理标准体系提供技术支撑。

地块尺度：以耕地土壤污染风险管控与修复技术模式为评估对象，综合考虑农产品安全性，耕地土壤生态功能的可持续性、经济社会合理性、可操作性、适用性等提出了一种科学的、全新的、综合的成效评估方法。具体而言，从农产品安全与产量、土壤污染降低程度、耕地生态功能、技术成本、农民接受程度、污染源与二次污染防治、技术模式可操作性、治理周期等方面给出定量或半定量的评估，可以直观地判断不同侧面风险管控与修复技术模式的优劣，并给出合理的耕地土壤污染防治技术建议。耕地土壤污染风险管控与修复的成效评估结果应对耕地土壤污染防治工作起到导向性作用，引导有限的资金合理利用。构建了一套由目标层、准则层和指标层为框架的全新耕地土壤污染地块风险管控与修复技术模式成效评估指标体系；并采用层次分析法和Delphi法确定了各指标在不同风险管控技术方法中的权重，采用综合指数法构建评估模型，将成效评估结果划分为优、良、中、低、差5档，最终建立了具备科学性、普适性、经济可达性、可持续性及可推广性的耕地土壤污染地块风险管控与修复的成效评估方法。

区域尺度：基于DPSIR概念模型框架，判定耕地土壤环境保护和综合治理成效评估指标体系受驱动力、压力、状态、影响和响应5个方面因素影响，并据此筛选出了相应指标，采用综合指数法将各项指标用加权函数法进行计算，获得压力、状态、响应3个分类评价指标的综合评价值；再采取结果—目标对比法，将定量指标的实际值与预定目标值进行比对，得到指标分值；结合成效评价综合指数的特点，采用平均等距离方法，将综合成效评估结果划分为优、良、中低、差4档，建立了耕地土壤污染区域保护和风险管控成效评估方法。

本篇方法论是对我国耕地土壤环境管理支撑技术体系的预研究，目前提出的方法学及技术体系，虽在部分区域进行了实证案例验证研究，但由于实施时间和资助经费的限制，仍需要进一步完善，需在实践中不断反馈实施效果从而进一步优化。

第三篇

实证案例研究

第 7 章　风险管控与修复模式构建实证研究——广东案例区

7.1　案例区概况

广东韶关大宝山矿地处广东曲江、翁源两县交接处，位于北纬 20°30′～24°36′，东经 113°°0′～113°43′。矿区地处亚热带季风气候区，年平均气温 20.3℃，年均降水量 1 782.7 mm。表层岩石风化强烈，基带土壤类型为红壤，随海拔高度增加而逐渐演替为山地黄壤。大宝山矿是一座大型多金属硫化物矿床，矿区主矿体上部为褐铁矿体，储量为 2 000 万 t；下部为大型铜硫矿体，储量为 2 800 万 t，并伴有钨、铋、钼、金、银等多种稀有金属和贵金属。自 20 世纪 70 年代以来，大宝山矿及其 21 条周边矿在采矿时采富弃贫且矿种分离不全，采矿废石堆放过程中的风化和淋滤以及选矿、洗矿产生的含有硫、镉、铜、锌、铅等数种严重超标的重金属污水直接排放到横石河水中，已造成该区域生态环境的严重恶化。据统计，污染最严重的时候，周边的韶关境内有 83 个自然村、584.8 hm^2 耕地、20.9 hm^2 鱼塘受到影响。其中翁源新江镇上坝村是严重受害区，此地河段上部颜色赤红，底部漆黑，河内鱼虾绝迹。含有超量金属元素的污水长期灌溉耕地，造成土质破坏，农作物产量逐年下降。严重超标的毒水污染给村民健康也带来严重损害，皮肤病、肝病、癌症等是该村的高发病症。

7.2　案例区污染特征

本项目选择的韶关案例区位于珠江支流北江流域上游，矿山开采和火力发电产生的粉尘随着大气沉降的影响，造成该点位土壤重金属超标较为严重。位置见图 7-1。

图 7-1　韶关案例区位置示意图

对韶关案例区（约 20 亩）进行了前期采样调查工作，一共采集表层土壤样品 15 个（核心试验区加密采样）和相对应的水稻样品 15 个，具体采样点如图 7-2 所示。

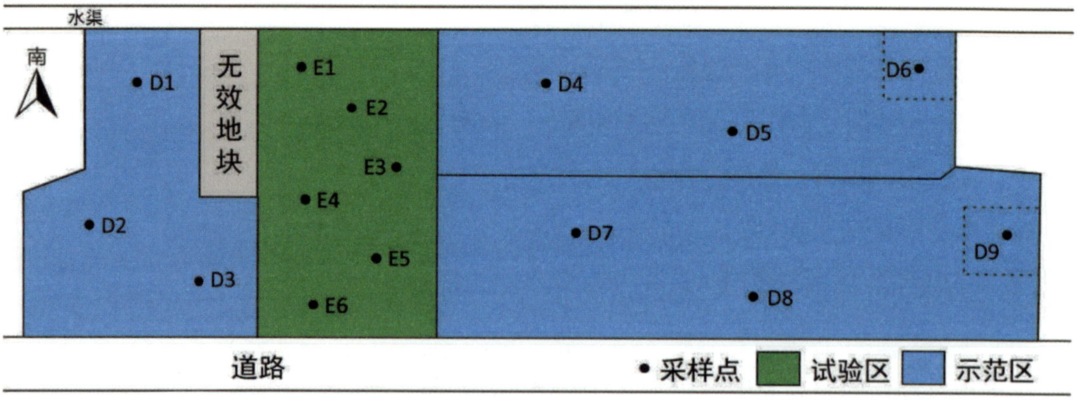

图 7-2　韶关案例区前期调查采样点示意图

图 7-3　前期调查采样图

案例区土壤前期调查结果见表 7-1。从结果中可以看出，土壤整体偏酸性，土壤 pH 为 4.81～5.46；土壤重金属 Cd 全量范围为 0.409～1.02 mg/kg，超过了我国农用地土壤污染风险筛选值；稻米中 Cd 含量范围为 0.207～0.509 mg/kg（图 7-4），超过了我国现行的食品中污染物限量（GB 2762）标准。

表 7-1　案例区土壤的基本信息

采样编号	土壤 pH	土壤总 Cd/（mg/kg）	DTPA 提取态 Cd/（mg/kg）
E1	4.99	0.588	0.325
E2	4.97	0.614	0.137
E3	4.95	0.523	0.185
E4	4.97	0.618	0.274
E5	4.82	1.02	0.363
E6	4.81	0.409	0.362
D1	4.93	0.654	0.244
D2	5.01	0.572	0.232
D3	4.96	0.891	0.296
D4	5.03	0.493	0.286
D5	5.01	0.754	0.292
D6	4.97	0.634	0.276
D7	5.46	0.516	0.206
D8	4.89	0.519	0.217

采样编号	土壤 pH	土壤总 Cd/（mg/kg）	DTPA 提取态 Cd/（mg/kg）
D9	4.93	0.457	0.235
试验区（E）	4.92±0.08	0.629±0.207	0.274±0.095
示范区（D）	5.02±0.17	0.610±0.140	0.254±0.034
全部区域	4.98±0.15	0.617±0.163	0.262±0.063

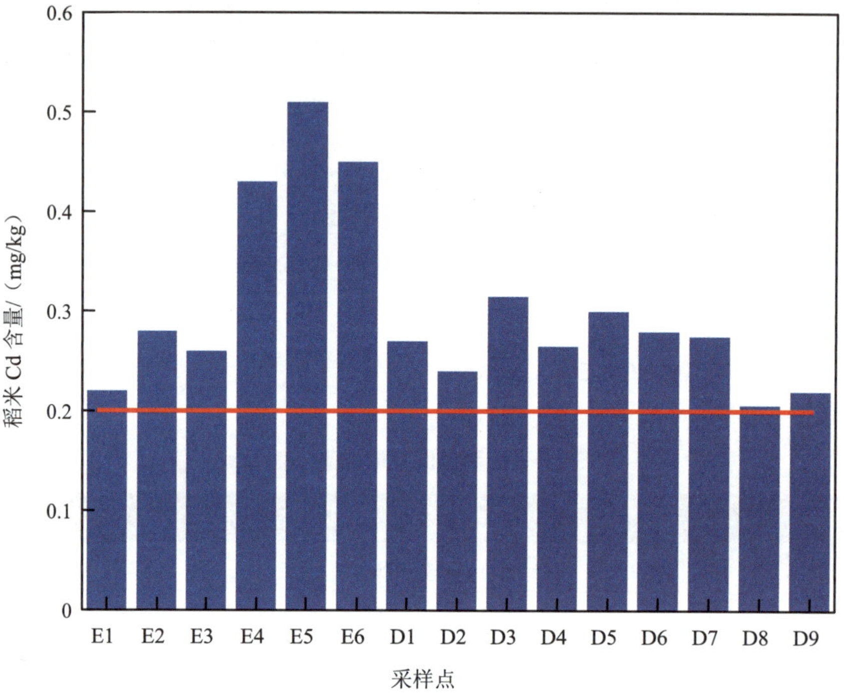

图 7-4　案例区水稻 Cd 含量

7.3　风险评估

基于本书提出的方法对案例区进行风险评估（表 7-2）。案例区水稻总 Cd 风险系数从低风险水平到极高风险水平均有分布，平均在中度风险水平；土壤总 Cd 风险系数从中度风险水平到高度风险水平均有分布，平均在高度风险水平；水稻 Cd 的 BCF 风险系数从无风险到中度风险水平均有分布，平均在低风险水平。从整体上看，重金属主要的风险来自于土壤总 Cd 风险。

表 7-2　案例区土壤污染评价

采样编号	评价结果	水稻总 Cd 风险系数	土壤总 Cd 风险系数	水稻 Cd 的 BCF 风险系数	污染源风险系数
E1	$P_6S_{48}B_0M_x$	低（0.2～0.3）	中（1.5～2）	无（＜1.0）	—
E2	$P_{17}S_{53}B_2M_x$	低（0.2～0.3）	高（2～2.5）	低（1～2）	—
E3	$P_{14}S_{39}B_5M_x$	低（0.2～0.3）	中（1.5～2）	低（1～2）	—
E4	$P_{58}S_{54}B_{18}M_x$	高（0.4～0.5）	高（2～2.5）	低（1～2）	—
E5	$P_{77}S_{131}B_4M_x$	极高（＞0.5）	极高（＞2.5）	低（1～2）	—
E6	$P_{63}S_{23}B4_0M_x$	高（0.4～0.5）	低（1～1.5）	中（2～3）	—
D1	$P1_6S_{62}B_0M_x$	低（0.2～0.3）	高（2～2.5）	无（＜1.0）	—
D2	$P_{12}S_{45}B_2M_x$	低（0.2～0.3）	中（1.5～2）	低（1～2）	—
D3	$P_{30}S_{101}B_0M_x$	中（0.3～0.4）	极高（＞2.5）	无（＜1.0）	—
D4	$P_{17}S_{31}B_9M_x$	低（0.2～0.3）	中（1.5～2）	低（1～2）	—
D5	$P_{27}S_{75}B_0M_x$	中（0.3～0.4）	极高（＞2.5）	低（1～2）	—
D6	$P_{21}S_{57}B_3M_x$	低（0.2～0.3）	高（2～2.5）	低（1～2）	—
D7	$P_{20}S_{25}B_{14}M_x$	低（0.2～0.3）	低（1～1.5）	低（1～2）	—
D8	$P_2S_{40}B_0M_x$	低（0.2～0.3）	中（1.5～2）	无（＜1.0）	—
D9	$P_7S_{28}B_5M_x$	低（0.2～0.3）	中（1.5～2）	低（1～2）	—
试验区	$P_{39}S_{58}B_{10}M_x$	中（0.3～0.4）	高（2～2.5）	低（1～2）	—
示范区	$P_{17}S_{51}B_2M_x$	低（0.2～0.3）	高（2～2.5）	低（1～2）	—
均值	$P_{26}S_{54}B_5M_x$	中（0.3～0.4）	高（2～2.5）	低（1～2）	—

注：P、S、B、M 字母分别代表土壤、农产品、生物富集和污染源的风险评价指标；由于案例区前期调查没有对污染源进行检测，所以在使用该方法进行评价时缺乏污染源风险指标，在评价结果中用 M_x 表示。

7.4　管控与修复模式

案例区土壤总 Cd 风险属于高风险等级，水稻总 Cd 风险属于中风险等级，大气沉降是造成该试验区土壤 Cd 超标的主要原因。根据污染现状及风险评估结果，建议在案例区采用的管控与修复模式为“土壤钝化+低吸收品种+水分管理”。

田间试验于 2017 年 3 月至 7 月进行，种植作物是水稻，本试验选用一种低吸收品种—五丰优 111，灌溉措施为全生育期淹水，钝化剂采用改性硅质矿物和改性褐煤两种，改性硅质矿物是利用钼尾砂中的二氧化硅组分与白云石中的碳酸钙、碳酸镁组分在 1 250℃高温熔融状态下发生化学反应生成具有高活性硅酸盐矿物。改性褐煤是利用褐煤进行酸（硫酸）改性，增加褐煤上的活性基团从而提高对重金属的吸附作用。具体的试验处理设置见表 7-3。

表 7-3　案例区田间试验处理设置

试验处理		水稻品种	灌溉措施	土壤钝化/（kg/亩）	
				改性硅质矿物	改性褐煤
试验区	CK		全生育期淹水	0	0
	T1			100	750
	T2			100	1 500
示范区	F1-CK			0	0
	F1			100	0
	F2-CK			0	0
	F2			200	0
	F3-CK			0	0
	F3			300	0

试验区的具体设置见图 7-5。其中示范区面积约为 18 亩，试验区面积约为 2 亩，试验区每个处理面积约均为 150 m^2，试验区设置两种钝化剂处理：T1 为添加 100 kg/亩改性硅质矿物+750 kg/亩改性褐煤；T2 为添加 100 kg/亩改性硅质矿物+1 500 kg/亩改性褐煤。示范区只用一种钝化剂，设置 3 个处理：F1 为添加 100 kg/亩改性硅质矿物；F2 为添加 200 kg/亩改性硅质矿物；F3 为添加 300 kg/亩改性硅质矿物。

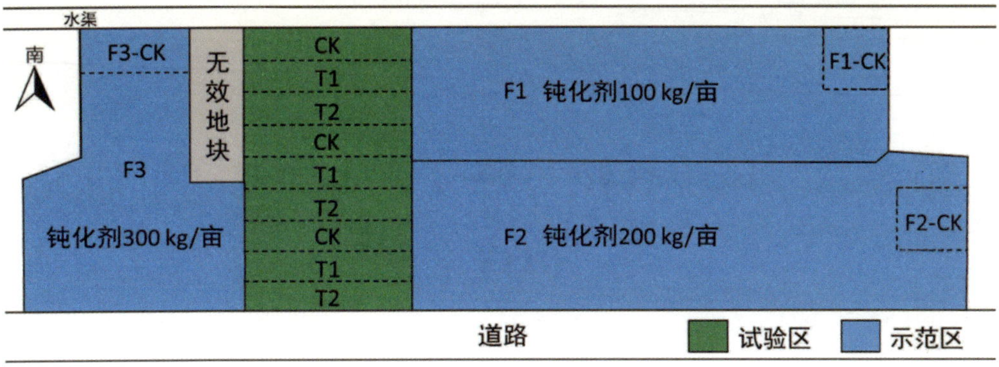

图 7-5 案例区田间试验布置示意图

图 7-6 案例区田间试验图

管控与修复模式“土壤钝化（硅质钝化剂）+低吸收品种（五丰优 111）+水分管理（全生育期淹水）”的实施使得土壤有效态 Cd 平均下降 38.8%，稻米 Cd 含量平均下降 45.5%，低于食品中 Cd 限量标准。

第 8 章　风险管控与修复模式构建实证研究 ——山西案例区

8.1　案例区概况

太原污灌区是我国污灌历史较长、面积较大的典型污灌区之一，现有污灌面积约为 40 万亩，主要集中在晋源区、小店区和清徐县 3 个污灌面积较大的县区，占到全市污灌面积的 98%，污水灌溉占到灌溉用水量的 30%。特别是小店区作为太原市粮食及蔬菜供应的主要产地之一，具有长达超过 30 年以上的引污灌溉历史，污水经由小店区境内的几条大干渠，通过网罗密布的支渠、斗渠、毛渠输送到各个乡镇的耕地。渠内所用污水主要来自太原市区的生活污水，还有部分是经处理的工业废水。近年来，由于国民经济的飞速发展，沿途一些企业每年向邻近退水渠排放一定数量的工业废水，使污水的成分变得更加复杂。该区域长期引用污水灌溉耕地已造成镉、汞、砷等土壤重金属累积，同时导致土壤的结构和功能失调，土壤生态平衡遭到破坏，并影响农产品和地下水安全，最终对人体健康构成严重威胁。

8.2　案例区污染特征

根据文献调查结果，小店污灌区内土壤中重金属铬、铜、镍、锌、汞和铅超过背景值现象严重，且来源较为复杂，重金属可交换态占总量比例随着土壤深度的增加而逐渐下降，需要重点关注的重金属元素有汞、镉、铬、铜、锌和铅。

为更深入地了解整体污染状况，对小店污灌区的土壤及农产品进行了两次采样调查。第一次采用网格布点法，网格大小 2km×2km，共设 45 个土壤采样点（XD1-XD45），见图 8-1。

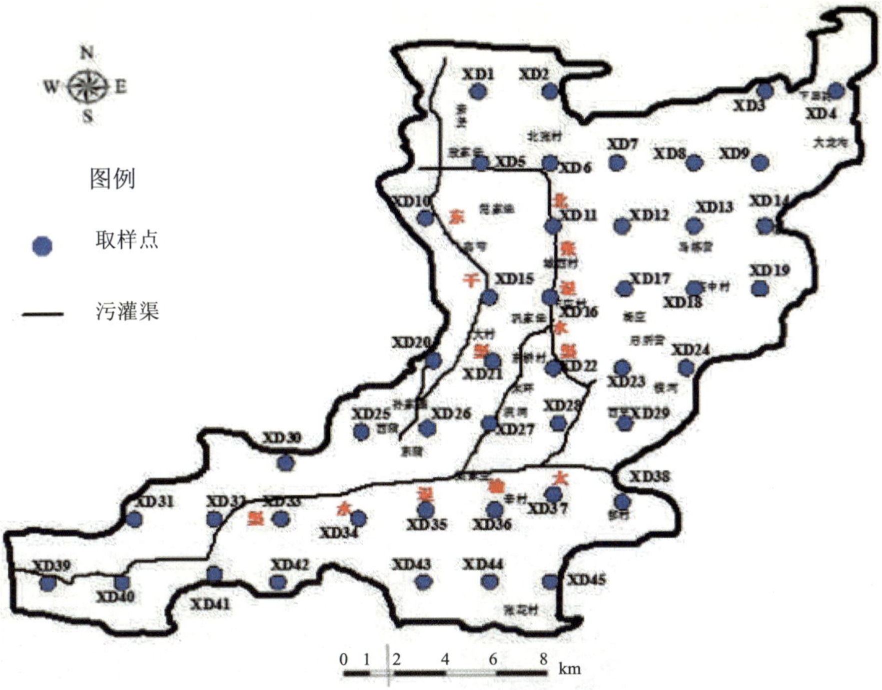

图 8-1　小店污灌区污染情况调查采样布点图

45 个点位中污染物浓度范围为：砷，4.1～23.5 mg/kg；汞，0.021～0.204 mg/kg；铬，40.3～113.8 mg/kg；镉，0.057～0.715 mg/kg；铅，18.4～53.4 mg/kg；∑PAHs，0.108～3.82 mg/kg。最高含量分别是背景值的 4.46 倍、8.71 倍、10.72 倍、1.26 倍、1.74 倍和 22.9 倍。

为了反映污灌区耕地重金属污染的实际情况，经实地调查，项目选取小店污灌区内相同土壤类型的长期用清水灌溉的某处耕地作为背景点，该背景点的 5 种重金属元素和∑PAHs 含量列于表 8-1。

表 8-1　小店污灌区土壤污染物含量背景值　　单位：mg/kg

点位	As	Hg	Cd	Cr	Pb	∑PAHs
XD4	4.30	0.021	0.061	50.4	19.5	0.160

小店污灌区土壤中砷、汞、铬、镉、铅和∑PAHs 含量的最大值分别为 23.5 mg/kg、0.204 mg/kg、114 mg/kg、0.715 mg/kg、53.4 mg/kg 和 3.82 mg/kg，此次调查中 Cd 超标

点位 1 个，其他重金属均未超过限值，但与较为清洁的背景点比较，土壤中重金属（镉、汞、砷）和多环芳烃含量有增加的趋势。

基于第一次采样调查所确定的相对污染较重的区域，选取 3 块典型的耕地区域（共 366.3 亩）土壤及对应农产品或蔬菜进行了再次调查。共采集表层土壤样品 45 个，布设土壤剖面（0～1.5 m）8 个，并采集相对应的农作物样品（包括玉米、香菜、生菜、菠菜、茴香、西红柿等）16 个。A 区面积为 111.5 亩，B 区面积为 50.5 亩，C 区面积为 204.3 亩，总面积为 366.3 亩。

图 8-2　案例区退水渠及采样地照片

调查结果表明：土壤 pH 为 7.44～8.69，总体偏碱性。在测定的 5 种重金属总量中，汞的浓度 0.060～2.05 mg/kg，平均浓度为 0.360 mg/kg，镉的浓度为 0.190～0.720 mg/kg，平均浓度为 0.420 mg/kg，铬的浓度为 70.8～145 mg/kg，平均浓度为 84.9 mg/kg，铅和砷的浓度范围分别为 10.5～46.7 mg/kg、5.71～16.9 mg/kg；平均浓度分别为 24.9 mg/kg 和 10.6 mg/kg。

根据5种重金属在研究区域中的浓度空间分布，5种重金属在A区和B区的浓度要高于C区中的浓度。就研究区域的位置来说，A区和B区位于退水渠的入村前段，而C区位于退水渠的较下端，因此，前段的污染程度有可能高于下端的污染物浓度。同时在不同的重金属空间浓度分布中，靠近污灌渠土壤中的浓度高于小区内部的浓度。在砷的分布中，A区和B区中土壤点位靠近污灌渠道土壤区域的浓度分布高于远离污灌渠的浓度，砷的浓度分布随着与污灌渠的距离明显降低。C区中砷的浓度低于其他两个区域的分布，并且与污灌渠的位置没有明显的关系，说明C区砷的分布受土壤污灌的影响较小。除砷以外，其他几种重金属的空间分布在A区和B区呈明显的点状分布，分布不是很均匀，有可能是在长期的污灌中，个别地区生产蔬菜地的污灌次数大于生产粮食作物的次数，从而造成土壤污染的不均匀分布。与A区和B区相比，C区的浓度分布较为均匀，浓度较低，但是有个别点位的浓度较高。在C区域的西侧，有两个点位的重金属浓度较高，可能是由于这两个点位在历史上有长期的蔬菜种植历史。与A区和B区相比，C区的蔬菜种植面积较低，灌溉水量较少，可能造成土壤中重金属的累积量较小，导致土壤中重金属的污染和浓度分布低于其他两个区域。

另外，土壤重金属在剖面的分布呈表层高，深层低的趋势。其中0～20 cm深度的土壤重金属浓度最高，5种重金属的平均浓度分别为铬88.5 mg/kg、镉0.410 mg/kg、铅28.16 mg/kg、汞0.120 mg/kg、砷12.7 mg/kg。在20～50 cm的深度中，有4种重金属的平均浓度有所下降，分别是铬78.2 mg/kg、镉0.280 mg/kg、铅14.0 mg/kg、砷8.23 mg/kg，但是汞的浓度略有升高为0.140 mg/kg。在50～100 cm深层土壤中，有3种重金属的浓度继续下降，分别为镉0.210 mg/kg、铅11.1 mg/kg、砷7.64 mg/kg。铬的浓度略微波动，为81.1 mg/kg。汞的浓度继续升高为0.170 mg/kg。20～50 cm的土壤重金属浓度明显降低。土壤深度到达50～100 cm的土壤与20～50 cm的土壤相接近。但与其他金属相比，汞的浓度在土壤剖面的分布差异较大，在个别土壤中深层剖面的浓度仍然很高。这可能是在污灌的条件下，石灰性土壤中，汞的迁移性较高，同时表层土壤汞容易挥发到大气中，造成深层中汞的浓度较高。

农作物及蔬菜样品中只有一个菠菜中重金属铬的浓度超过了GB 2762食品中污染物限量，为0.560 mg/kg。其他样品中铬的含量为0～0.370 mg/kg，均低于GB 2762食品中污染物限量中叶菜中铬的含量0.500 mg/kg。该样品取样在A区域中，说明A区域的蔬菜中重金属超标。并且取样点位于灌溉口附近，说明污水灌溉对蔬菜中重金属的含量有明显的影响。总计蔬菜超标率为 6.3%，其他重金属浓度并未超过标准。其中蔬菜中铅的含量在 0～0.008 mg/kg，均低于 GB 2762 食品中污染物限量中叶菜中铅的含量 0.300 mg/kg。其中蔬菜中镉的含量在 0～0.020 mg/kg，均低于 GB 2762 食品中污染物限量中叶菜中镉的含量 0.200 mg/kg。其中蔬菜中汞的含量为 0～0.020 mg/kg，均低于 GB 2762 食品中污染物限量中叶菜中汞的含量 0.100 mg/kg。其中蔬菜中砷的含量为 0～0.040 mg/kg，均低于 GB 2762 食品中污染物限量中叶菜中砷的含量 0.050 mg/kg。

8.3 风险评估

基于本书提出的耕地土壤污染风险评价方法，对污灌区土壤污染的状况进行风险评估（图 8-3）。评估结果表示为 $P_0S_6B_0M_{25}$，表明案例区农产品镉无风险，而土壤总镉和污染源的风险等级均为低风险；案例区镉的风险主要来自污水灌溉和干湿沉降的输入。

实测数据

	土壤 pH	土壤总 Cd/（mg/kg）	水稻总 Cd/（mg/kg）	
	7.48	0.618	0.020	
	输入量/［g/（亩·a）］			
	干湿沉降	秸秆还田	灌溉水	肥料和农用化学品
	0.200	0	0.280	0.030
	输出量［g/（亩·a）］			
	0.012			
	评价结果			
	P_{roduct}	S_{oil}	$B_{ioavailable}$	$M_{ulti-source}$
风险值	0	6	0	25
风险等级	无	低	无	低

图 8-3 案例区风险评估

8.4　管控与修复模式

针对案例区土壤提出了 3 套较为可行的技术方案。具体的管控与修复模式如下：

案例区 A：土壤中的污染物以汞、镉和多环芳烃为主，污染程度相对较重，将采用翻土置换的方法对其进行修复。具体来说，即将表层（0～30 cm）污染浓度较高的耕作层翻置于下层，而将下层干净土壤置换至表层，并进行熟化，施以有机肥、牛粪、鸡粪等，原先的种植结构保持不变，管控与修复流程及模式如图 8-4 所示。

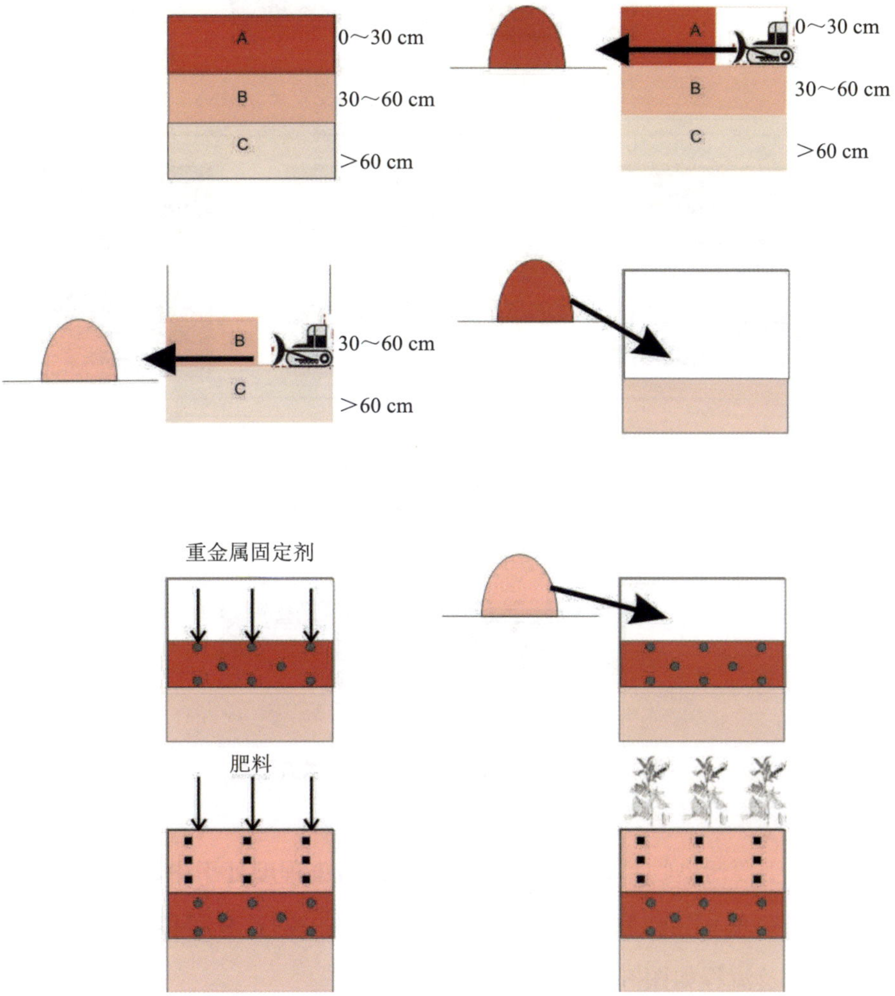

图 8-4　翻土置换法流程图

案例区 B：主要污染物是重金属汞和镉，属于轻度污染，根据治理修复技术比选，该区域比较适合采用植物提取+农艺调控的治理修复模式，具体治理修复流程如图 8-5 所示。

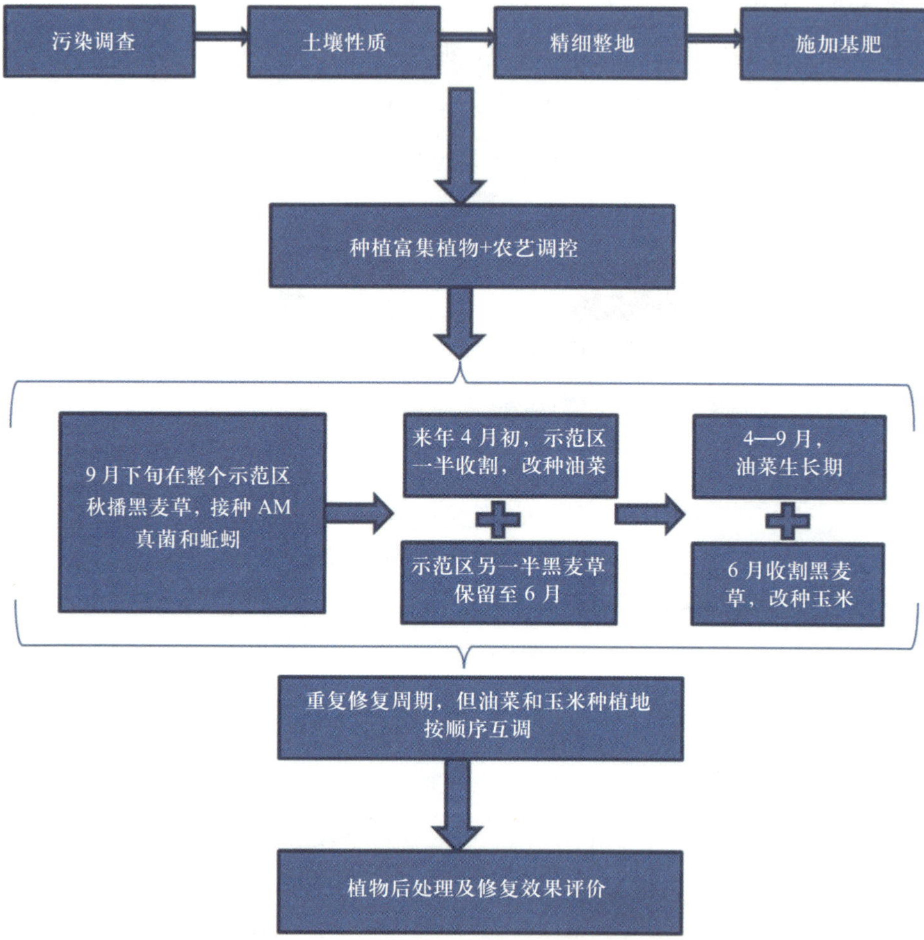

图 8-5　植物提取+农艺调控技术流程图

案例区 C：主要污染物是汞、镉和多环芳烃，污染程度处于中、轻度污染，将采用钝化+微生物降解+低积累作物种植的方式对耕地土壤中的重金属和多环芳烃进行处理，管控与修复模式及流程如图 8-6 所示。

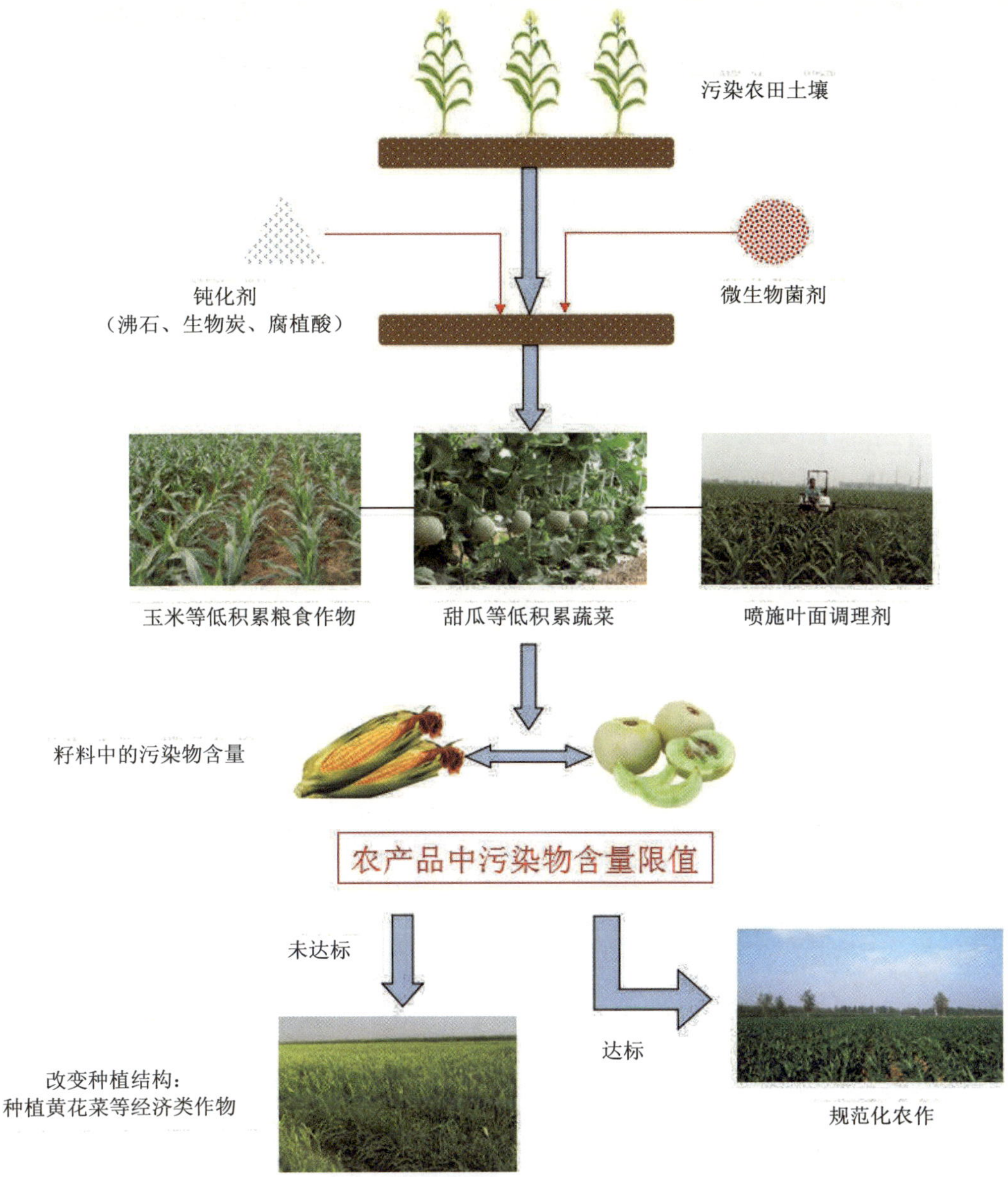

图 8-6　钝化+微生物降解+低积累作物种植流程图

3 个案例区采取风险管控与修复后的结果：A 区耕地土壤中汞的浓度范围为 0.017～0.092 mg/kg，平均值为 0.028 mg/kg；镉浓度范围为 0.280～0.600 mg/kg，平均值为 0.420 mg/kg。B 区耕地土壤中汞的浓度范围为 0.050～0.190 mg/kg，平均值为 0.084 mg/kg；镉浓度范围为 0.470～0.550 mg/kg，平均值为 0.510 mg/kg。C 区耕地农产品中均未检出汞；镉浓度范围为 0.0018～0.012 mg/kg，平均值为 0.006 1 mg/kg。

3 种管控与模式均有效降低了土壤及农产品中重金属镉和汞等污染物，3 种管控与修复模式实施后，土壤和农产品中有关污染物的浓度水平均满足我国相关标准限值要求。由此可见，在该区域通过实施合理的风险管控与修复措施，对耕地土壤的保护及风险控制起到了积极的推动作用。

第 9 章　风险管控与修复的成效评估实证研究——湖南案例区

9.1　案例区概况

Cd 污染稻田已成为影响全球耕地土壤环境安全的重要问题。湖南省是我国的农业大省，同时，因矿产开采等产生的 Cd 污染，对这里的土壤—作物生态系统有长期的毒性。湖南红壤是我国重要的土壤类型之一，具有黏土含量高、偏酸等特性。加之湖南省地处我国中南部，夏季炎热、降水量大、蒸腾作用强，在这种土壤和气候条件下，更有利于 Cd 等重金属从土壤中进入到水稻等粮食作物，产生“镉大米”，并通过食物链最终进入人体，威胁人体健康。基于此，将湖南省湘江流域的水稻田选为重要的试验区，具有较好的典型性和代表性。依据“公报”的划分，案例区的土壤 Cd 属于中轻度污染，但土壤有效态 Cd 含量很高，水稻籽粒 Cd 含量超过水稻中 Cd 限量标准的 2～4 倍。这符合中国南方稻田污染土的典型特征：土壤中轻度 Cd 污染，有效态 Cd 含量很高，pH 低。

案例区气候为中亚热带的典型地段，具有春季低温多雨、夏季高温光强、秋季温和少雨、冬季冷湿等特点，年平均气温为 17.2℃，年平均无霜期为 297 d，年均日照总时数为 1 600 h，年平均降水量为 1 361 mm，冬季盛行偏北风，夏季盛行偏南风，适合种植水稻。地理位置见图 9-1。

图 9-1　案例区地理位置图

图 9-2　案例区地形图测量现场照片

9.2　案例区污染特征

9.2.1　主要污染物

土壤和稻米样品于 2015 年 10 月采自案例区，案例区小区试验面积约为 5.5 亩，共采集土壤样品 7 个，稻米 2 个样品，3 个土壤剖面。表 9-1 列出了表层土壤中主要重金属的含量及 pH 变化，土壤总体偏酸，Cd 的浓度范围在为 0.400～0.800 mg/kg，超过了我国农用地土壤污染风险筛选值；而其他重金属的含量较低，表明该地区耕地的土壤污染以 Cd 为主。

在当地采集的 3 种稻米中，Cd 含量均超过了农产品安全标准，其中，369 和湘晚籼稻超过标准不多，但农科院推广的湘晚籼稻米中 Cd 含量高达 1.30 mg/kg，该种稻米为杂交稻，富集 Cd 的能力很强。

表 9-1　案例地稻田土壤重金属含量　　单位：mg/kg

采样点	As	Cd	Pb	Zn	Cr	pH
稻田 1 号土壤	＜0.1	0.800	2.03	118	48.6	6.70
稻田 2 号土壤	＜0.1	0.710	10.1	145	50.1	7.22
稻田 3 号土壤	＜0.1	0.660	2.11	136	44.3	5.77
稻田 4 号土壤	＜0.1	0.740	5.25	133	45.8	6.53

采样点	As	Cd	Pb	Zn	Cr	pH
稻田 5 号土壤	＜0.1	0.590	1.43	136	39.6	6.39
稻田 6 号土壤	＜0.1	0.560	2.21	151	55.4	6.07
稻田 7 号土壤	＜0.1	0.400	3.03	114	48.7	6.14

表 9-2　案例区糙米重金属含量　　单位：mg/kg

水稻品种	As	Cd	Pb	Zn	Cr
湘晚籼	0.590	0.900	1.93	16.2	0.390
369	0.540	0.250	1.21	14.0	0.640
食品安全国家标准　食品中污染物限量 GB 2762	0.2	0.2	0.2	—	1.0

9.2.2　污染成因

农业生产中污水灌溉以及不合理地施用化肥、有机肥、污泥和农药，使城市边缘区农业土壤重金属污染严重。经过调查走访，案例区主要污染来源为施用畜禽粪便、大气沉降、污水灌溉、农药化肥等。其案例区耕地系统 Cd 输入通量具体见图 9-3。

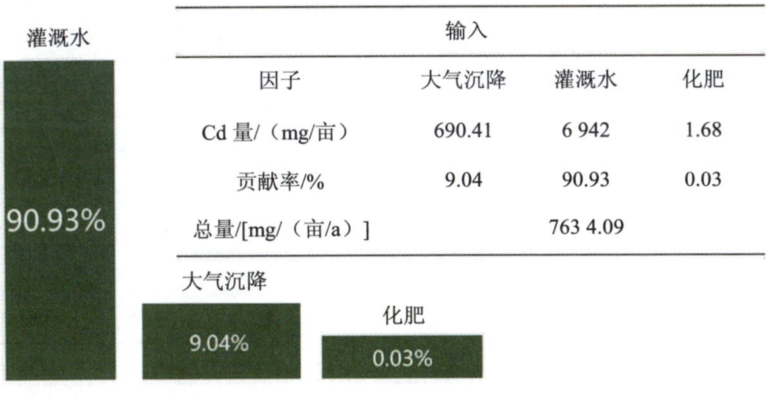

输入			
因子	大气沉降	灌溉水	化肥
Cd 量/（mg/亩）	690.41	6 942	1.68
贡献率/%	9.04	90.93	0.03
总量/[mg/（亩/a）]		763 4.09	

图 9-3　案例区耕地系统 Cd 输入通量汇总图

本案例区耕地灌溉水源在几年前是养猪废水，现在灌溉水源主要来自于捞刀河支流的无名小溪和池塘。近两年对长沙县案例区灌溉水源的检测分析发现，无名小溪 Cd 含量为 0.040～0.120 mg/L，池塘水 Cd 含量为 0.010～0.030 mg/L，因此本案例地灌溉水源存在严重的重金属污染风险；大气沉降年输入量 Cd 的输入量为 600～700 mg/（亩·a）；

常用肥料为复合肥和尿素，施入量为 25 kg 复合肥/1 000 m^2 和 40.4 kg 尿素/1 000 m^2，其中 Cd 含量分别为 62.1 μg/kg 和 4.05 μg/kg，Cd 输入量分别为 1.56 mg/亩和 0.160 mg/亩，输入总量为 1.72 mg/亩，明显低于灌溉水和大气沉降。该耕地系统 Cd 的输入量由高到低依次为：灌溉水＞大气沉降＞肥料。

9.3 风险评估

基于本书提出的方法对案例区风险评估，风险评估结果表示为 $P_{88}S_{24}B_{53}M_{250}$（图 9-4）。研究区域水稻 Cd 污染情况严重，存在现实风险，风险等级为“极高”；风险主要来源为污染源，等级为“极高”；水稻对 Cd 的富集对水稻 Cd 污染的贡献也很高，风险等级为“高”。污染风险防治建议：①控制污染源；②降低水稻对 Cd 的富集。

实测数据

	土壤 pH	土壤总 Cd/（mg/kg）	水稻总 Cd/（mg/kg）	
	6.19	0.619	0.552	
	输入量/［g/（亩·a）］			
	干湿沉降	秸秆还田	灌溉水	肥料和农用化学品
	0.5	0.6	4.5	0.001 72
	输出量/［g/（亩·a）］			
	0.6			
	评价结果			
	P_{roduct}	S_{oil}	$B_{ioavailable}$	$M_{ulti\text{-}source}$
风险值	88	24	53	250
风险等级	极高	低	高	极高

图 9-4　案例区土壤 Cd 污染风险评估

9.4 管控与修复模式

9.4.1 总体思路

针对案例区的污染特征，首先筛选低 Cd 积累品种、钝化、叶面阻控、灌溉水净化等单项技术，进而因地制宜地将多种单项技术进行优化组合和集成，最终实现对耕地污染风险的消减和控制，以及对耕地资源可持续循环利用的目标，见图 9-5。

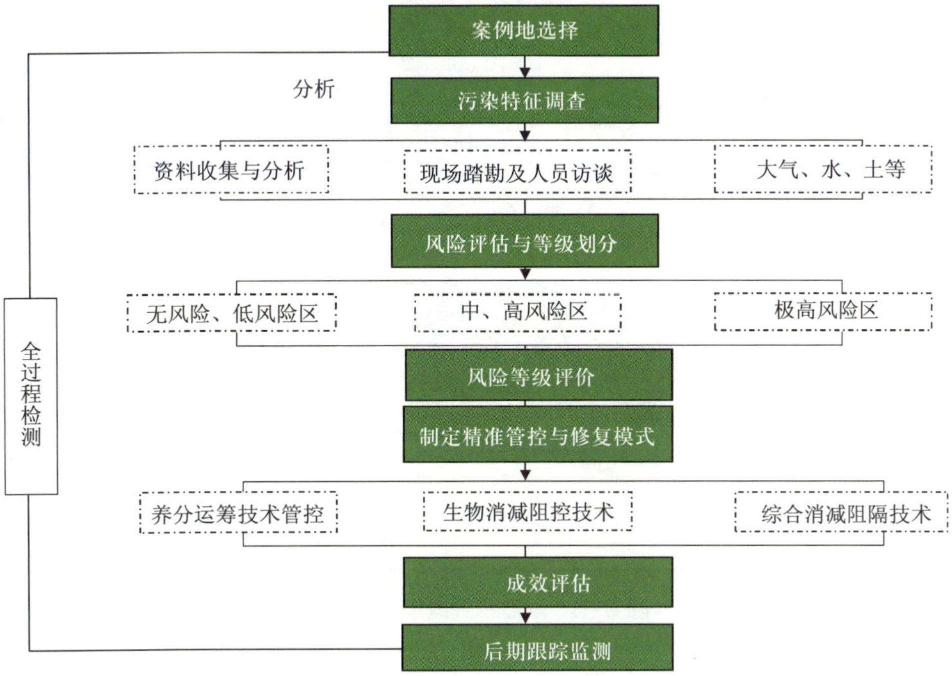

图 9-5 案例区风险管控与修复及成效评估研究路线图

9.4.2 管控与修复模式

1. 单项管控与修复技术

（1）源头控制技术—灌溉水处理

根据前期的案例区调查结果，当地灌溉水源存在重金属污染的风险，为确保灌溉水源的清洁，设置小型灌溉水净化装置，可以减少灌溉水对案例区稻田的重金属 Cd 输入。

小型灌溉水净化装置采用“格栅+快速净化墙”工艺对灌溉水中的 Cd 进行处理。进水水质按 0.10 mg/L 设计，出水达耕地灌溉水安全标准 0.01 mg/L。快速净化墙采用插槽式安装方式，在灌溉前安装净化装置，并堵住下游出水，灌溉完成后取出净化装置，打开下游出水，对下游耕地进行灌水。每组灌溉水净化装置均预留两套同等规格快速净化墙的卡槽，防止进水水量或进水浓度突增对灌溉水的影响。具体平面布置图见图 9-6。

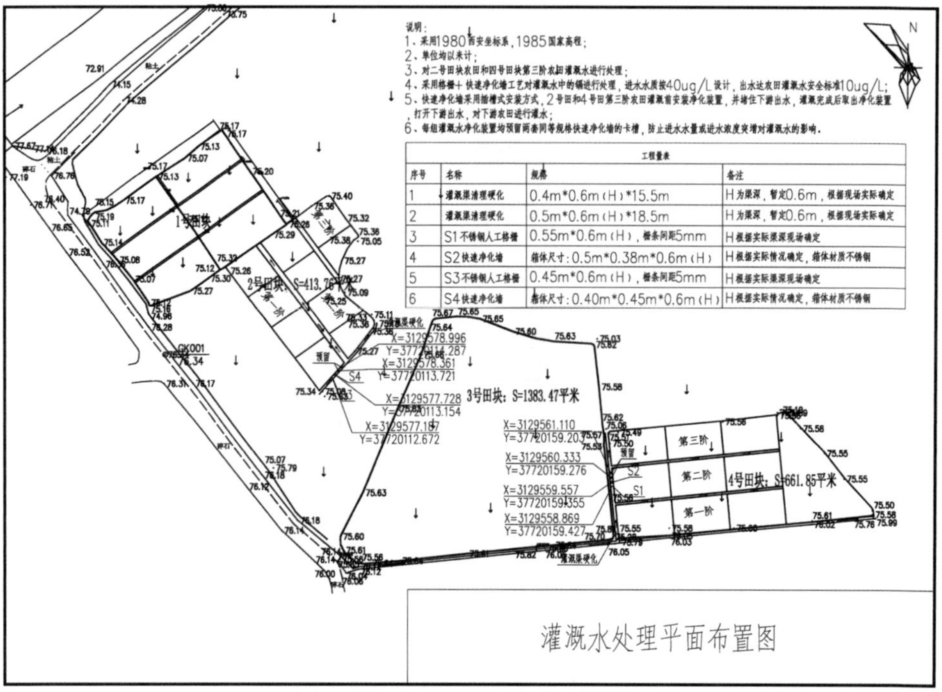

图 9-6　灌溉水处理平面布置图

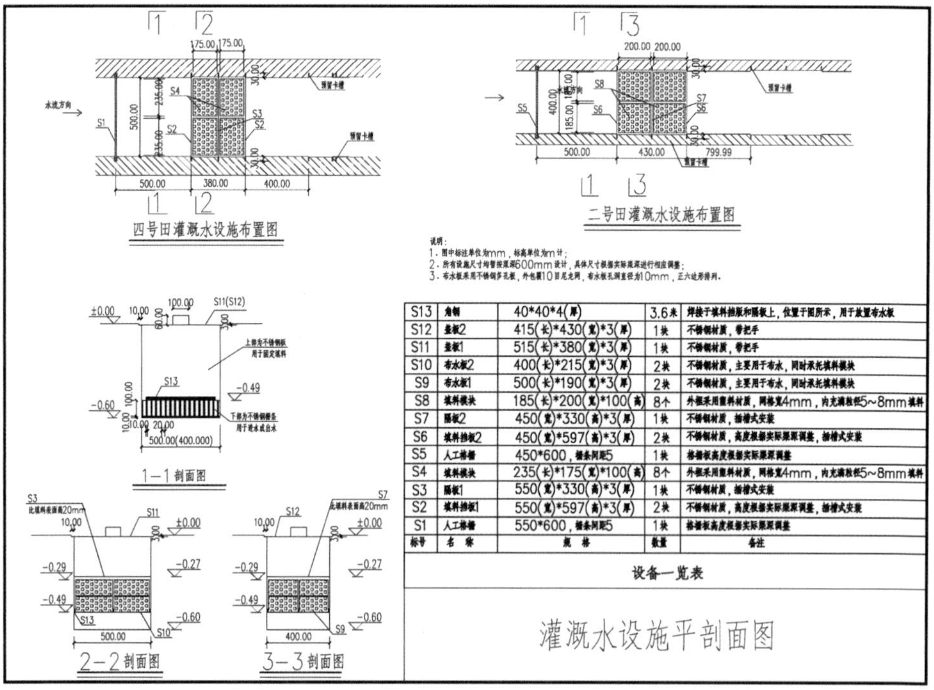

图 9-7　灌溉水设施剖面图

图 9-8　灌溉水净化装置现场照片

（2）叶面阻控技术

通过前期试验筛选出了适宜在中轻度 Cd 污染稻田推广的叶面阻控剂，成分为 S、P。供试 S 源为 Na_2S 溶液，供试 P 源为 NaH_2PO_4 溶液，喷施时间选在清晨，在水稻分蘖期期间水稻叶片均匀喷施一次，喷施用量约为 120 g/hm^2。叶面阻控模式小区每个地块用 1 m 长竹竿和塑料绳分割，插标牌做标记，便于后期施肥、采样和管理。

（3）钝化技术

根据案例区土壤理化性状及污染特征，选取磷矿类和黏土类物质作为主要钝化剂成分进行尝试，筛选适合的浓度以及钝化剂进行持效性验证。钝化剂用量设置 3 个梯度，分别为 0.1%、0.15%和 0.2%，即 150 kg/亩、225 kg/亩和 300 kg/亩。

2. 集成技术管控与修复模式

单项管控与修复技术对本案例地稻米中的 Cd 有一定的降低效果，但由于案例地属高风险等级，单纯依靠单项管控与修复措施难以使稻米中 Cd 达到《食品安全国家标准 食品污染物限值》，因此，基于单项技术的试验结果，将多种高效技术进行优化组合和集成，实现对耕地污染风险的消减和控制。

（1）植物萃取（油菜）+土壤钝化

在晚稻收获后，进行冬闲期油菜富集试验。油菜品种为当地普遍种植的湘杂油 17

号，采取直播的方式，在成熟期收获，进行土壤、油菜采样分析，从而计算冬闲期每亩油菜所带出的 Cd 的质量。第二年在种植早稻前将钝化剂均匀撒施于稻田土壤表面，通过多次翻耕使其与耕作层土壤充分混合。整田淹水老化两周后播种。

（2）灌溉水处理+叶面阻控+土壤钝化

针对案例区最重要的两个污染源：大气和水，从源头阻控可以有效地防止污染源向耕地的输入。同时针对该地土壤有效态镉含量较高的特点，采用钝化技术。在灌溉水入田前安装快速净化装置；在种植水稻前将钝化剂均匀撒施于稻田土壤表面，通过多次翻耕使其与耕作层土壤充分混合。整田淹水老化两周；同时，在水稻生长的分蘖期和扬花期喷施叶面阻控剂。

9.5 成效评估

采用第 5 章的成效评估方法对长沙县各单项技术、技术模式分别进行成效评估，修复前后的各评估指标值以及评估结果见表 9-3。

表 9-3 成效评估结果示例

叶面阻控技术						
测试数据						
	可食部位污染物/(mg/kg)	土壤污染物/(mg/kg)	土壤污染物有效态/(mg/kg)	农产品产量/(kg/hm²)	土壤肥力	修复投入成本/元
修复前	0.680			513	3	1 500
修复后	0.590			606	3	2 800
评价指标						
	可食部位污染物消减率	土壤污染物去除率	土壤污染物有效态降低率	农产品产量变化	土壤肥力变化	修复投入成本
公式	0.130			0.180	0.00	0.870
评估值	14.4			8.28	2.94	14
总计	39.62					
评估等级	低					

钝化技术						
测试数据						
	可食部位污染物/(mg/kg)	土壤污染物/(mg/kg)	土壤污染物有效态/(mg/kg)	农产品产量/(kg/hm^2)	土壤肥力	修复投入成本/元
修复前	0.680		0.440	582	3	1 500
修复后	0.260		0.270	560	3	3 200
评价指标						
	可食部位污染物消减率	土壤污染物去除率	土壤污染物有效态降低率	农产品产量变化	土壤肥力变化	修复投入成本
公式	0.620		0.390	−0.04	0.00	1.13
评估值	32.4		12.9	3.13	2.94	13.5
总计	64.9					
评估等级	良					

植物萃取+土壤钝化						
测试数据						
	可食部位污染物/(mg/kg)	土壤污染物/(mg/kg)	土壤污染物有效态/(mg/kg)	农产品产量/(kg/hm^2)	土壤肥力	修复投入成本/元
修复前	0.740	0.640	0.440	507	3	1 500
修复后	0.250	0.400	0.230	550	3	3 600
评价指标						
	可食部位污染物消减率	土壤污染物去除率	土壤污染物有效态降低率	农产品产量变化	土壤肥力变化	修复投入成本
公式	0.660	0.380	0.489	0.080	0.00	1.40
评估值	33.8	6.90	7.10	4.10	2.94	12.6
总计	67.44					
评估等级	良					

灌溉水处理+叶面阻控+土壤钝化						
测试数据						
	可食部位污染物/(mg/kg)	土壤污染物/(mg/kg)	土壤污染物有效态/(mg/kg)	农产品产量/(kg/hm^2)	土壤肥力	修复投入成本/元
修复前	0.740	0.640	0.440	507	3	1 500
修复后	0.180	0.300	0.200	636	3	4 000
评价指标						
	可食部位污染物消减率	土壤污染物去除率	土壤污染物有效态降低率	农产品产量变化	土壤肥力变化	修复投入成本
公式	0.760	0.530	0.550	25.4	0.00	1.67
评估值	45.4	9.07	7.96	9.10	2.94	11.7
总计	86.1					
评估等级	优					

长沙县案例区在污染风险管控与修复模式和技术集成体系的选择上，考虑了污染源、污染途径、污染土壤特性、污染风险等级、单项技术特性等情况，筛选出了适宜南方酸性水稻田中轻度重金属污染耕地的管控与修复体系（图 9-9）：“源头控制+钝化+农艺消减”，成效评估结果为“优”，消减和控制了稻田污染风险，使稻米 Cd 含量达到我国食品安全污染物限制标准。该方法可以清晰地评估案例地在管控前后，农产品安全、土壤生态功能、环境风险方面的改善程度。

图 9-9　湖南长沙县中度风险污染耕地风险管控与修复模式构建

第 10 章　优先保护区耕地土壤区域成效评估实证研究——湖北案例区

10.1　优先保护区概况

10.1.1　地理位置

屈家岭管理区位于湖北省荆门市的东南部，东邻京山县雁门口镇，西接京山县永隆镇和钟祥市旧口镇，南抵天门市渔薪镇，北界钟祥市长滩镇和京山县石龙镇。紧靠武（汉）荆（门）、随（州）岳（阳）高速公路，东距武汉市 128 km，至随州市 120 km，西至宜昌市 198 km，至荆州市 120 km。管理区自东南向西北，呈一斜长地带，南北斜长 55 km，东西横宽 10 km 左右，总面积约为 223 km^2。

屈家岭管理区区位如图 10-1 所示。

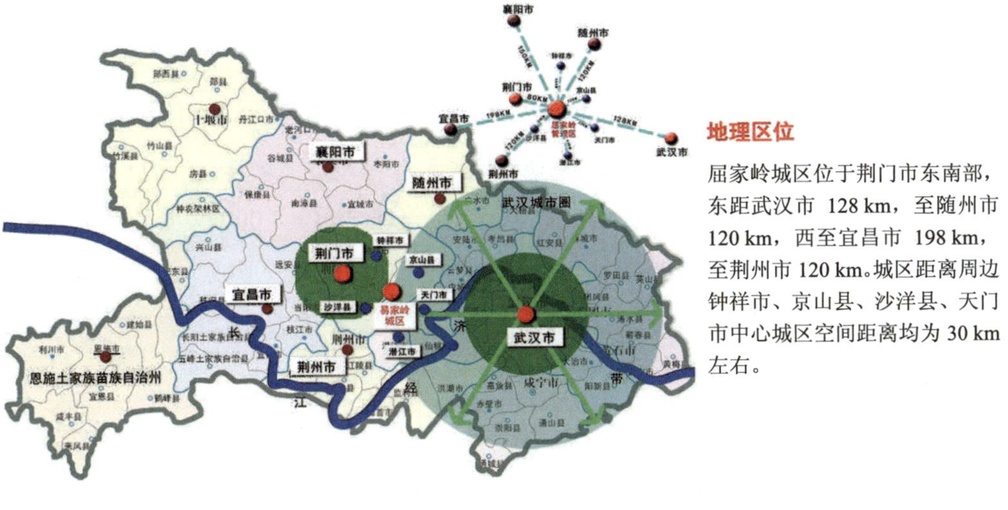

图 10-1　屈家岭管理区区位图

10.1.2 自然环境条件

屈家岭管理区背靠大洪山麓，面向江汉平原，有山、有水、有丘陵、有平原。全区地势东北高，西南低，东北半边丘岗起伏，蜿蜒连绵，海拔高程一般在 100 m 左右；西南半边沃野百里，一展平川，海拔高程一般为 32～37 m。

年平均气温 16℃，冷暖年平均温度相差 1.6℃。山地、平原温差较大。气温年内变化较为一致。年平均日照总时数为 1 970.5 h，日照百分率 46%。低山丘陵稍多，平原区少；夏季多，冬季少。管理区以东风为主，西北风次之。

10.1.3 资源状况

屈家岭地处江汉平原，土地肥沃，农业发达，是全国重要的农产品生产基地，种养殖业发展已经形成了较好的规模化发展基础。水电资源相对富足：屈家岭管理区水资源丰富，有大小河流 7 条，流域面积为 110.9 km^2，大小塘堰现有 1 300 余处，总面积为 1 200 亩，调蓄水量近 300 万 m^3，目前全区可用水面 1.5 万亩。矿产资源比较丰富：屈家岭管理区境内矿产资源丰富，全区探明矿种石灰石储量为 964 万 t，分布于屈家岭、易家岭、何集、长滩 4 个办事处，目前每年开采 42 万 t；黏土储量为 2 604 万 t，分布于屈家岭、何集、罗汉寺 3 个办事处，目前每年开采 12 万 t。

10.1.4 社会经济状况

屈家岭全区国土面积为 221.47 km^2，其中耕地面积为 15 万亩，林地面积为 12 万亩（果园 5 万亩），水面面积为 1.5 万亩。总人口为 7.53 万人（据《荆门年鉴 2018》）。现已建成 20 万头生猪养殖、5 万亩优质黄桃、2 万亩无公害蔬菜、1 万亩水产养殖、1 万亩生态红薯种植、3 000 亩蓝莓种植、3 000 亩玫瑰种植、4 000 头梅花鹿养殖和 3 万亩新品种新模式示范基地。按照“建立大基地，培育大企业，形成大产业”的要求，以建设现代农业示范区为主线，以发展重点产业为依托，加大农业结构调整力度、加大农业经营方式改革力度、加大农业产业化经营力度，着力发展水果蔬菜产业，生态发展粮棉种植业，大力发展养殖业，盘活壮大农副产品加工业，狠抓产业基地和龙头企业建设，推进了农业产业化工作的稳步发展，见表 10-1、表 10-2。

表 10-1　屈家岭管理区人口数量统计表

年度	人口数量
2001	53 752
2002	55 039
2003	55 829
2004	65 058
2005	66 172
2006	70 416
2007	72 149
2008	72 310
2009	72 558
2010	74 010
2014	80 000
2020	75 500

表 10-2　屈家岭管理区农业经济情况一览表

指标	单位	2010 年	2009 年	2008 年	2005 年	2004 年	2003 年
农林牧渔业劳动力	人	16 488	20 835	20 161	19 355	19 423	18 199
农业当年价	万元	47 363	39 565	38 994	25 903	24 004	18 224
耕地面积	hm^2	9 500	9 500	9 500	9 500	9 500	9 501
林地面积	hm^2	4 601	4 601	4 601	4 601	4 601	4 601
水面面积	hm^2	819	819	819	837	837	837
果园面积	hm^2	1 274	1 274	1 274	1 223	1 222	1 224
农村用电量	万 kW·h	337	381	416	300	288	380
农作物播种面积	hm^2	20 325	19 939	19 404	16 631	16 152	15 850

屈家岭管理区有 80 多家工业企业，大部分集中在屈家岭经济开发区，重点企业为医药化工、农副产品加工及建材工业。其中，医药化工企业占整个工业企业比重的 1/3。

10.2 土壤环境质量现状

10.2.1 研究区域土壤监测布点

在屈家岭管理区和石龙镇进行了土壤环境质量现状调查及采样工作。现场土壤样品采集方案的制定按照我国环境保护行业标准《土壤环境调查技术规范》（HJ/T 166）的要求，开展了调查区域布点、样品采集、样品处理、样品测定、环境质量评价及质量保证等土壤环境质量状况调查工作。在屈家岭管理区和石龙镇，按照网格布点法，每个网格 2 km×2 km，同时结合办事处或者行政村对耕地的划分情况，共采集 0～20 cm 的表层土壤样品 158 个（图 10-2）。

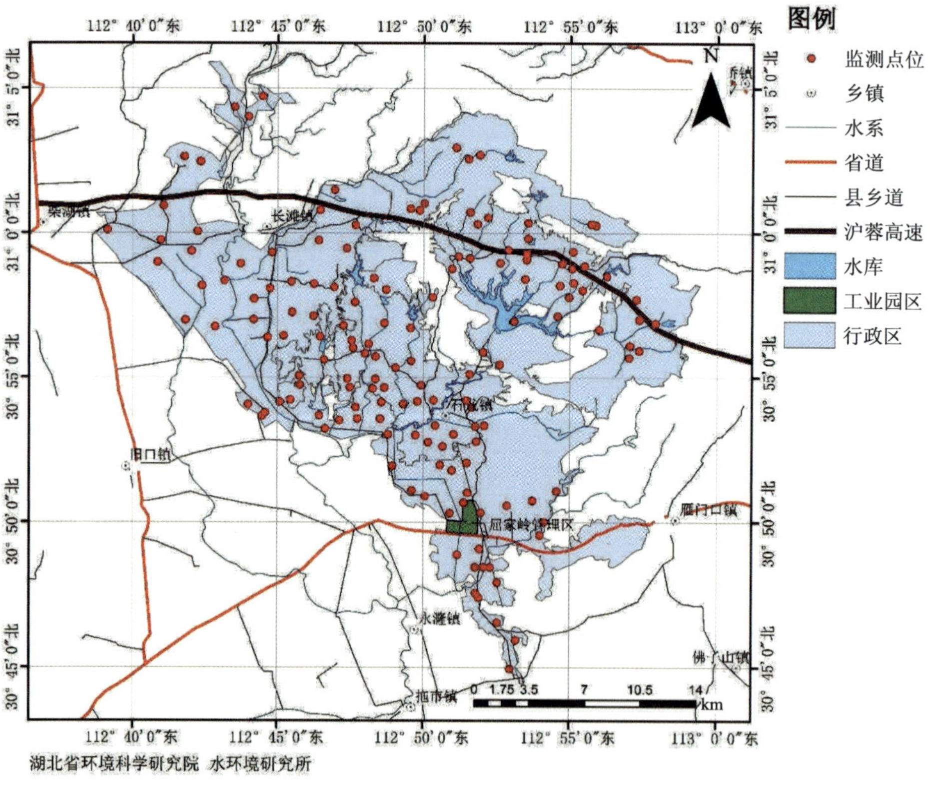

图 10-2 屈家岭石龙优先保护区监测点位分布图

10.2.2　环境监测结果

各重金属含量水平分析：屈家岭地区土壤中总镉含量为 0.050～0.37 0mg/kg，土壤中总汞含量为 0.002～0.064 mg/kg，总砷含量为 4.50～15.0 mg/kg，总铅含量为 19.0～39.0 mg/kg，总铜含量为 15.0～39.0 mg/kg，总铬含量为 53.0～91.0 mg/kg，总锌含量为 38.0～104 mg/kg，总镍含量为 17.0～46.0 mg/kg。其中镉和镍含量超出《食用类农产品产地环境评价标准》（HJ/T 332）的指标限值（注：pH＜6.5）。石龙镇土壤中总镉含量为 0.080～0.330 mg/kg，总汞含量为 0.015～0.240 mg/kg，总砷含量为 4.00～18.0 mg/kg，总铅含量为 25.0～41.0 mg/kg，总铜含量为 18.0～33.0 mg/kg，总铬含量为 54.0～90.0 mg/kg，总锌含量为 32.0～100 mg/kg，总镍含量为 21.0～45.0 mg/kg，其中镉和镍含量超出我国 HJ/T 332 的指标限值。

10.3　风险评估

10.3.1　风险评估依据

主要考虑土壤理化性质，以保障土壤质量安全为主要目的的土壤重金属风险评估，参比值参考 GB 15618—2018。

10.3.2　风险评估指标

土壤中的镉、汞、砷（类重金属）、铜、铅、铬、锌和镍 8 项重金属污染物。

10.3.3　风险评估方法

评估方法采用最大单因子指数法，即土壤各点位的风险等级按其点位单项指数的最大值划分，计算公式如下

$$P_j=\max(C_{ij}/S_{ij})$$

式中，P_j —— 第 j 个监测点位的风险指数；

C_{ij} —— 第 j 个监测点位的第 i 种污染物实测值；

S_{ij} —— 第 j 个监测点位的第 i 种污染物评价标准值。

10.3.4 风险划分等级

按照保护土壤质量的风险程度，将其土壤的风险性划分为无风险、较低风险、中风险、较高风险、高风险，划分依据见表 10-3。

表 10-3 土壤污染风险分级

等级	风险指数（P_j）	土壤风险水平
1	$P_j \leqslant 0.5$	无风险
2	$0.5 < P_j \leqslant 1$	较低风险
3	$1 < P_j \leqslant 1.5$	中风险
4	$1.5 < P_j \leqslant 2.0$	较高风险
5	$P_j > 2.0$	高风险

10.3.5 风险评价结果

根据风险评估方法，对 158 个土壤样品监测结果进行评价，评价结果见表 10-4。湖北屈家岭石龙优先保护区土壤风险总体处于较低风险等级。

表 10-4 屈家岭石龙污染风险分级

等级	风险指数（P_j）	个数	土壤风险水平
1	$P_j \leqslant 0.5$	3	无风险
2	$0.5 < P_j \leqslant 1$	138	较低风险
3	$1 < P_j \leqslant 1.5$	17	中风险
4	$1.5 < P_j \leqslant 2.0$	0	较高风险
5	$P_j > 2.0$	0	高风险

10.3.6 风险指数分布图

为了反映重金属在整个屈家岭石龙优先保护区的空间分布情况，利用克里金插值法作图，将各个重金属的最大单因子风险指数分布情况整体表示出来，见图 10-3。

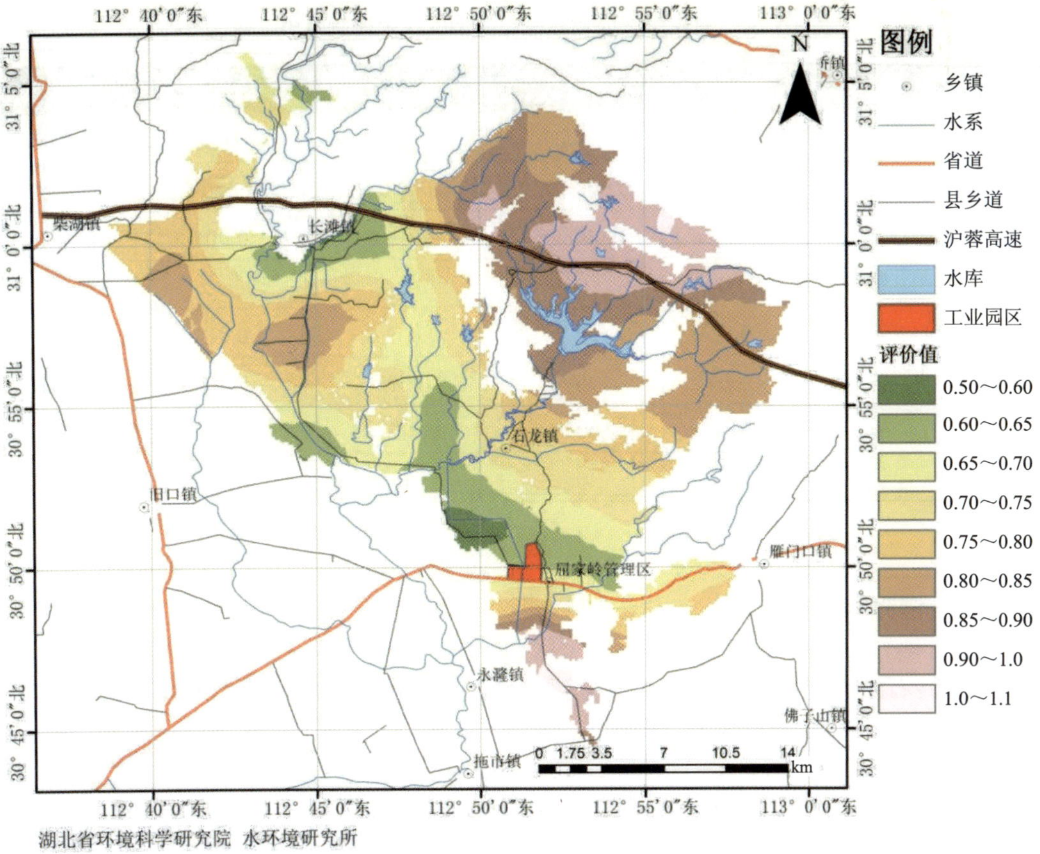

图 10-3　湖北屈家岭石龙优先保护区最大单因子指数分布图

10.4　风险因素分析

10.4.1　化肥

为了调查土壤污染的来源及其对农产品的影响，同时采集 3 种无机肥料样品，分别对每种无机肥料进行 8 种重金属污染物含量测定，检测结果见表 10-6。抽检的所有无机肥料样品均符合《有机-无机复混肥料中有害重金属的含量控制标准》（GB 18877）的要求。

表 10-5　湖北屈家岭石龙优先保护区化肥检测结果一览表

序号	指标	肥料 1	肥料 2	肥料 3	标准值	是否达标
1	镉	0	0	0	0.001	达标
2	汞	0.000 013	0.000 003	0.000 031	0.000 5	达标
3	砷	0.006 05	0.000 95	0.016 5	0.005	达标
4	铜	0.004	0	0	—	—
5	铅	0.001 5	0	0.002 6	0.015	达标
6	铬	0.007	0	0.012	0.05	达标
7	锌	0.013 5	0.002 2	0.013 4	—	—
8	镍	0	0	0	—	—

10.4.2　灌溉水

屈家岭石龙地区主要用地表水进行耕地灌溉，根据主要的河流及水库分布情况，采集了 15 个地表水样品。检测的指标主要为汞、砷、铅、铬、镍 5 种重金属污染物，检测结果见表 10-6。检测点位布设见图 10-4。对屈家岭管理区重要的水源进行初步调查发现，有铬、镍砷和铅被检出，含量均达到我国《地表水环境质量标准》（GB 3838）Ⅰ类水标准，均满足《食用农产品产地环境质量评价标准》（HJ/T 332）的要求。

表 10-6　湖北屈家岭石龙优先保护区灌溉水检测结果一览表　　单位：μg/L

样品编号	样点名称	铬	镍	砷	铅	汞
2-13	司马河竹园闸	0.278	1.400	4.450	0.733	ND
2-11	王台泵站	0.977	1.770	6.180	0.894	ND
2-10	工业园区上游（黑桥闸）	0.718	2.160	6.240	2.030	ND
2-8	工业园区下游	2.070	3.570	8.380	1.660	ND
2-1	青木档河源头（左）	0.100	1.550	4.650	1.920	ND
2-2	青木档河源头（右）	3.130	4.210	8.820	3.090	ND
2-3	青山坡水库	1.810	2.010	5.500	1.790	ND
2-4	建设坝	2.280	2.860	6.070	1.260	ND
2-5	青木河	0.100	1.295	5.616	0.711	ND

样品编号	样点名称	铬	镍	砷	铅	汞
2-6	叶畈水库	0.722	1.134	1.663	0.457	ND
2-7	青木档闸	1.148	1.929	6.306	0.628	ND
2-9	工业园区下游（排污口）	0.750	3.044	7.283	1.697	ND
2-12	农科所泵站	0.100	1.160	6.886	0.625	ND
2-14	大寨河桥	2.655	4.032	7.514	3.124	ND
2-15	石龙干渠桥	0.836	2.045	6.054	0.960	ND
	GB 3838—2002 I 类标准	10	20	50	10	0.05

注：ND 表示未检出。

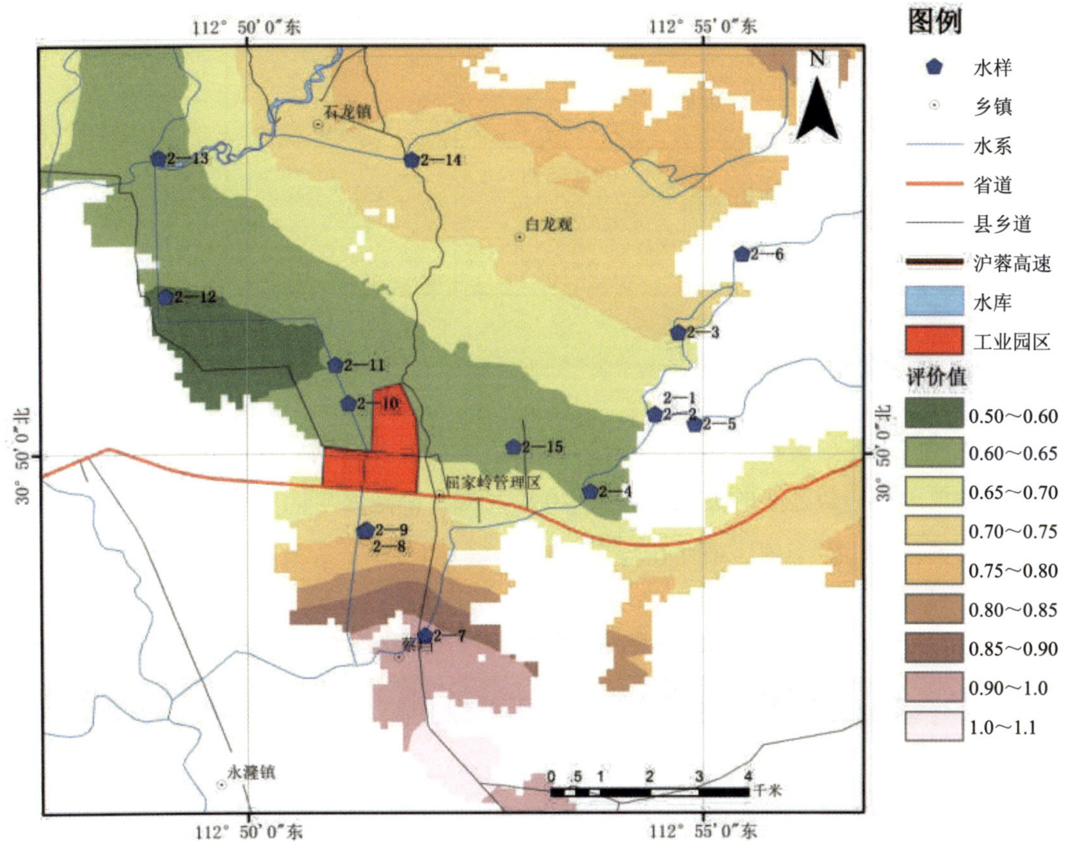

图 10-4　湖北屈家岭石龙优先保护区灌溉水水质点位布设图

10.4.3 工业园区和城镇居民

从布设的 158 个土壤样品点位中选择 1 个工业园区下游和 6 个城镇居民区，分析 7 个点位最大单因子指数与平均单因子指数之间的关系。由表 10-7 可知，城镇居民区点位单因子指数偏高，工业园区单因子较高，说明人类活动频繁区域，特别是工业集中区域，对土壤污染存在直接影响。

表 10-7 工业园区、城镇居民点位指数值和平均指数值比较一览表

样点名称	指数值	平均指数值	差值
罗汉寺	0.816 991	0.76	0.056 99
何集	0.661 763		−0.098 237
石龙	0.736 990		−0.023 01
白龙观	0.707 974		−0.052 026
屈家岭管理区	0.695 518		−0.064 482
蔡垱	0.953 084		0.193 08
工业园区	0.829 835		0.069 84

10.4.4 高速公路

从布设的 158 个土壤样品点位中选择 6 个高速路周边点位，分析 6 个最大单因子指数与平均单因子指数之间的关系。由表 10-8 可知，高速路单因子指数较高，说明为车辆来往频繁区域，对土壤污染存在较大影响。

表 10-8 高速公路点位指数值和平均指数值比较一览表

样点名称	指数值	平均指数值	差值
高速公路 1	0.820 955	0.76	0.060 96
高速公路 2	0.886 578		0.126 58
高速公路 3	0.945 002		0.185 00
高速公路 4	0.878 416		0.118 42
高速公路 5	0.812 972		0.052 97
高速公路 6	0.689 304		−0.070 696

10.5 管控模式

依据屈家岭石龙城镇发展规划、农业发展规划，选择虾稻共作和生态种植耕地，开展不同种植模式实证研究，并选择钟祥市常规耕地进行对比研究。

基于对案例区域土壤特征、种植结构、农作物、农业投入品（化肥、有机肥、农药）、灌溉水、土壤生态功能等，采用调查法，采样、测试和评价分析法，对比研究法，对优先保护区内不同的农业方式开展监测调查，分析农业投入品、病虫害、管理方式对耕地土壤环境质量的影响。评估不同农业生产方式对耕地土壤环境保护及风险防控的作用效果（图 10-5）。

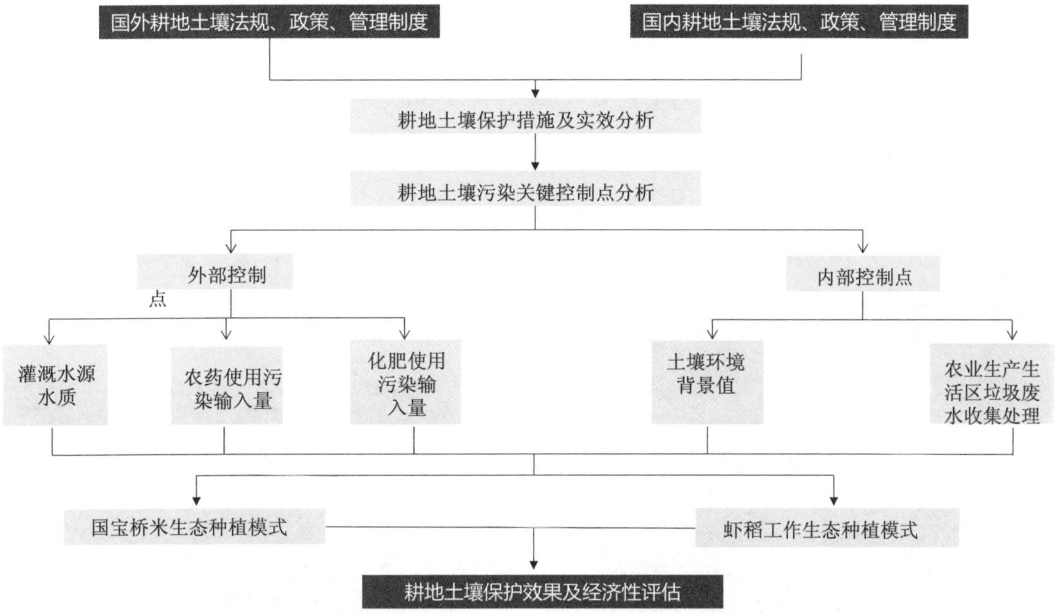

图 10-5 优先保护区耕地土壤综合保护模式实证研究路线图

10.5.1 常规种植模式研究

选择钟祥市基本耕地（远离城区、工业区）进行常规种植模式分析，设置点位 36 个，检测指标为重金属镉、镍、铜、锌、砷、铬、铅等 7 个，风险评估方法参考 2.1.1 节的最大单因子指数法。评价结果见表 10-9。通过计算可得，36 个点位的平均最大单因子指数为 1.437，因此，钟祥市常规种植模式土壤风险总体处于低风险等级。

表 10-9　钟祥市常规种植模式土壤污染风险分级

等级	风险指数（P_j）	个数	土壤风险水平
1	$P_j \leqslant 0.5$	0	无风险
2	$0.5 < P_j \leqslant 1$	7	较低风险
3	$1 < P_j \leqslant 1.5$	26	中风险
4	$1.5 < P_j \leqslant 2.0$	2	较高风险
5	$P_j > 2.0$	0	高风险

10.5.2　生态种植模式研究

1. 所在区域

水稻单作生态种植典型案例地块位于屈家岭管理区何集镇郭家塆，东经 112°49′03″，北纬 30°53′13″，面积约为 1.8 亩，农产品为水稻，不外售。水源来自于东北面约 12 km 的石龙水库。地块周边情况见图 10-6。

图 10-6　水稻单作生态种植地块周边情况图

2. 投入量

复合肥使用量为 50 kg/（亩·a），产量为 600～800 kg/（亩·a）。

3. 检测点位布设与检测项目

根据地形情况，在案例地块选取 6 个土壤检测点位，取表层土（0～20 cm），具体见图 10-7。根据土壤类型，选择《土壤环境监测技术规范》中所要求控制的污染物 pH、阳离子交换量、镉、铬、砷、汞、铅、铜、锌、镍进行检测。

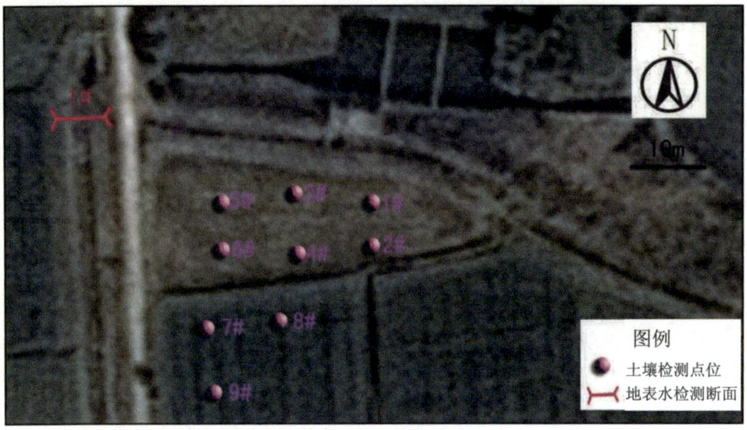

图 10-7　水稻单作生态种植模式案例地块检测布点图

4. 风险评估

风险评价结果见表 10-10。通过计算可得，6 个点位的平均最大单因子指数为 0.95，因此，水稻单作生态种植模式土壤风险总体处于较低风险等级。与钟祥市常规种植模式相比较，水稻单作生态种植模式土壤风险平均最大单因子指数降低了 33.89%。

表 10-10　水稻单作生态种植模式土壤污染风险分级

等级	风险指数（P_j）	个数	土壤风险水平
1	$P_j \leq 0.5$	0	无风险
2	$0.5 < P_j \leq 1$	4	较低风险
3	$1 < P_j \leq 1.5$	2	中风险
4	$1.5 < P_j \leq 2.0$	0	较高风险
5	$P_j > 2.0$	0	高风险

5. 稻米单作生态种植土壤污染控制环节分析

肥料使用符合《绿色食品 肥料使用准则》（NY/T 394）的规定；禁止使用未经国家农业部门登记的化学和生物肥料，禁止使用重金属含量超标的肥料。以施农家肥料和绿色食品肥料、生物菌肥为主。肥料使用必须满足水稻对营养元素的需要，使足够数量的有机物质返回土壤，以保持或增加土壤肥力及土壤生物活性。

生产期间，禁止使用具有剧毒、高毒、高残留和具有“三致”毒性的农药，严禁使用基因工程品种及制剂，生产过程中采用农业、生物、物理防治方法不能有效控制生物灾害，必须药剂防治时，所有使用的农药应采用最小剂量，以降低其对生态环境和其他物种的污染风险，使用中等毒性以下的生物源农药，按规定有限度地使用有机合成农药，每种有机合成农药在生长期中只能使用一次，最后一次用药在水稻收获前 20 天以前。

10.5.3 虾稻共作种植模式研究

1. 所在区域

虾稻共作典型案例地块位于屈家岭管理区罗汉寺办事处平原五队，东经 112°43′53″，北纬 30°58′03″，面积约为 25 亩，农产品为水稻、小龙虾。水源来自于北面约 20 km 的石门水库。地块周边情况见图 10-8。

图 10-8 虾稻共作案例地块周边情况图

2. 投入量

虾苗：40 kg/（亩·a）；

商品虾饲料：根据生长周期（体重）按百分比投加，幼苗：2%、尾期：5%～6%（以天计）；

复合肥（洋丰）：65 kg/（亩·a）（前期 50 kg/亩，后期 15 kg/亩）。

3. 检测点位布设与检测项目

根据地形情况，在案例地块选取 6 个土壤检测点位，取表层土（0～20 cm），具体见图 10-9。根据土壤类型，选择《土壤环境监测技术规范》中所要求控制的污染物 pH、阳离子交换量、镉、铬、砷、汞、铅、铜、锌、镍进行检测。

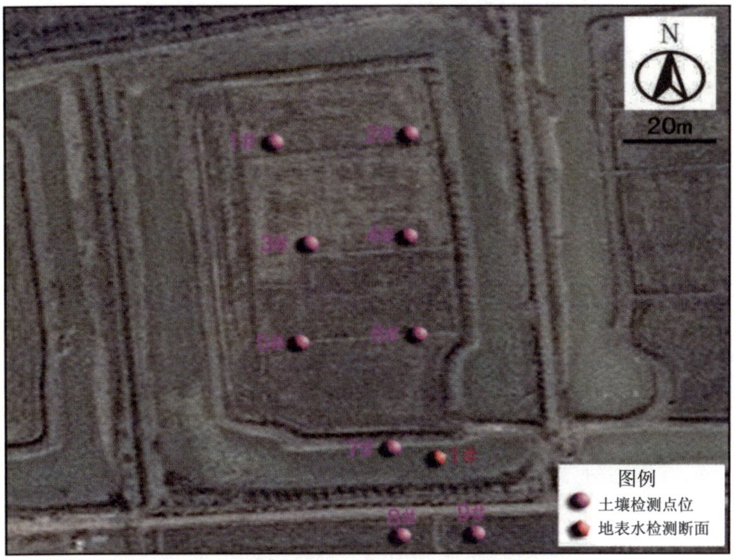

图 10-9　虾稻共作典型案例地块检测布点图

4. 风险评估

风险评估方法见表 10-11。通过计算可得，6 个点位的平均最大单因子指数为 0.78，因此，虾稻共作生态种植模式土壤风险总体处于较低风险等级。

表 10-11　虾稻共作生态种植模式土壤污染风险分级

等级	风险指数（P_j）	个数	土壤风险水平
1	$P_j \leqslant 0.5$	0.00	无风险
2	$0.5 < P_j \leqslant 1$	5.00	较低风险
3	$1 < P_j \leqslant 1.5$	1.00	中风险
4	$1.5 < P_j \leqslant 2.0$	0.00	较高风险
5	$P_j > 2.0$	0.00	高风险

与钟祥市常规种植模式相比，虾稻共作生态种植模式土壤风险平均最大单因子指数

降低了 45.72%。

5. 虾稻共作生态种植土壤污染控制环节分析

养虾稻田应生态环境良好，远离污染源，底质自然结构，保水性能好，不受洪水淹没。使用发酵腐熟的农家肥（如牛粪、鸡粪、猪粪等），饲料应符合 GB 13078 和 NY 5072 的规定，采用生石灰清除敌害生物。

水稻病虫害防治。

物理防治：按每 3.3 hm^2 安装一盏杀虫灯的标准诱杀成虫。

生物防治：利用和保护好害虫天敌，使用性诱剂诱杀成虫，使用杀螟杆菌及生物农药防治螟虫。

化学防治：重点防治好稻蓟马、螟虫、稻飞虱、稻纵卷叶螟等害虫。

10.6 成效评估

已经知道屈家岭地区工、矿企业“三废”处理率、农药施用强度、农用化肥施用强度、耕地土壤污染综合指数；由于居民对土壤环境区域综合治理的满意度、受污染耕地安全利用率、开展耕地土壤环境质量定期监测状况无现状数据，为进行模拟计算，自行设计该部分数据；以此序列基础数据进行耕地区域综合治理成效评估方法模拟计算和验证。

10.6.1 基础数据

屈家岭地区 2000 年、2005 年、2010 年和 2015 年各项指标如表 10-12 所示。

表 10-12 屈家岭地区不同年份各项指标值

序号	系统	影响因素	指标名称	指标代码	2000 年	2005 年	2010 年	2015 年	权重
1	驱动力	主要污染源	工矿企业“三废”达标处理率	D1	90	93	95	98	0.06
2			农药施用强度	D2	4	3.8	3.6	3.5	0.15
3			农用化肥施用强度	D3	300	285	270	265	0.14
7	压力	耕地土壤污染情况	耕地土壤污染综合指数	P1	0.65	0.6	0.6	0.55	0.20

序号	系统	影响因素	指标名称	指标代码	2000年	2005年	2010年	2015年	权重
8	状态	居民满意度	居民对土壤环境保护和综合治理的满意度	S1	85	90	92	95	0.09
9	影响	土壤环境质量	受污染耕地安全利用率	I1	80	85	88	95	0.22
1	响应	治理与修复	开展受污染耕地土壤综合治理工程后土壤达标率	R1	85	88	95	95	0.14

其中，权重根据6.4节的公式进行迭代计算，得到参数 d_j，进而求得指标权重 W_j，结果如表10-13所示。

表10-13　指标权重计算参数表

参数名称	数值						
d_j	0.3	0.1	0	0.13	0.07	0.61	0.06
W_j	0.06	0.15	0.14	0.20	0.09	0.22	0.14

10.6.2　标准化值计算

对基础数据进行初始化，得到基础数据的标准化数据（P_{ij}）如表10-14所示。

表10-14　数据标准化结果

指标代码	2000年	2005年	2010年	2015年
D1	0	0.3	0.5	0.8
D4	0	0.181 818	0.363 636	0.454 545
D5	0	0.3	0.6	0.7
P1	0	0.076 923	0.076 923	0.153 846
S1	0	0.384 615	0.7	0.769 231
I1	0	0.25	0.4	0.75
R1	0	0.2	0.666 667	0.666 667

10.6.3 综合指数计算

利用指标权重 W_j 和标准化数据 P_{ij} 计算该区域的综合指数，得到结果见表 10-15。

表 10-15 综合指数计算结果

指标代码	2000 年	2005 年	2010 年	2015 年
D1	0	0.016 677	0.027 795	0.044 472
D4	0	0.027 8	0.055 6	0.069 5
D5	0	0.041 228	0.082 456	0.096 199
P1	0	0.015 448	0.015 448	0.030 896
S1	0	0.036 145	0.065 784	0.072 29
I1	0	0.056 062	0.089 699	0.168 185
R1	0	0	0	0
综合	0	0.193 36	0.336 782	0.481 543

10.6.4 该区域成效评估结果

以屈家岭地区 2000 年为基准年，利用耕地土壤区域综合治理成效评估方法进行计算后，根据成效评估分级方法，分别得到 2005 年、2010 年、2015 年该地区的耕地土壤综合治理成效，结果见表 10-16。屈家岭地区耕地土壤区域综合治理成效较好，呈逐年向好趋势。

表 10-16 某区域各年耕地土壤区域综合治理成效等级

年份	2005 年	2010 年	2015 年
综合指数	0.19	0.34	0.48
等级	差	中低	中低

本篇小结

为了进一步验证本项目研究提出方法的科学性、合理性及适用性，在我国典型区域，如广东、山西、湖南、湖北等地开展了对单项风险管控与修复技术、综合风险管控与修复模式、耕地土壤保护模式、成效评估方法等实证案例研究。

（1）广东韶关：对大宝山矿区周边典型污染耕地案例区进行风险评估，主要的风险源是土壤总 Cd 风险。根据污染现状在该试验区采用的管控与修复模式为土壤钝化（硅质钝化剂）+低吸收品种（五丰优 111）+灌溉措施（全生育期淹水），该模式的实施使得土壤有效态 Cd 含量平均下降 38.8%，稻米 Cd 含量平均下降 45.5%，达到低于食品中 Cd 限量的标准。

（2）山西太原：针对长期有污水灌溉历史的污灌区，选取 3 个不同污染特征的案例区，分别开展了 3 种管控与修复模式的实证研究：翻土置换、植物提取+农艺调控、钝化+微生物降解+低积累作物种植。3 种模式均有效降低了土壤及农产品中重金属 Cd 和 Hg 等污染物含量，土壤和农产品中污染物的浓度均满足我国相关标准限值要求。可以尝试在北方同类型污染耕地土壤中进行推广。

（3）湖南长沙：针对湘江流域长沙县高风险稻田案例区，开展了连续 3 年的大田试验。首先筛选单项管控与修复技术：灌溉水处理、叶面阻控、土壤钝化、植物萃取，进而因地制宜地将多种单项技术进行优化组合和集成，最终形成“源头控制（灌溉水处理）、土壤钝化（磷矿质、赤泥基、黏土类成分）、农艺消减（冬闲期油菜富集、叶面阻控）”集成管控与修复技术，成效评估结果表明该集成模式为“优”，适用于南方中轻度重金属污染稻田污染风险的消减和控制，使稻米 Cd 含量达到了我国食品安全污染物限制标准。

（4）湖北荆门市屈家岭区：①优先保护模式：通过在“中国农谷核心区”——湖北省荆门市屈家岭进行区域土壤优先保护技术模式研究并进行保护成效评估。初步筛选并选择建立了有机种植模式和生态农业（虾稻共作）模式，由于农业生产要求已从源头上尽可能阻控了污染物进入土壤，因此均有着较好的环境效益，而经济效益方面，生态农业（虾稻共作）模式有着更好的发展前景。

②区域耕地土壤成效评估：结合“中国农谷”核心区耕地污染源排放、土壤环境质量、农产品质量安全因素，在区域耕地土壤环境保护成效评估指标体系的基础上，增加地方特色指标，建立包含 22 项具体指标的案例区耕地土壤环境保护成效评估指标体系；根据成效评估技术方法计算成效评估综合指数并进行等级评价，得到屈家岭地区耕地土壤环境保护成效评估等级结果：2000 年为“差”、2005 年为“低”、2010 年为“中”、2015 年为“优”，说明地方政府采取的土壤环境保护措施取得较好成效。

主要参考文献

[1] 全国土壤污染状况调查公报.环境保护部 国土资源部，2014.

[2] 中国生态环境状况公报. 生态环境部，2019.

[3] 全国农产品产地土壤重金属安全评估技术规定，农科办〔2015〕42 号.

[4] 魏复盛，陈静生，吴燕玉. 中国土壤元素背景值[M]. 北京：中国环境科学出版社，1990.

[5] 骆永明，夏家淇，章海波，等. 中国土壤环境质量只准与标准指定的理论和方法[M]. 北京：科学出版社，2015.

[6] 刘宏斌，曲克明，武淑霞，等. 中国农业面源污染防治攻略研究[M]. 北京：中国农业出版社，2019.

[7] Clemens Reimann A，Caritat P D. Intrinsic Flaws of Element Enrichment Factors（EFs） in Environmental Geochemistry[J]. Environmental Science & Technology，2000，34（24）：5084-5091.

[8] Hakanson L. An ecological risk index for aquatic pollution control.a sedimentological approach[J]. Water Research，1980，14（8）：975-1001.

[9] Golder Associates Limited. Quantitative human health risk assessment-Phase 1 review of methods and framework recommendation.

[10] Department for Environment，Food and Rural Affairs and the Environment Agency. Assessment of risks to human health from land contamination：an overview of the development of soil guideline values and related research.

[11] International Organization for Standardization（ISO）. ISO 14031：Environmental performance evaluation：guidelines. Geneva：ISO，1999.

[12] Segnestam L. Indicators for Environment and Sustainable Development. Washington，D.C.：the World Bank Environment Department，2002.

[13] Plamer development group. Development of a Core Set of Environmental Performance Indicators. Paris：Department of Environmental Affairs and Tourism，2004.

[14] United Nations Conference on Sustainable Development（UNCSD）. Indicators of sustainable

development：guidelines and methodologies. Copenhagen：UNCSD，2005.

[15] Emerson J D C E，De Sherbinin A，Srebotnjak T. 2010 Environmental Performance Index. New York：Yale Center for Environmental Law & Policy，Center for International Earth Science Information Network（CIESIN），2010.

[16] Segnestam L. Environmental Performance Indicators. Washington，D.C.：World Bank，1999.

[17] Australian and New Zealand Environment and Conversation Council. Core Environmental Indicators for Reporting on the State of the Environment. Canberra：ANZECC，2000.

[18] Linstone H A，Turoff M. The Delphi Method：Techniques and Applications. Mass：Addison Wesley Pub Co，Advanced Book Program，1975：3-10.

[19] Organization for Economic Cooperation and Development（OECD）. OECD Core Set of Indicators for Environmental Performance Reviews. Paris：OECD，1993.

[20] Organization for Economic Cooperation and Development（OECD）. 2008 OECD Key Environmental Indicators. Paris：OECD，2008.

[21] FAO.FESLM. An international framework for evaluation sustainable land management.World Soil Resource Report 73.Rome.1993.

[22] Muller G. Index of geoaccumulation in sediments of the Rhine River[J]. Geojournal，1969，2（108）：108-118.

[23] Loska K，Wiechuła D，Korus I. Metal contamination of farming soils affected by industry.[J]. Environment International，2004，30（2）：159-165.

[24] Taylor S R，McLennan S M. The geochemical evolution of the continental crust[J]. Reviews of Geophysics，1995，33（2）：241-265.

[25] Wei B G，Yang L S. A review of heavy metal contaminations in urban soils，urban road dusts and agricultural soils from China[J]. Microchemical Journal，2010，94（2）：99-107.

[26] Zoller W H，Gladney E S，Duce R A. Atmospheric concentrations and sources of trace metals at the South pole[J]. Science，1974，183（4121）：198.

[27] Gowd S S，Reddy M R，Govil P K. Assessment of heavy metal contamination in soils at Jajmau（Kanpur） and Unnao industrial areas of the Ganga Plain，Uttar Pradesh，India[J]. Journal of Hazardous Materials，2010，174（1–3）：113-121.

[28] Reimann C，De C P. Distinguishing between natural and anthropogenic sources for elements in the

environment：regional geochemical surveys versus enrichment factors[J]. Science of the Total Environment，2005，337（1-3）：91.

[29] Hernandez L，Probst A，Probst J L，et al. Heavy metal distribution in some French forest soils：evidence for atmospheric contamination[J]. Science of the Total Environment，2003，312（1–3）：195-219.

[30] Saaty T L. How to make a decision：The analytic hierarchy process[J]. European Journal of Operational Research，1990，48（1）：9-26.

[31] Zadeh L A. Fuzzy sets，information and control[J]. Information and Control，1965，8（3）：338-353.

[32] Ulson J A C，Silva I N D，Benez S H，et al. Modeling and identification of fertility maps using artificial neural networks：IEEE International Conference on Systems，Man，and Cybernetics，2000[C].

[33] Colin C F. Assessing risk from contaminated sites：policy and practice in 16 European countries[J]. Land Contamination and Reclamation，1999，7（2）：33-54.

[34] UKEA. The UK approach for evaluating human health risks from petroleum hydrocarbons in soils [EB/OL]. http：//www.environment-agency.gov.ciria.org.uk/2001.

[35] Rudland D J，Lancefield R M，Mayell P N. Contaminated land risk assessment：a guide to good practice [EB/OL]. http：//www.cirial.org.uk/2001.

[36] I T R C. 2012 Incremental Sampling Methodology（ISM） Introduction to basics of sampling theory and incremental sampling（guidance + semi-annual webinars） [Z]. http：//itrcweb.org/ism-1/.

[37] I T R C. 2012. Using Remediation Risk Management to Address Ground- water Cleanup Challenges at Complex Sites（Technical and Regulatory Guidance Document） [Z].

[38] UKEA. 2009. Dealing with contaminated land in England：A review of progress from 2000—2007 with Part 2A of the Environmental Protec- tion Act（LIT 3708） [R/OL]. Horizon house，Deanery Road，Bristoal BS1 5AH 2016. [2009-1]. https：//www.gov.uk/government/uploads/system/uploads/attachment_data/file/313964/geho0109bpha-e-e.pdf.

[39] UKEA. 2016. Dealing with contaminated land in England：progress from April 2000 to December 2013（LIT 10361）[R/OL]. Horizon house，Deanery Road，Bristoal BS1 5AH 2016. [2016-4]. https：//www.gov.uk/government/uploads/system/uploads/attachment_data/file/513158/State_of_contaminated_land_report.pdf.

[40] US EPA. 2013. Superfund remedy report（SRR） Fourteenth edition（EPA-542-R-13-016） [R/OL]. Washington DC：Office of Solid Waste and Emergency Response. [2013-11]. https：//www.epa.gov/

remedy- tech/superfund-remedy-report.

[41] Segnestam L. Indicators for Environment and Sustainable Development [R]. Washington，D.C.：the World Bank Environment Department，2002.

[42] Plamer development group. Development of a Core Set of Environmental Performance Indicators [R]. Paris：Department of Environmental Affairs and Tourism，2004.

[43] Organization for Economic Cooperation and Development（OECD）. 2001 OECD Key Environmental Indicators [R]. Paris：OECD，2001.

[44] Organization for Economic Cooperation and Development（OECD）. 2007 OECD Key Environmental Indicators [R]. Paris：OECD，2007.

[45] Organization for Economic Cooperation and Development（OECD）. OECD Environmental Indicators [R]. Paris：OECD，2005.

[46] Organization for Economic Cooperation and Development（OECD）. OECD Environmental Indicators：Development，measurement and use [R]. Paris：OECD，2003.

[47] Niemeijer D，de Groot R S. A Conceptual Framework for Selecting Environmental Indicator Sets [J].Ecological Indicators，2008（8）：14-25.

[48] Xiao G，Douglas D，Lee A H，et al. A Delphi Evaluation of the Factors Influencing Length of Stay in Australian Hospitals [J]. International Journal of Health Planning and Management，1997（12）：207-218.

[49] Osborne J，Collins S，Rateliffe M，et al. What “Ideas of Science” School Be Taught in School Science？ A Delphi Study of the Expert Community [J]. Journal of Research in Science Teaching，2003，40（7）：692-720.

[50] Jasch C. Environmental Performance Evaluation and Indicators[J]. Journal of Cleaner Product，1999（8）.

[51] Gau W L，Buehrer D J. Vague Sets. IEEE trans [J]. Systems Man Cybernetic，1993（23）：610-614.

[52] Richard Y M. Kangalawe，Carl Christiansson，Wilhelmstberg. Changing land-use patterns and farming strategies in the degraded environment of the Irangi Hills，Central Tanzania[J]. Agriculture，Ecosystems and Environment，2008，125：33-47.

[53] Helander C A，Delin K. Evaluation of farming system saccording to valuation indices developed within a European network on integrated and ecological arable farming systems[J]. Europ. J. Agronomy，

2004，21：53-67.

[54] James P. Curry，David Byrne，Olaf Schmidt.Intensive cultivation can drastically reduce earthworm populations in arable land[J].European Journal of Soil Biology，2002，38：127-130.

[55] Bandeira P，et al.，Evaluating land administration systems：A comparative method with an application to Peru and Honduras.Land Use Policy（2009），doi：10.1016/j.landusepol.2009.04.005.

[56] Szmidt E，Kacprzyk J. Distance Between Intuitionistic Fuzzy Sets [J]. Fuzzy Sets and Systems，2002（114）：505-518.

[57] 袁峰. 浅析我国耕地土壤污染现状及其改善措施[J]. 广州化工，2014，42（6）：125-127.

[58] 吴平，谷树忠. 我国土壤污染现状及综合防治对策建议[J]. 发展研究，2014（4）：8-11.

[59] 蔡美芳，李开明，谢丹平，等. 我国耕地土壤重金属污染现状与防治对策研究[J]. 环境科学与技术，2014，37（52）：223-230.

[60] 郭修平，郭庆海. “土十条”与土壤污染治理[J]. 生态经济，2016，32（2）：10-13.

[61] 吕垚军. 我国土壤污染防治进展[J]. 河南科技，2014（22）：149-150.

[62] 宋岸. 农业耕地土壤重金属污染现状及修复研究[J]. 中国农业信息，2017（11）：46-47.

[63] 陈印军，杨俊彦，方琳娜. 我国耕地土壤环境质量状况分析[J]. 中国农业科技导报，2014，16（2）：14-18.

[64] 蔡美芳，李开明，谢丹平，等. 我国耕地土壤重金属污染现状与防治对策研究[J]. 环境科学与技术，2014，37（S2）：223-230.

[65] 沈延维. 耕地资源变化及保护对策研究[D]. 湛江：广东海洋大学，2015.

[66] 吴滨，张立. 基于循环经济理念的耕地土壤修复[J]. 现代农业科技，2017（9）：210-213.

[67] 重金属污染防治与土壤修复行业 2016 年发展综述[J]. 中国环保产业，2017（11）：17-22.

[68] 陈新光，白春，王娇. 我国土壤修复治理的宏观思考[J]. 科学发展，2017（5）：64-69.

[69] 吕星辰. 农业耕地修复的挑战和修复目标综合评判体系[J]. 绿色科技，2017（6）：122-123.

[70] 王晓君. 耕地土壤污染修复技术与设备研究[D]. 西安：长安大学，2015.

[71] 马少杰，李永涛，李文彦. 污染耕地综合治理成效评估技术体系研究[J]. 湖南农业科学，2014（13）：35-37.

[72] 关伯仁. 评内梅罗的污染指数[J]. 环境科学，1979（4）：69-73.

[73] 孔凡彬，刘阳. 单因子指数法和内梅罗指数法在土壤环境质量评价中的比较[J]. 甘肃科技，2014，30（3）：21-22.

[74] 师荣光，赵玉杰，刘凤枝，等. 土壤重金属污染评价技术研究[C]. 全国耕地土壤污染监测与评价技术研讨会论文集，2006.

[75] 张江华，赵阿宁，王仲复，等. 内梅罗指数和地质累积指数在土壤重金属评价中的差异探讨——以小秦岭金矿带为例[J]. 黄金，2010，31（8）：43-46.

[76] 韩仲宇，唐希望，同延安. 陕西关中地区 5 个小冶炼厂周边农田土壤重金属污染特征研究[J]. 西北农林科技大学学报：自然科学版，2017，45（6）：115-122.

[77] 刘芳，塔西甫拉提・特依拜，依力亚斯江・努尔麦麦提，等. 准东煤炭产业区周边土壤重金属污染与健康风险的空间分布特征[J]. 环境科学，2016，37（12）：4815-4829.

[78] 胡世玮，杨静，谢伟强，等. 杨凌蔬菜产地土壤重金属污染风险评价[J]. 西北农业学报，2015，24（8）：175-180.

[79] 柴世伟，温琰茂，张亚雷，等. 地质累积指数法在土壤重金属污染评价中的应用[J]. 同济大学学报（自然科学版），2006，34（12）：1657-1661.

[80] 陈静生，董林，邓宝山，等. 铜在沉积物各相中分配的实验模拟与数值模拟研究——以鄱阳湖为例[J]. 环境科学学报，1987，7（2）：140-149.

[81] 刘玉杰，满秀玲. 大兴安岭主要林型土壤 Zn、Mn 形态及潜在生态风险分析[J]. 北京林业大学学报，2015，37（7）：45-52.

[82] 叶宏萌，李国平，郑茂钟，等. 武夷山茶园土壤中五种重金属的化学形态和生物有效性[J]. 环境化学，2016，35（10）：2071-2078.

[83] 腾彦国，庹先国，倪师军，等. 攀枝花工矿区土壤重金属人为污染的富集因子分析[J]. 生态环境学报，2002，11（1）：13-16.

[84] 张秀芝，鲍征宇，唐俊红. 富集因子在环境地球化学重金属污染评价中的应用[J]. 地质科技情报，2006，25（1）：65-72.

[85] 徐争启，倪师军，庹先国，等. 潜在生态危害指数法评价中重金属毒性系数计算[J]. 环境科学与技术，2008，31（2）：112-115.

[86] 赵沁娜，徐启新，杨凯. 潜在生态危害指数法在典型污染行业土壤污染评价中的应用[J]. 华东师范大学学报（自然科学版），2005，（1）：111-116.

[87] 颜蒙蒙，王济，胡丰青，等. 贵阳郊区菜地土壤重金属 Zn、Cd、Pb、Cu 污染及潜在生态危害评价[J]. 四川农业大学学报，2016，34（3）：336-341.

[88] 李阳. 利用层次分析法分析城市土壤重金属污染[J]. 价值工程，2012，31（19）：5-6.

[89] 孟宪林，郭威. 改进层次分析法在土壤重金属污染评价中的应用[J]. 环境保护科学，2001，27(1)：34-36.

[90] 陈峰，蒋新，唐访良，等. 层次分析法与地理信息系统在农田土壤重金属污染评价中的应用[J]. 环境污染与防治，2012，34（7）：6-8.

[91] 梁镇海，陈翠翠，韩玉兰，等. 基于模糊数学的太原市敦化灌区污灌土壤重金属污染评价[J]. 环境化学，2010，29（6）：1152-1157.

[92] 朱红，吴世洋，李卫东，等. 模糊数学模型在土壤重金属污染评价中的应用[J]. 甘肃冶金，2013，v. 35；No. 148（6）：103-106.

[93] 陈优良，史琳，王兆茹. 基于模糊数学的矿区土壤重金属污染评价——以信丰稀土矿区为例[J]. 有色金属科学与工程，2016，7（4）：127-133.

[94] 窦磊，周永章，王旭日，等. 针对土壤重金属污染评价的模糊数学模型的改进及应用[J]. 土壤通报，2007，38（1）：101-105.

[95] 杨西飞，周涛发，张鑫，等. 基于 Matlab-FIS 的土壤中重金属污染模糊综合评价[J]. 合肥工业大学学报：自然科学版，2007，30（10）：1245-1249.

[96] 王金生. 灰色聚类法在土壤污染综合评价的应用[J]. 农业环境科学学报，1991（4）：169-172.

[97] 罗厚枚，王宏康. 用灰色聚类法综合评价土壤中重金属污染程度[J]. 中国农业大学学报，1994，1（2）：197-203.

[98] 袁媛，马建华. 土壤重金属污染灰色聚类法评价[J]. 洛阳理工学院学报（自然科学版），2009，19（2）：9-12.

[99] 刘家宝. 改性灰色聚类法在大气环境评价中的应用[J]. 环境与开发，1993（1）：18-21.

[100] 孟宪林，沈晋，周定. 改性灰色聚类法在土壤重金属污染评价中的应用[J]. 哈尔滨工业大学学报，1994（6）：134-139.

[101] 黄彩霞，张江山，李小梅. 宽域灰色聚类法在土壤环境质量评价中的应用[J]. 环境科学导刊，2009，28（4）：61-64.

[102] 王芬，彭国照，蒋锦刚，等. 基于双层神经网络与 GIS 可视化的土壤重金属污染评价[J]. 农业工程学报，2010，26（4）：162-168.

[103] 李向，管涛，徐清. 基于 BP 神经网络的土壤重金属污染评价方法——以包头土壤环境质量评价为例[J]. 中国农学通报，2012，28（2）：250-256.

[104] 胡大伟，卞新民，许泉. 基于 ANN 的土壤重金属分布和污染评价研究[J]. 长江流域资源与环境，

2006，15（4）：475-479.

[105] 李磊，李剑，马建华. RBF 神经网络在土壤重金属污染评价中的应用[J]. 环境科学与技术，2010，33（5）：191-195.

[106] 门宝辉，梁川. 农业土壤环境综合评价物元模型的建立及其应用[J]. 水土保持通报，2002，22(4)：37-39.

[107] 徐笠，常江，杜艳，等. 应用物元分析法评价安徽省土壤重金属污染现状[J]. 土壤，2009，41(6)：875-879.

[108] 汤武，苏珣，钱樟颖，等. 基于物元法的城市土壤重金属污染综合评价[J]. 企业导报，2012(19)：255-257.

[109] 陈平，张新英，宋勇进，等. 基于粒径的物元分析法评价土壤重金属污染[J]. 环境科学与技术，2017（s1）.

[110] 陈建勇，张江山，郑育毅. 基于熵权的物元分析法在土壤重金属污染评价中的应用[J]. 安全与环境工程，2011，18（5）：57-60.

[111] 刘维明，王晓飞，魏萌萌，等. 基于物元分析法的农田土壤重金属污染评价[J]. 浙江农业学报，2015，27（2）：249-253.

[112] 王晓飞，魏萌萌，温中海，等. 物元分析法在土壤重金属污染评价中的应用[J]. 中国环境监测，2016（3）.

[113] 苏海民，何爱霞，袁新田，等. 应用物元分析法评价矿区周边土壤重金属污染的变化[J]. 土壤通报，2016（1）：173-178.

[114] 孙蕾，刘惠清，王灵芝. 农安县耕地土壤重金属污染评价[J]. 东北师范大学学报（自然科学版），2009，41（2）：164-170.

[115] 范拴喜，甘卓亭，李美娟，等. 土壤重金属污染评价方法进展[J]. 中国农学通报，2010，26(17)：310-315.

[116] 刘衍君，汤庆新，白振华，等. 基于地质累积与内梅罗指数的耕地重金属污染研究[J]. 中国农学通报，2009，25（20）：174-178.

[117] 胡淼，吴家强，彭佩钦，等. 矿区耕地土壤重金属污染评价模型与实例研究[J]. 环境科学学报，2014，34（2）：423-430.

[118] 蔡小冬. 白银市白银区耕地耕层土壤重金属污染空间分异与环境污染评价研究[D]. 兰州：甘肃农业大学，2014.

[119] 刘凤枝，师荣光，徐亚平，等. 耕地土壤重金属污染评价技术研究——以土壤中铅和镉污染为例J]. 农业环境科学学报，2006，25（2）：422-426.
[120] 王圣伟，刘刚，冯娟，等. 农业用地土壤重金属综合评价方法[J]. 江苏大学学报（自然科学版），2014，35（4）：408-415.
[121] 黄思光. 区域环境治理评价的理论与方法研究[D]. 西北农林科技大学，2005.
[122] 马少杰，等. 污染耕地综合治理成效评估技术体系研究[J]. 湖南农业科学，2014（13）：35-37.
[123] 曹东，宋存义，曹颖，等. 国外开展环境绩效评估的情况及对我国的启示[J]. 价值工程，2008，27（10）：7-12.
[124] 宋轶君，刘永祥. 国内外环境绩效评价研究现状及启示[J]. 会计之友（下旬刊），2006（9）：59-61.
[125] 蒋雯. 省级环境绩效评估研究[D]. 杭州：浙江大学，2011.
[126] 曹蕾. 区域生态文明建设评价指标体系及建模研究[D]. 上海：华东师范大学，2014.
[127] 曹颖. 环境绩效评估指标体系研究——以云南省为例[J]. 生态经济，2006（5）：330-332.
[128] 曹颖，曹东. 中国环境绩效评估指标体系和评估方法研究[J]. 环境保护，2008，36（14）：36-28.
[129] 王金南，曹东，曹颖. 环境绩效评估：考量地方环保实绩[J]. 环境保护，2009，37（16）：23-24.
[130] 辛丽娟，王伟，靳勇超，等. 全国草地类自然保护区的成效评估指标[J]. 草业科学，2014，31（1）：75-82.
[131] 邱孟龙，王琦，陈俊坚，等. 东莞市耕地环境质量的压力-状态-响应分析与评价[J]. 农业环境科学学报，2015，34（3）：524-531.
[132] 王令超，王国强，王国灵. 农用土地定级的总分值计算模型研究[J]. 地域研究与开发，2001，20（3）：10-12，38.
[133] 秦明周，赵杰. 城乡接合部土壤质量变化与可持续利用对策——以开封市为例[J]. 地理学报，2000，55：545-554.
[134] 张萍，刘高焕，邢立新. 农业土地资源动态评价模型研究[J]. 国土资源遥感，2000，1：51-56.
[135] 王新忠，林仪，于磊. 天然草地类型综合评价中的数据处理及灰色关联度分析[J]. 系统工程理论与实践，2000，2：131-135，140.
[136] 侯文广，江聪世，熊庆文，等. 基于 GIS 的土壤质量评价研究[J]. 武汉大学学报（信息科学版），2003，28：60-64.
[137] 吴克宁，郑义，康鸳鸯，等. 河南省耕地地力调查与评价[J]. 河南农业科学，2004，9：49-52.
[138] 林爱文，胡将军，章玲，等. 资源环境与可持续发展[M]. 武汉：武汉大学出版社，2005.

[139] 孟颖. 基于 DPSIR 模型的耕地资源可持续利用评价研究[D]. 南京：南京师范大学，2010.

[140] 高波，王莉芳，庄宇. DPSIR 模型在西北水资源可持续利用评价中的应用[J]. 四川环境，2007，26（1）：33-35.

[141] 曹红军. 浅评 DPSIR 模型[J]. 环境科学与技术，2005，28（6）：110-111.

[142] 邓维强. 基于 DPSIR 模型的罗平县耕地资源安全评价研究[D]. 昆明：云南大学，2015.

[143] 王冬银. 城市化进程中耕地保护经济补偿模式研究[D]. 重庆：西南大学，2013.

[144] 路婕. 全国统一的耕地占补平衡按等级折算研究[D]. 北京：中国地质大学，2011.

[145] 王新忠，林仪，于磊. 天然草地类型综合评价中的数据处理及灰色关联度分析[J]. 系统工程理论与实践，2000，2：131-135，140.

[146] 李倩. 镉锌污染土壤化学固定—土壤生物质改良耦合修复效应及生态安全评价[D]. 长沙：中南大学，2012.

[147] 马少杰，李永涛，李文彦. 污染耕地综合治理成效评估技术体系研究[J]. 湖南农业科学，2014，13：35-37.

[148] 杨道德，邓娇，周先雁，等. 候鸟类型国家级自然保护区保护成效评估指标体系构建与案例研究J]. 生态学报，2015，6：1891-1898.

[149] 晏玉莹，杨道德，邓娇，等. 国家级自然保护区保护成效评估指标体系构建——以陆生脊椎动物（除候鸟外）类型为例[J]. 应用生态学报，2015，5：1571-1578.

[150] 项赟，刘晓文，张剑鸣，等. 我国生态文明建设成效评估指标体系的研究[J]. 生态经济，2015，8：14-19.

[151] 王作鹏，王汉东. 农村环境整治成效评估赋分方法与应用探讨[J]. 环境保护科学，2014，3：68-73.

[152] 李佳丹. 浙江省城市化空间格局演变及耕地保护研究[D]. 杭州：浙江大学，2014.

[153] 陈印军，易小燕，方琳娜，等. 中国耕地资源与粮食增产潜力分析[J]. 中国农业科学，2016，6：1117-1131.

[154] 王元仲，李冬梅，高云风，河北省优势小麦产区土壤重金属污染水平调查研究[J]. 农业环境科学学报，2005，24（S1）：192-195.

[155] 王元仲，李冬梅，高云风. 河北省玉米主产区土壤重金属污染水平调查研究[J]. 河北农业大学学报，2005，28（6）：28-31.

[156] 王元仲，李冬梅，高云风. 河北省优势农产品——小麦玉米主产区土壤重金属分布研究[J]. 农业环境科学学报，2006，25（S1）：518-522.

[157] 郭海全，杨志宏，李宏亮，等. 河北平原表层土壤重金属环境质量及污染评价[J]. 中国地质，2014，38（1）：218-220.
[158] 王丽英，陈丽莉，张彦才，等. 河北省设施蔬菜土壤微量金属元素状况评价及来源分析[J]. 华北农学报，2009，24（增刊）：268-272.
[159] 陈瑜，谷建才，汪涛. 河北省无公害果品基地土壤重金属含量分析及土壤环境评价研究[J]. 中国农学通报，2009，25（5）：264-267.
[160] 谢建治，刘树庆，王立敏，等. 保定市郊土壤重金属污染现状调查及其评价[J]. 河北农业大学学报，2002，25（1）：38-41.
[161] 谢建治，刘树庆，刘玉柱，等，保定市郊土壤重金属污染对蔬菜营养品质的影响[J]. 农业环境保护，2002，21（4）：325-327.
[162] 吴迪梅. 河北省污水灌溉对农业环境的影响及经济损失评估[D]. 北京：中国农业大学，2003.
[163] 杨朝晖.污水利用对河北省粮食作物生长环境及品质影响[D]. 南京：南京理工大学，2007.
[164] 孟凡乔，巩晓颖，葛建国，等. 污灌对土壤重金属含量的影响及其定量估算——以河北省洨河和府河灌区为例[J]. 农业环境科学学报，2004，23（2）：277-280.
[165] 茹淑华，张国印，王凌，等. 河北省典型污灌区土壤和植物重金属累积特征研究[J]. 河北农业科学，2008，12（10）：78-81.
[166] 栾文楼，温小亚，崔邢涛，等. 石家庄污灌区表层土壤中重金属环境地球化学研究[J]. 中国地质，2009，36（2）：465-470.
[167] 宋泽峰，陈媛媛，崔邢涛，等.河北平原土壤中 As 通量研究[J]. 地球与环境，2011（2）：167-173.
[168] 李随民，栾文楼，宋泽峰，等. 河北省南部平原区大气降尘来源及分布特征[J]. 中国地质，2010，37（6）：1769-1773.
[169] 陈智贤，栾文楼. 唐山市区近地表降尘重金属的分布特征及成因[J]. 物探与化探，2011，35（6）：834-837.
[170] 王凌，郝桂琴，何玲，等. 河北省主要农作物产区土壤土壤重金属污染现状及防治对策[J]. 安徽农业科学，2013，41（2）：564-566.
[171] 《全国农产品产地土壤重金属安全评估技术规定》（农科办〔2015〕42 号）.
[172] 王玉军，刘存，周东美，等. 一种农田土壤重金属影响评价的新方法：土壤和农产品综合质量指数法[J]. 农业环境科学学报，2016，35（7）：1225-1232.

附　录

附录1　中国台湾农田重金属污染修复经验综述

许正一　侯红　龚宇阳　吴志豪

1　背景

1.1　台湾土壤污染源与废弃物对环境的影响

台湾地区地狭人稠，工商业的快速发展，各种产业所产生的废气、废水及废弃物直接或间接使土壤品质因物质、生物或能量的介入而降低，影响土壤正常用途，危害国民健康以及生活环境，因而造成土壤污染。当水与空气遭受污染时，感官知觉与危害影响是立即性的，容易引人关注，所以早在 1980 年以前，就已经有了所谓的“空气污染防治法”“水污染防治法”与“废弃物清理法”的制定；相较之下，土壤被污染后，必须通过食物链的循环或在影响饮用水立体时，才开始危害人体健康，且感受到土壤污染危害的时间较长，所以，土壤污染问题较晚受到重视。根据欧美国家较多的土壤整治经验来看，某些土壤污染一旦发生，很难恢复其原有正常功能。在诸多土壤污染类型中，以农田土壤重金属污染最受瞩目，目前台湾地区受污染农田中，又以重金属污染面积最大，主要为桃园市和彰化县。

台湾地区土壤污染来源有工业废水、畜牧业废水、空气污染、废弃物处置不当、农药及肥料、地层下陷与油品泄漏等。其中，由工业及农业所产生的固体废物及废水随着人口膨胀、物质生活需求提高、经济发展及不断都市化而一直在增加，这也是全世界普遍存在的环境问题。台湾废弃物处置所衍生的主要环境问题包括：①由固体废物倾倒与废水排放所导致的土壤污染；②地表水及地下水污染；③废弃物燃烧所导致的空气污染；④由动物所传播的病媒扩散；⑤臭味问题等。

目前台湾地区登记在案的工厂数已超过 10 万家，其中约有 1/5 在生产过程中会产生含有危害性物质的废水，而政府部门已经掌握了其中 18 000 家以上工厂的固体废物弃置资料。政府所纳管的工厂，分布在 90 多个工业区中，而这些工业区并不都具有完善的废水处理系统，处理能量约为 110 000 m^3/d。工业区以外的所有合法工厂，处理能量约为 158 000 m^3/d。即便如此，非法排放的工业废水，特别是含有营养盐与重金属的工业废水，就可能通过灌溉系统的传递，污染农田土壤。另外，根据台湾环境主管部门的统计，目前约有 40%的河川已受污染。至于固体废物，虽然大部分属一般无害性的，但一年全部产生量已超过 3 000 万 t，其中的有害废弃物约占 10%。在都市固体废物方面，台湾民众每人每天的产生量约为 0.67 kg。农地污染多集中于工业聚落下游与工农使用混杂区，反映出工农生产区位不相容的环境污染根本问题。工厂产生的废弃物及废水，或石化业及废五金燃烧产生的排烟及落尘等问题，均可能造成土壤不同程度的污染。其中含重金属的工厂废水随着灌溉水流进农地，以及受限于水量分配而被迫引灌水质不良的回归水两个因素，已经成为农用地遭受重金属污染的主因。另外，台湾地区农田灌溉渠道的总长度约为 70 000 km，过去许多非法排放的工业废水，既通过渠道传输而污染土壤，同时重金属也累积在灌溉渠道底泥中，长久下来，这些底泥也成为农田土壤的又一个主要污染源。

1.2 台湾农田土壤重金属污染调查历史

1982 年，桃园市观音区大潭村发生第一起镉米事件。由于当地高银化工厂排出含高浓度镉的工业废水，未经妥善处理即排入农田旁灌溉渠道，造成农地遭受污染种出含有镉的稻米。两年后，桃园市芦竹区也暴发镉米事件，污染源指向基力化工厂，污染原因也为违规排放未经妥善处理的高浓度镉及铅工业废水，导致位于中福村、新兴村及新庄村 3 个村庄间的农地遭受污染。桃园市镉米事件暴发后，彰化县、台中市、云林县等地区陆续发生农地污染事件，自此，农地污染问题引起大众关注。台湾农田土壤因废水排放而导致重金属污染的主要产业类别为化工厂、电镀业、染料工厂及养猪废水等（Chen，1992）。鉴于台湾农田土壤污染事件主要还是因为灌溉水源不良，故 1982 年起即着手进行土壤污染查证工作，种植食用农作物的农地土壤被列为优先防治重点，展开全台土壤重金属含量调查。自 2000 年所谓的“土壤及地下水污染整治法”施行后，首先针对过去各县市调查发现的高污染潜势农地办理污染查证，并于 2010 年研拟全台重金属高污染潜势农地筛选原则，逐年、逐区域推动农地土壤污染查证作业，并于发现农地遭污染后随即开展改善及整治工作。回顾台湾农田土壤重金属（包括砷、镉、铬、铜、汞、镍、铅、锌 8 种元素）污染调查历史，主要分为 4 个阶段（台湾“环保署”，2018）：

第一阶段（1983—1986 年）：针对全台 116 余万 hm^2 农田土壤，以 1 600 hm^2 为 1 单位采样网格，分 4 年进行大样区的概况调查。第 1 年完成苗栗、台中、云林、彰化、南投 5 个地区的概况调查；第 2 年完成嘉义、台南地区的概况调查；第 3 年完成台北、桃园、新竹、屏东、高雄地区调查；第 4 年完成宜兰、花莲、台东地区概况调查，并于 1986 年年底完成“台湾地区土壤重金属含量调查总报告”。其调查结果参考专家学者共同订定的“台湾地区土壤重金属含量及等级区分表”作为调查结果分级的标准。调查结果显示重金属含量偏高，即分级标准达 4 级或 5 级以上的地区约 30 万余 hm^2。在这个分级中，1 级表示土壤中含量欠缺，2 级为含量偏低，3 级表示含量正常或背景值，4 级表示疑似受污染或含量偏高，而 5 级为确定受污染，其中镉、铬、铜、镍、铅、锌是以 0.1 mol/L 盐酸萃取的浓度，而砷、汞则是全量浓度（表 1）。在 2000 年所谓的“土壤及地下水污染整治法”通过后，这个分级表就废止不再适用了。

表 1　台湾地区土壤重金属含量标准与等级区分表　　单位：mg/kg

重金属	第一级	第二级	第三级	第四级	第五级
砷（As）	—	表土＜4	4～9	10～60	＞60
		里土＜4	4～15	16～60	＞60
镉（Cd）		＜0.05	0.05～0.39	0.40～10	＞10
铬（Cr）		＜0.10	0.10～10	11～16	＞16
铜（Cu）	＜1	1～11	12～20	21～100	＞100
汞（Hg）	—	＜0.10	0.10～0.39	0.40～20	＞20
镍（Ni）		＜2	2～10	11～100	＞100
铅（Pb）		＜1	16～120	16～120	＞120
锌（Zn）	＜1.5	1.5～10	11～25	26～80	＞80

第二阶段（1987—1990 年）：调查对象为第一阶段概况调查中列为可能污染地区，也就是 4 级或 5 级地区，但是采样单位以 100 hm^2 为原则，重金属含量较高者以 25 hm^2 为 1 单位网格，进行较细密的中样区调查。根据暂定标准的分级结果，列为 4 级的地区

约有 5 万 hm^2，5 级地区约有 790 hm^2，其中第 4 级以云林县 1.5 万 hm^2 较多（占耕地面积 17%），台南市 0.8 万 hm^2（占 7.1%）次之；列为第 5 级的地区则以桃园市、新竹县、彰化县、台南市较多。当时列为所谓第 5 级的各种重金属浓度为砷 60 mg/kg、铬 16 mg/kg、镉 10 mg/kg、铜 100 mg/kg、铅 120 mg/kg、汞 20 mg/kg、镍 100 mg/kg、锌 80 mg/kg，其中砷与汞为全量，其他元素为 0.1 mol/L 盐酸萃取量。

第三阶段（1992—1999 年）：针对中样区（25 hm^2）调查结果的重金属含量偏高地区或认定有污染地区，再以 1 hm^2 为 1 采样单位网格进行更细密调查。调查结果重金属含量列为第 5 级的累积面积合计为 950 余 hm^2，造成污染的主要原因为灌溉水遭废水污染，其中以彰化、桃园、台北受污染面积较大，主要重金属项目为铬、锌、铜。

第四阶段（2000 年至今）：在第三阶段调查结果达到第 5 级以上的地区，继续定期监测及调查，并追查污染源。其中砷、铬、汞、镍、铅、镉、铜、锌达第 5 级地区面积合计 1 024 hm^2，扣除铜、锌以外 6 类重金属达第 5 级地区面积合计为 319 hm^2，调查结果显示以彰化面积范围最大。在 2000 年公告所谓的“土壤及地下水污染整治法”后，台湾环境主管部门针对该 319 hm^2 进行查证调查及依法公告列管作业。采样分析结果显示达到土壤污染管制标准的农用地约 282 hm^2；达到土壤污染监测标准但未达到土壤污染管制标准的农用地约 138 hm^2。2003—2009 年改为由地方环保局针对辖区内具有高污染潜势农用地及个案污染陈情案件，办理土壤调查及监测。2010 年由环境主管部门发动全台系统性农田土壤污染查证工作，个案农田污染则由地方环保局依个案陈情资料办理调查，并由土壤污染查证结果推动污染源管制作业。经调查发现，重金属浓度达土壤污染管制标准的农田，均已依法公告为土壤污染控制场址，并由环境主管部门补助各县市政府办理农田土壤污染改善工作。

2 台湾土壤污染整治相关规定与管理

2.1 土壤污染整治相关规定

2.1.1 相关规定演进

20 世纪 80 年代，台湾地区开始对土壤污染防治进行相关规定研究，1991 年土壤污染防治相关规定工作正式列入计划。台湾环境主管部门先后于 1991 年 4 月、1998 年 8

月和 1999 年 6 月报送所谓的“土壤污染防治法（草案）”由台湾相关机构审议。审议期间，美国无线电公司、奇异公司的桃园厂和竹北厂，将有机废料倒入挖掘的深洞中，污染了土壤和地下水，严重危害民众健康与生活环境。学者、专家呼吁将土壤和地下水的污染防治问题作为一个整体进行考察，进行一体化保护，提出所谓的“土壤及地下水污染整治法（议案）”。1999 年 11 月、12 月经相关机构联席会议两次审查，2000 年 1 月 13 日通过所谓的“土壤及地下水污染整治法”，同年 2 月 2 日正式实施（陈立，2014）。经过多年的修订和完善，现行的台湾地区土壤污染整治体系内容完整详尽、配套机制完备、可操作性强，集中体现了台湾地区土壤及地下水污染防治工作的特点（郭小品等，2015）。

2.1.2 主要内容

所谓的“土壤及地下水污染整治法”全文共 8 章 57 条，第一章为总则，包括立法目的、专用名词定义与主管机关等；第二章为防治措施，包括监测与查证工作等；第三章为调查评估措施，包括调查污染源、公告土壤及地下水污染控制场址、污染整治场址及相关评估计划等；第四章为管制措施，包括应变措施、污染范围的划定与公告、污染区相关的管制投施及土地禁止处分的登记等；第五章为整治复育措施，包括污染区整治计划、整治目标及相关的污染控制计划、污染来源不明确的限制事项与应变措施等；第六章为财物及责任，包括污染整治基金的用途、来源、管理委员会的设立及污染土地关系人的注意义务等；第七章为罚则，相关人员未依法执行而致污染或致人于死的相关罚则；第八章为附则，包括土地开发计划、债权处理、求偿权及可向行政法院提起诉讼的规定等。

在执行架构上，当土壤及地下水污染物浓度超过监测标准，环保机关会定期监测与公告土壤及地下水品质，当超过管制标准时，便公告为控制场址，此时如污染来源明确，则污染行为人须提出控制计划，如在污染来源不明确而无污染行为人可追究时，为确保民众健康，必须限制使用土壤与地下水，同时环保机关要采取应变措施，并启动污染行为人调查。公告控制场址的同时，在定有整治目标的前提下，提送进行初步评估，评估结果如确实会危害身体健康，则公告为整治场址，明确污染行为人的，须提出整治计划，而污染来源不明确者，政府先代为整治，并以基金垫付，以限时确保民众健康，同时遵循司法调查与诉讼追查污染者负起法律责任。至于农地污染，环境主管部门另提供“处理农地污染事件标准作业原则”，以为依循。

所谓的“土壤及地下水污染整治法”的特色有6点：

（1）强调以污染整治为主，非注重污染防治工作

污染事件的发生，有可能是由于废水、废气、废弃物或其他毒性物质的不当排放与弃置所造成，在各相关的环保规定中均已有规范规定如何预防，自应依据该法确实执行，本规定仅对有可能产生土壤与地下水污染的地区进行监测与调查工作，且对已发生污染的事件做整治工作，避免法规叠床架屋。

（2）采取资讯公开原则，大家均可参与

在土壤与地下水污染事件发生后，因牵涉人民的土地权益及生命安全，因此，需要告知民众污染状况，以进一步进行管制措施及整治计划。为了扩大民众参与，所谓的“土壤及地下水污染整治法”采取资讯公开原则，因此环境主管部门依规定将列管场址公告，让民众可以查询这些场址的地点、污染物项目与范围。借着公告方式告知相关污染资讯，并扩大民众参与整治计划的机会与表达意见的管道。这些管道包括：提供民众环保报案电话，并提供奖金；环保机关适时会召开公听会，听取民众对于污染改善的意见；在控制计划或整治计划审查时，邀请非政府团体组织参与。农地整治时，则遵照农民耕作意愿，将土壤恢复至原作物生产时的条件，如果采用客土，其土壤质地尽量与原土壤一致，而水稻田的犁底层，在整治后也要恢复，以确保稻米生产条件。

（3）污染整治与否采取双门槛制度，推动整治相关业务

当污染场址的土壤污染或地下水污染来源明确，其污染物浓度超过污染物管制标准时，所在地主管机关应公告为土壤或地下水污染的控制场址；控制场址经一定程序的初步评估后，如在有危害国民健康及生活环境的情况时，所在地主管机关应报请台湾省主管机关审核后公告为土壤或地下水污染的整治场址。对此双门槛制度的公告依据，有一定的管制程序与解除管制的程序。

（4）设立整治基金，强化污染整治财源

由于对土壤与地下水的整治难度较高，所需的经费也较高，必须有一套完整的财务筹措机制，才可使整治工作顺利进行，因此，本规定有设立整治基金的规范。基金来源包括整治费用的收入、污染行为人或土地关系人所缴纳的款项、土地开发人依规定缴纳的款项、基金利息的收入、其他环境保护基金的部分提拨、环境污染的罚金或行政罚款等的收入。

（5）扩大污染责任主体为污染行为人及重大过失的污染土地关系人

本规定对土壤或地下水污染来源明确的整治责任及相关整治费用的追偿，适度扩大至重大过失的原地使用人及所有人。基于公平正义原则，污染行为人仍应负最终责任，因此，容许非污染行为人的土地使用人及所有人向污染行为人求偿。污染责任主体包括：污染行为人、污染土地关系人、场所使用人、管理人或所有人以及土地使用人、管理人或所有人等。

（6）适度调整整治场址的整治目标及土地开发利用

对土壤与地下水污染地区的整治，以恢复至原土地用途为原则。考量污染土地若涉及其他规定规范的整体开发计划时，则整治场址的整治目标可专案核定，其整治计划必须与其开发计划同时提出，并依各相关法令审核通过后，其土地开发计划应于公告解决土壤与地下水整治场址列管后方可开始实施。对整治场址的解除管制较不易引起争议，且完全依整治技术及危害评估的结果来加以考量，较具科学性，因此较易被接受。

2.2 土壤污染整治管理

2.2.1 管理机构

土壤及地下水污染整治基金管理委员会是土壤及地下水污染整治的专责部门，制定了专门的组织章程——“土壤及地下水污染整治基金管理委员会组织章程”。土壤及地下水污染整治基金管理会成员包括政府机关代表、工商团体代表、学者专家与社会公正人士等 11～23 人，由台湾环境保护局局长任主任委员，并规定专家学者不得少于委员会总人数的 2/3。基金管理委员会的委员及其亲属应遵守相关回避制度，以保证基金管理委员会决策的公平公正。委员负责审计基金年度预决算，为土壤和地下水污染防治的管理规定提供咨询意见。委员对基金管理委员会相关决议具有投票权，相关决议必须经审议会议出席委员半数以上同意才可通过。以此通过多方人员共同监督，确保基金征收制度的公平性、合理性及正确性。基金的申报、审理、稽核业务则委托专职机构负责。基金管理委员会将台湾地区各县市分为 4 个区域，分别设置工作小组负责各区内土壤及地下水污染预防、检测和修复工作，内设综合企划组、收支审理组、技术审查组和法律追偿组 4 个技术小组。工作小组由主任委员任命的执行秘书整体负责，4 个技术小组分别负责政策与方案的制定和推动、整治费申报核定和收费办法研讨、修复技术研究及引进、法规制定及基金垫付费用求偿等（台湾“环保署”，2018）。

2.2.2 经济政策

台湾参考美国超级基金相关制度，成立土壤及地下水污染整治基金，并依所谓的“土壤及地下水污染整治法”第 28 条规定，对指定公告物质依其产生量及输入量，向制造者或输入者征收土壤及地下水污染整治费，此为符合“土壤及地下水污染整治法”及“环境基本法”的实质精神，也促使了业界企业参与社会责任的实践。土壤及地下水污染整治基金性质为财源筹措，专款专用于土壤及地下水污染调查、查证、应变必要措施、评估、管制、控制、整治、品质监测、健康风险评估及管理、基金涉讼及涉及土壤及地下水污染的国际环保工作事项、人事及行政管理等相关工作，并成立基金管理委员会负责基金管理、运用等事宜。土壤及地下水污染整治基金管理会的经济政策，主要通过相关的法律或行政规则实施，除所谓的“土壤及地下水污染整治法”之外，还专门颁布了“土壤及地下水污染整治基金收支保管及运用办法”“土壤及地下水污染整治费收费办法”等配套规定（台湾“环保署”，2011）。

（1）基金来源

台湾地区土壤及地下水污染整治基金的收入依据所谓的“土壤及地下水污染整治法”第 29 条规定，主要源于 8 个方面，包括土壤及地下水污染整治费收入、污染行为人或污染土地关系人依法求偿及罚款所得、土地开发行为人依土地获利所缴款项、基金利息收入、主管机关预算内拨款、部分环境保护相关基金、环境污染罚金、行政处罚所得及其他有关收入等（台湾“环保署”，2010）。其中，土壤及地下水污染整治费是基金的重要来源。土壤及地下水污染整治费用自 2001 年开始征收，主要面向相关企事业单位的制造者和输入者，并依据物质的种类、产生量和输入量等施行不同的征收比例。征收的主要依据为“土壤及地下水污染整治费收费办法”。“土壤及地下水污染整治费收费办法”历经 4 次修改后，已将整治费由原先多集中于石化行业污染物类型转换为各类别污染物均匀承担的局面。

台湾地区土壤及地下水污染整治基金中行政罚金的获取则主要依据所谓的“土壤及地下水污染整治法”第 7 章“罚则”。根据法条内容，污染行为人、潜在污染责任人、污染土地关系人、检测机构从业人员等违反相关规定，最高可受到 500 万元（新台币）的罚款。

（2）基金使用

台湾地区土壤及地下水污染整治基金的主要用途也有严格的规定，依据所谓的“土壤及地下水污染整治法”第 28 条，基金主要用于：主管机关的查证、应急、制订和审查计划、调查、评估等支出费用，基金求偿及诉讼费用，土壤及地下水污染整治基金管理委员会的人事、行政管理及相关工作人员费用，土壤及地下水的监测、调查、风险评估以及污染整治费，土壤及地下水污染整治技术研究、推广、发展和奖励的费用。上述费用可大致归纳为污染整治费用、一般行政管理费用和一般建筑设备费用，其中以污染整治费用的支出最多。在污染整治费的支出中，又以主管机关的查证、应急、制订和审查计划、调查、评估等支出费用的花费为最高。土壤及地下水污染整治基金管理会在每年的行政管理费中，还列支了积极发展土壤及地下水领域污染整治工作技术研究和人才培养的相关费用。

3　台湾土壤污染整治措施

3.1　土壤污染调查与评估

台湾地区从 20 世纪 80 年代开始重视土壤污染问题后，土壤污染调查与评估均由其环境保护主管部门牵头，地籍、农业、工业等相关主管部门配合，多方专家参与，先行开展农田土壤中重金属含量的调查与评估工作（郭小品等，2015）。

3.1.1　调查采样与检测

2010 年起台湾“环保署”通过历史土壤调查资料结合农业操作习惯，建立起一套综合指标评价系统，并发展为全台湾农地土壤的重金属高污染潜势筛选机制。筛选方式是通过调整农业单位采集分析的全台 13 万个土壤调查资料，并结合农田水利会灌溉小组运作概念，以内梅罗综合指标作为污染指标，并以灌溉小组作为评价单元，评估后土壤重金属浓度达到高污染潜势等级区域空间范围的约为 2.1 万 hm^2，主要分布于桃园市、彰化县、台中市及高雄市等地区，“环保署”依筛选评估结果逐年逐区域开展农地土壤污染调查工作。

关于土壤采样与分析方法，依照所谓的“土壤及地下水污染整治法”的规定，由“环保署”辖下的环境检验所（National Institute of Environmental Analysis，NIEA）负责颁订台湾标准方法，同时审核各实验室所提出拟申请认证的项目，而只有这些已通过认证的实验室，才可以进行农地土壤的采样与重金属分析，以便让其所产生的数据，是确实依据台湾标准方法执行的，同时数据具有法律效力。目前 NIEA 公告的台湾标准方法有土壤采样、重金属（砷、汞、镉、铬、铜、镍、铅、锌）王水消化法、pH 与阳离子交换容量。至于土壤肥力等性质，在农田污染调查、评估与整治的过程中，所谓的“土壤及地下水污染整治法”并没有规定一定要进行分析，不过上述的基金管理委员会依个案需要会按照要求进行。此时，如果该分析项目没有对应的标准方法，那么允许参照国际通用方法，由较具有公信力的大学或研究机构来执行。例如农田整治完毕时，需要检测有机碳、氮、磷、钾、钙、镁等的土壤含量，确保农田土壤恢复农业生产的功能。比较特殊的是，由于台湾农田有一半以上是水稻田，里土是压实的层次，称为犁底层。因为犁底层的存在，才使水稻田浸水时得以保持淹水状态。农田土壤如果采取上下层翻转稀释重金属总浓度后，委员会会要求将犁底层修复，此时表土与里土层的总体密度或穿透度等物理性质就会被要求测定。如果采取移除污染表土，用干净的客土取代的方法，则需要测定土壤质地，以减少农民抱怨换了粒径不同的土壤。

根据过去 4 个阶段的农田土壤污染调查结果，台湾对掌握的具体较强污染潜势的地区进行规律性的监测。对照所谓的“土壤及地下水污染整治法”规定的监测标准，一旦农田土壤重金属含量超过监测标准，就会开始污染源鉴定等评估调查工作，但这个监测标准并不是一个具有法律责任的行动值，仅有示警作用；如果土壤重金属含量超过管制标准，才会将农田公告为控制场址，不得继续种植农作物，且将该处农田作物销毁，以防止受污染的食物流入市面，同时提出控制计划，作为污染改善的依据。

3.1.2 健康风险评估

所谓的“土壤及地下水污染整治法”在颁布之初，就已经纳入了风险评估的管理理念，主要体现在两个方面：一方面，在确定为污染控制场址（指土壤污染或地下水污染来源明确的场址，其污染物非自然环境存在经冲刷、流布、沉积、引灌，致该污染物达土壤或地下水污染管制标准者）后，判断是否为污染整治场址（指污染控制场址经初步评估，有严重危害国民健康及生活环境之风险，而经台湾主管机关审核公告者），风险评估就是其采用的一个方法。根据“土壤及地下水污染控制场址初步评估办法”的规定，当控制场址的单一污染物最高浓度达到土壤或地下水污染管制标准的 20 倍时，应进行健康风险评估。当健康风险评估结果显示致癌风险高于百万分之一或非致癌风险高于一时，应公告为整治场址。另一方面，所谓的“土壤及地下水污染整治法”规定若场地无法达到低于土壤、地下水的污染管制标准（土壤污染管制标准指为防止土壤污染恶化，所制定的土壤污染管制限度；地下水污染管制标准指为防止地下水污染恶化，所制定的地下水污染管制限度。）的整治目标（土壤污染整治目标指基于土壤污染整治目的，所订定之污染物限度；地下水污染整治目标指基于地下水污染整治目的，所订定之污染物限度。），可依环境影响与健康风险评估，制定土壤与地下水污染的整治目标（付璐等，2012）。

台湾的健康风险评估采用层次性健康风险作业流程，评析原则乃依据美国 RBCA 精神所设定，采取层次性的步骤，由第一层次至第三层次，其暴露情境的假设与暴露参数的引用由简单至复杂。整治目标值由严格到宽松，与 RBCA 准则评估流程相近。第一层次的健康风险评估多使用预设数值来计算，需要进行场址调查的部分较少，只以较保守的参数来计算，因此所得结果应较真实状况更为保守，也能计算出较为严格的整治目标。第二层次与第三层次的健康风险评估，则循序可引用较多的场址特性参数，其中第三层次利用统计分布的概念，执行蒙特卡罗模拟与机率性健康风险评估。

虽然农地仍可采用上述健康风险评估模式作为污染评估、调查与整治的工具，或作为当污染物无法整治到低于管制标准时的整治策略调整依据，但是台湾目前并没有使用风险评估工具处理农地污染，原因是法规里已经规定农地重金属含量一旦超过管制标准，即停止耕作农作物或现有种植的农作物必须要销毁，前文已述及。另一个原因是台湾的农地重金属管制浓度是以全量作为测定方法，因此某些通过降低溶解浓度以求降低风险的技术，都不会被接受。

3.2 土壤污染控制与整治

上述的调查及评估，是台湾地区判断污染场地的重要途径。通过这样的途径，筛选出污染控制场址。污染控制场址还需进行初步评估，评估结果为严重危害公共健康及生活环境的，有关部门审核后将公告为污染整治场址（龚宇阳，2012）。公告为污染控制和整治的场址，都必须制订相应的计划，经相关部门审核后实施控制及整治作业，直至达到相关法规标准的要求，方可提出验证申请，通过验证的场址即解除控制或整治列管公告（郭小品等，2015）。

3.2.1 整治标准

台湾地区所谓的“土壤及地下水污染整治法”体系中对于土壤重金属的整治标准主要包括“土壤污染监测标准”（台湾“环保署”，2011）和“土壤污染管制标准”（台湾“环保署”，2011）。在这些标准中，监测标准主要是基于土壤污染预防的目的，而管制标准则是以防止土壤污染进一步恶化为目的。控制或整治场地的污染物浓度需低于标准中的限值，即达到控制或整治的验收标准方可解除列管。

（1）“土壤污染监测标准”

该标准于2011年1月31日发布，是将原“土壤污染监测基准”的内容进行调整并加以修订形成的。其规定了对土壤重金属的监测标准值，并特别将食用作物农地加以区分和严格对待，如表2所示。

（2）“土壤污染管制标准”

该标准于2001年11月21日发布，2011年1月31日修订。其规定了对8种重金属的管制标准值，并与“土壤污染监测标准”一样，特别将食用作物农地加以区分并严格对待，见表2。

表2 台湾地区土壤污染监测标准值及管制标准值 单位：mg/kg

重金属	监测标准值		管制标准值	
	食用作物农地	其他用地	食用作物农地	其他用地
砷		30		60
镉	2.5	10	5	20
铬		175		250
铜	120	220	200	400
汞	2	10	5	20
镍		130		200
铅	300	1 000	500	2 000
锌	60	1 000	600	2 000

在“环保署”公告的整治场址中以加油站及大型储油槽数量最多，但在控制场址中却有88%属农田重金属污染。目前的农田土壤重金属污染管制标准分别为砷60 mg/kg、镉5.0 mg/kg、铬250 mg/kg、铜200 mg/kg、汞5 mg/kg、镍200 mg/kg、铅500 mg/kg、锌 600 mg/kg。依“土壤及地下水污染整治法”的规定，作物种植在此管制标准以上的土壤中的，须销毁，以避免影响人体健康。即使如此，只要农田土壤存在污染疑虑，就仍要了解其对作物品质与人体健康的影响。

3.2.2 整治技术

早期，台湾处理污染土壤与地下水技术单一且成本较高。污染土壤常以挖出为主，而受污染的地下水则以抽取处理法为主。随着管理工作的深入和整治技术的发展，台湾已从 20 世纪 90 年代的单纯的场地整治发展为 21 世纪初的整治及再利用，进而提升为 2010 年以来的整治及土地可持续利用。根据这样的整治原则，在整治方式的选择上，引入整治列车的概念，在不同的阶段搭配不同的整治技术。在整治技术的筛选上，推行“绿色整治”思路，即以优先采用原位、被动式及生物处理为主的整治系统，尽可能减少采用异位、主动式及物化处理为主的整治系统（郭小品等，2015；高正文，2016）。农田土壤复育最终目标是希望能恢复和维持其农业生产用途，因此为了环境的永续经营，结合台湾过去整治土壤的经验，台湾现阶段可行的农田土壤整治技术为翻转稀释法、排客土法、现地化学改良剂稳定法及植生复育法，具体阐述如下（Hseu et al.，2010；Chen et al.，2007）：

（1）翻转稀释法

翻转稀释法为重金属污染农地改善作业最常使用的方法之一，是将土壤中污染物的浓度稀释至可接受范围内，以降低植物对污染物的吸收量及其毒害现象，在降低人类接触的暴露风险的同时，尽可能地保留土地原有的利用性，兼顾再利用性与经济性。其概念单纯，经计算适当的稀释倍数关系后，对现地土壤中重金属浓度高的上层表土，与浓度较低或未受污染之下层底土加以混合翻转稀释，通过稀释作用将污染物浓度降低至食用作物农地土壤污染管制标准之下，达到改善目标。然而，翻转稀释法较适用在污染浓度不高的土壤，且地下水位与土壤砾石含量不能太高。台湾西部的丘陵台地，如桃园台地及台中的台地，部分地区浅层即有砾石分布，故这些地区的污染农地于改善前要确认土层厚度及砾石层的深度，评估后若无足够的干净稀释土壤，就要考虑采取其他方式。

自 2000 年以来，翻转稀释是台湾整治农田土壤最主要的方法。然而使用此法进行改善的农地，后续可能有土壤肥力降低、土壤质地及构造的改变、土壤中的有机质加速分解，以及因犁底层的破坏降低土壤保水力等问题，因此需做好完善的现地恢复作业以恢复农地原有的生产力。由于土壤有机质与许多养分多集中在表土，以至于在稀释重金属的同时，也降低了表土的有机质含量，所以在整治后土壤需要补充堆肥等有机物质及必要的化学肥料，来满足日后作物生长所需。除此之外，翻转稀释的同时，水田土壤原来具有停留灌溉水功能的犁底层（通常在 30～50 cm 深度）会被破坏，以致在恢复种植水稻时缺乏不透水层来保留灌溉水，因此在回填稀释土壤时，需要通过机械夯实来重建犁底层。

在同一田块内，土壤重金属在接近灌溉入水口处的浓度较高，在彰化地区的某一田块中，为了节省成本，利用距入水口较远的表土为稀释土方来源之一，先进行水平方向的稀释，以降低锌高于 4 000 mg/kg 的污染表土浓度。又因为锌主要集中在 60 cm 深的表土内，所以可以利用 60 cm 以下的土壤为稀释土方的第二个来源，进行垂直方向的稀释。如此反复进行，将整个田块土壤锌浓度降至 600 mg/kg 以下，以符合土壤污染管制标准。翻转稀释的优缺点是，重金属在表土层的总浓度虽然降低了，但是总质量却没有改变，而溶解度不一定随之下降，也就是说无法掌握后续种植作物时的重金属生物有效性变化。桃园地区某一农地以翻转稀释法降低镉、铅浓度，将 0～20 cm 的表土与 20～40 cm 的里土混合后，0.1 mol/L HCl 所萃取的镉、铅浓度仍达 2.10 mg/kg 与 9.07 mg/kg，而在种植莴苣、空心菜与青江白菜 4 周后，部分植物体内的镉、铅浓度低于翻转稀释前，但用来种植水稻仍有疑虑。

（2）排客土法

排客土法是将受污染土壤挖掘移除后，再运入干净的土壤回填复原，并将残留的低污染土壤与干净的土壤混合均匀，以改善农地污染。排土所需经费不低，在台湾主要是配合无法完全以翻转稀释法达到土壤污染改善目标的农地，例如稀释土方不足或污染物浓度过高等。但此方法并没有实际去除土壤中的污染物，只是将受污染土壤移至别处进行处理或掩埋，所以必须注意移除污染土壤的去向及其可能产生的二次污染问题。客土的土壤质地、肥力及构造皆与原本农地土壤有差别，外来客土和原土壤间孔隙的差异，可能造成土壤排水不良、通气不佳等现象，因此使用此法须审慎选择客土来源，同时须做好完善的现地恢复作业，以恢复农地原有的生产力。

（3）现地化学改良剂稳定法

许多为了达到移除重金属目的的土壤整治技术可能过于昂贵或耗时，同时也不切实际。基于重金属本来即为地壳元素之一的原因，所以在现地稳定重金属而达到降低其溶解度的目的，是一个可行的复育技术。其中，施用化学稳定剂并保有农田土壤原来的功能被视为一个可行之道。不过在台湾，改良剂施用仅局限推广在低于管制标准的农地，或经整治后解除列管的农地，用以确保重金属的降低溶出。吸附、离子交换与沉淀作用是化学稳定法降低土壤重金属溶解度的主要机制，可降低根部吸收重金属的机会。也就是说，将土壤溶液中多数的重金属物质以吸附、络合、形成沉淀等方式转为稳定的固相结合态，降低重金属的移动性，可降低土壤中重金属的溶解度、污染潜势及危害的风险。降低土壤中重金属的移动性使其在土壤中处于稳定状态的方式主要包含下列 4 种：①改变受污染土壤的酸碱值；②与土壤矿物吸附或形成沉淀；③与有机物质结合形成稳定键结；④改变受污染土壤的土壤氧化还原状态。石灰质材、磷矿石、沸石、皂石、黏土、铁锰氧化物与有机质等，都曾被添加在重金属污染土壤中，作为天然化学改良剂（Chen et al.，2000）。这些化学改良剂主要能增加土壤 CEC，或是对某种重金属有特别的固定能力，或是让重金属成为沉淀物。例如氢氧化铁因为比表面积大且 CEC 高，在许多研究中均可有效降低镉、铜、钴、铅、锌等在土壤中的溶解度，而加入磷酸盐以后的氢氧化铁，在土壤中更能增加重金属的吸附量。Chen 等（2000）曾选择桃园地区 2 个镉、铅污染土壤添加 6 种改良剂，后以盆栽试验探讨重金属可萃取浓度的改变与小麦吸收量。这些改良剂包括碳酸钙、磷酸钙、猪粪堆肥、氧化铁、氧化锰及沸石，而小麦则在种植一个月后采收。结果显示，碳酸钙、氧化锰与沸石能有效降低镉和铅的可萃取量，也能抑制小麦根部对镉和铅的吸收。施用石灰物质显著提升土壤酸碱值，具有降低重金属污染农地土壤生物有效性指标铜、锌及镍浓度的功能，是一种很具潜力的农艺管理技术。

（4）植生复育法

广义的植生复育，是利用耕种植物来达到整治土壤的目的，就移除重金属而言，最常用的是植生萃取技术，即利用根部吸收重金属并转移到地上部后，达到降低土壤重金属浓度的目的。适合进行植生萃取的植物其质量要越大越好，且吸收重金属能力要够强。植生复育的优点是成本低廉，处理面积大，缺点是耗费时间长且仅适用于中低污染程度的土壤。已知的许多所谓超级累积植物，都有低生物量与生长缓慢的问题。在探索更多具有高效率植生萃取能力的植物时，添加螯合剂来促进植物吸收重金属是最有效的方法之一，例如 EDDS、HEDTA、EDTA、NTA 等。然而，许多植生萃取的研究指出，EDTA 虽然会促进印度芥菜、向日葵与玉米对重金属的吸收，但是因为 EDTA 具有生物毒性，所以不利于这些植物的生长，且 EDTA 半衰期可能长达 2 个月以上，有污染地下水的风险（Lai et al.，2005；Lai et al.，2004），尤其在粗质地或高地下水位的土壤中应避免使用 EDTA（Lai et al.，2006）。

目前已有许多植生复育的文献，本文以台湾两个田间规模的植生萃取案例做介绍。首先，Chen 和 Lee（1997）在桃园一处镉污染地种植 8 种花卉植物，分别是杜鹃花

（*Rhododendron* spp.）、桂花（*Osmanthus* spp.）、繁星花（*Pentas lanceolata*）、一串红（*Salvia splendens*）、波斯菊（*Cosmos bipinnatus*）、百日菊（*Zinnia elegans*）、鸡冠花（*Celosia argentea*）与裂叶美女樱（*Verbena tenera*），每一种花卉种植的范围是 2 m × 1.5 m。实验结果显示，鸡冠花、繁星花与裂叶美女樱吸收镉的能力较强，比一般植物体内浓度高 30～40 倍。虽然鸡冠花所累积镉的浓度为 86 mg/kg，但叶片已因镉的毒害而有黄化现象并出现褐色斑点。波斯菊、一串红与百日菊则比一般植物体内镉浓度高出 10 倍左右，但百日菊在镉浓度超过 10 mg/kg 时叶片会黄化。而桂花与杜鹃花仅能吸收 2～4 mg/kg 的镉。

另一个田间植生萃取案例为彰化某一污染地（铬、铜、镍、锌），面积为 1.3 hm^2，Lai 等（2009）在育苗 33 种植物 31 天后，筛选其中重金属吸收能力较强的 12 种植物进行植生萃取。实验结果显示，地上部累积重金属浓度较高的是美人蕉与美女樱（45～60 mg Cr/kg），仙丹花与长寿花（30 mg Cu/kg），五彩石竹与向日葵（30 mg Ni/kg），孔雀草与向日葵（300～470 mg Zn/kg）。所有花卉的根部重金属浓度均高于地上部。除锌以外，延长生长周期（从一个月增加至两个月）可提高重金属吸收量，但仍是根部大于地上部。在排除其他环境因子干扰下，土壤中的铬、铜、镍、锌如果以种植这些花卉通过植生萃取达到土壤污染管制标准，约需 3～20 年，时间虽长但却能使土壤保有农地农用的功能。

植生萃取虽可移除土壤中的重金属，但受限于植物生长的时间及复合重金属的毒害效应，且土壤及气候环境因素也可能降低污染改善的效果，而植栽的取得具有季节性，田间栽种及采收也需要大量人员投入操作，植体成长后因含有高浓度重金属还会衍生如何处理的问题，整体而言，若单独使用此污染改善技术其效益欠佳。

除以上台湾较常用的技术外，试验性的田间技术还有酸洗及水分管理。土壤酸洗法应用于农地污染改善作业多采用离地处理方式，是先将污染土壤挖出地面后，再将萃取剂与土壤充分混合进行萃取程序，使吸附在土壤的重金属从土壤固相转移至液相的处理模式。此方法可处理的受污染土壤重金属浓度范围及种类较为广泛，被认为较一般方法快速且经济，可以在短时间内完成污染场址的土壤改善作业，且费用相对低廉，因此当污染场址的污染物浓度较高且亟须完成整治时，此方法是值得加以评估考量的污染改善技术。但因土壤的组成与结构复杂，不同土壤的物化特性差异大，可能因萃取剂强度或种类不正确，而无法达到去除重金属的目的，故萃取剂配方需因地制宜。经过萃取移除重金属的土壤原有性质多已受到破坏，土壤肥力已降低，同时为避免酸性土壤环境造成污染物释放污染地下水，必须进行土壤酸碱性调理、回填翻耕及复原作业，以确保酸洗处理后的土壤能恢复至可耕种状态。此方法因为农民接受度很低，仅有少数个案试验，近十年来台湾未曾再使用此法。

土壤水分管理及延长淹水时间，此技术源自农民现行灌溉排水模式，通过改变田间水分状态降低土壤重金属移动性，无须设备或其他人员投入。但环境因子及灌溉水的取得是发展水分管理技术的限制因素，不同质地土壤或农田有无构筑犁底层皆会改变水田渗漏状态，而气象因素及灌溉水源受限可能降低土壤水分管理的效果。一般水稻于分蘖期后的水分管理方式普遍采取间歇灌溉，台湾曾试验延长浸水耕作，于抽穗期前后 3 周均采取持续性淹灌的水分管理方式，使土壤呈现厌氧还原环境，通过持续性淹灌作业让土壤中的镉与硫形成不易溶解的硫化物沉淀，可降低原土壤中的硫化物因氧化后形成可溶性且易被水稻吸收的重金属离子浓度。至于砷污染，则延长排水期，增加砷与铁形成氧化铁而降低水稻对砷的吸收。虽然镉、砷在水分管理上刚好相反，但所幸台湾并没有同时受砷与镉污染的农田土壤。

3.3 第三方验证与后续监测阻控

3.3.1 第三方验证

当污染场址（包括农地）整治完毕时，必须由第三方验证单位来执行最后的采样与分析，通过验证才可以申请解除场址列管。这个第三方验证单位的执行能力，一样受到 NIEA 的管控。场址列管期间，土地不得进行买卖与转让，以确保法律责任归属。

3.3.2 后续监测阻控

经过污染改善后的农地，解除列管后，交由农民复耕，但仍会列入环保机关的定期监测系统对象，至于监测多少年，视监测结果与经费而定。不过，农业单位同时也会把这一类农地列入作物抽查对象，当抽测作物超过限量标准，而农地经查证土壤中重金属浓度未再有超过污染管制标准时，不让作物上市，政府辅导农民转作其他非食用作物，但这部分尚需要完整的规定与制度，台湾还在研拟中。

台湾的农田土壤污染源，最主要的是引灌了受污染的灌溉水，或灌溉渠道底泥累积重金属所致，农委会订有灌溉水质标准，可作为维持水质的依据，而底泥也已纳入所谓的“土壤及地下水污染整治法”的管制对象。这里所指的底泥，是在陆域环境中任何水体的底质，包括河川、溪流、湖泊、水库、沟渠等，台湾定有底泥品质标准，以作为彻底阻断农地污染源的依据。

至于肥料与农药污染源，台湾农田土壤尚未发生这些污染所致公告为控制或整治场址，因为农委会订有肥料管理办法与登记肥料品目与重金属限量标准，即登记有案的肥料才可贩售，且须符合所公告的肥料品目，每一种品目都有重金属限量规定，同时有机肥料不允许使用工业来源的材料，以降低重金属污染源。

3.4 农地安全利用

所谓的“土壤及地下水污染整治法”实施架构中提到，管制标准不是唯一的整治目标，换言之，某些情况下农地无法整治至低于管制标准，则在专案许可且审查委员会同意的条件下，按照未来其他土地用途的健康风险为可接受的前提下，变更此地块为非农地使用，但此变更所得部分利益，需受土水法规范征缴至基金中，以防止恶意造成污染、钻法律漏洞事情的发生。包含非农地的这一类污染场址，即褐地。目前台湾已有少数成功案例应用在高雄港湾地区的开发等，在健康风险评估系统更完整，风险沟通更完整后，台湾将朝这个方向来努力，避免仅以刚性的管制标准来限制土壤整治与土地开发。

3.5 重金属背景值偏高的农田土壤管理

除了人为污染行为，地质因素也会导致土壤重金属含量偏高，更有可能超过土壤污染管制标准甚多。台北关渡平原及北投、士林一带的农田土壤曾在监测调查中发现砷浓度高达 500 mg/kg 以上，远超过污染管制标准 60 mg/kg，引起民众对其食米安全的恐慌。虽然后来证实是安山岩质火山灰母质与早期长年引用含砷灌溉水所致，但却吸引了产、官、学界的高度关注。除了关渡地区的砷问题，嘉南沿海地区与兰阳平原也因地质因素而使地下饮用水水源的砷浓度偏高，甚至曾有民众引发乌脚病的历史事件。此类地质背景因素的土壤环境污染问题，虽非人为污染所致，但事实却证明同样会影响人类健康，不过环境工程界对于台湾地区重金属自然背景含量超过污染管制标准的土壤，其来源、特性与分布等有关资讯仍了解有限。

台湾“环保署”修订所谓的“土壤及地下水污染整治法”，要求未来针对背景值超过污染管制标准的土壤，主管机关需进一步调查确认属于地质背景因素与否。另外，基于环境科学角度，更有必要厘清在重金属自然含量超高时，土壤对食用农作物安全性、环境生态与人体健康的风险度。以台湾目前所发现土壤背景浓度超高的砷、铬与镍为例加以说明如下（Hseu et al.，2010）：关渡平原水田土壤的砷含量约为介于 12.4～535 mg/kg，虽然水稻生育正常，但其糙米中砷浓度皆低于 0.35 mg/kg。由于台湾目前并无砷的食米安全标准，参考澳洲与纽西兰对于谷类作物砷浓度的管制标准（1 mg/kg），关渡平原砷污染土壤所生产的水稻对消费者来说安全无疑。过去台湾盆栽试验结果显示，在砷浓度低于 25 mg/kg 的土壤种植水稻后，糙米的砷含量为 0.1～0.4 mg/kg（中国和国际食品法典委员会于 2014 年，在日内瓦首次通过了大米的无机砷限量标准，为 0.2 mg/kg）。

蛇纹岩类所风化的蛇纹岩土壤，是在所有重金属背景值偏高的土壤类型中，铬与镍浓度最高的，依文献记载可达百分等级的浓度，因而在母岩风化的过程中就可能对植物或环境生态造成潜在性的危害风险。台湾东部出现许多蛇纹岩，尤其散布在东部海岸山脉丘陵中种植稻米农田里。全世界超基性岩类仅占地表的 1%左右，其中蛇纹岩只出现在板块交界带上，而位于欧亚板块与菲律宾海板块间的台湾，也有许多蛇纹岩。这些地区是东部重要的稻米产区。目前的研究结果显示，这些重金属并不会明显累积在稻米中，尽管如此，也仍需要更多的研究与监测来证实这一类土壤对其他作物是安全无疑的。台湾目前需要做更多的长期田间试验，来说明不同土壤类型中重金属的生物有效性，以提出值得信赖的人体健康风险评估结果。另外，为了安全作物与环境永续能力，充实土壤与作物重金属的资料库，以提供更多的资讯与技术基础，则是解决台湾土壤污染的必要途径。

所谓的“土壤及地下水污染整治法”第 12 条规定：“各级主管机关对于有土壤或地下水污染之余的场址，应立即进行查证，并依相关环境保护规定管制污染源及调查环境污染情形”“污染物系自然环境存在经冲刷、流布（失）、沉积、引灌致使场址的污染物浓度达到前述规定情形的，直辖市、县主管机关应将检测结果通知相关目的事业主管机关，并召开协商会议，办理相关事宜。必要时，并得准用第十五条规定”，而其第十五条规定则是指后续主管机关为减轻污染危害或避免污染扩大，所依据控制场址或整治场址实际状况，采取应变必要措施。在第 24 条亦规定：“整治计划的提出者，如因地质条件、污染物特性或污染整治技术等因素，无法整治至污染物浓度低于土壤、地下水污染管制标准者，报请台湾主管机关核准后，依环境影响与健康风险评估结果，提出土壤、地下水污染整治目标”。以上条文均针对地质因素所导致的土壤重金属自然含量偏高问题，需要通过环境法医鉴定污染源、污染范围调查等技术的建立与健康风险评估，才能让所谓的“土壤及地下水污染整治法”在执行上有科学根据，并防范未来在此类场址发生整治或执法困扰。

4 经验总结与启示

4.1 注重事前监测，分类调查识别

台湾地区极为重视事前预防性监测，主要是通过对公告企业的强制性检测、对地下水的持续性监测和对特定区域的定期监测来进行管制，这对于发现污染场地和后续识别、管制及整治是一种重要手段。台湾地区对行业类别有侧重地开展场地监测和调查，应按部就班、分门别类、由粗到细地对污染场地进行筛选。例如，对于农田的调查，从大样区到中样区，再从中样区到小样区，前后历时 20 年对农田中重金属的污染情况进行调查。强调了调查和整治过程的科学、经济和高效，采用现场快速筛查技术和详查相结合的方式进行调查，杜绝盲目整治。

4.2 整治标准灵活，推行绿色技术

综合使用不同的修复技术、整治标准和管理措施，经济合理地解决土壤污染与土地利用问题。台湾地区的场地控制或整治工作完成后，采取的验收标准结合了土壤或地下水污染管制标准与风险评估的管理理念，污染场地整治无法达到管制标准的，采用风险评估的方法。经过 10 多年的发展，风险评估已成为台湾地区相关领域主管机关、院所及企业重点推行的一种验收形式，并逐步确立为重要的管理模式。对于整治技术，台湾地区也在相关公报中作了推荐，建议修复工作的实施主体重点采用“绿色整治”技术，从根源上杜绝由整治工作而导致的二次污染。

4.3 法律法规完善，经费保障有力

台湾地区土壤污染防治的有关规定以台湾所谓的“土壤及地下水污染整治法”为中心，建立了分级分区管理、“双标准”（“土壤污染监测标准”和“土壤污染管制标准”）、技师签字、土地登记等特色制度，鼓励公众参与。这部法令前后章节环环相扣，互有逻

辑。主要是怎么样去调查污染、调查后怎么管制、管制后怎么改善、改善后怎么恢复等。法律法规的颁布、实施以及不断的完善，是台湾治理农田土壤重金属污染的强有力的后盾（王婉华，2010）。

台湾所谓的“土壤及地下水污染整治法”中明确规定了土壤及地下水污染整治费的征收办法，并效仿美国“超级基金”的相关做法，建立了一套财务筹备机制，经费构成主要为土壤及地下水污染整治费，来源较稳定，资金充足。当政府为减轻土壤及地下水污染事件的污染危害而采取应急措施，或由政府代为处理一些紧急危害污染厂址时，处理费用先由土壤及地下水污染整治基金垫付或协助开展整治工作，后续再由污染行为人付清偿责任，有效地保障了场地整治的时效性，防止污染进一步扩大。系统性地透过调查、修复，投入资源研究并推动产业发展，这也是台湾推动环境保护与促进产业经济发展双赢的具体实践。

4.4 管理构架完整，管理体系健全

台湾地区自 2000 年成立土壤及地下水整治基金管理会后，这一专司土壤及地下水污染防控及整治的管理部门在架构设置上就较完整了。“土壤及地下水污染整治基金管理委员会组织章程”要求专家学者的数量不低于整个委员会的 2/3，可在一定程度上避免污染场地的管理体系中政府部门权力过于集中，或因政府管理行为过度主导后，错失真正行之有效的管控措施和技术。土壤及地下水污染整治基金管理会建立了涵盖土壤及地下水污染整治全过程的健全的管理体系，使各个环节都能较好地衔接和兼顾，有效地推进了整治工作的顺利进行（郭小品等，2015）。

参考文献

[1] Chen Z S. Metal contamination of flooded soils，rice plants，and surface waters in Asia[J]. In Biogeochemistry of Trace Metals，1992：85-107.

[2] Chen Z S，Lee D Y. Evaluation of remediation techniques on two cadmium-polluted soils in Taiwan[M]//In Remediation of Soils Contaminated with Metals. 1997：209-223.

[3] Chen Z S，Lee G J，Liu J C. The effects of chemical remediation treatments on the extractability and speciation of cadmium and lead in contaminated soils[J]. Chemosphere，2000，41（1-2）：235-242.

[4] Chen Z S，Su S W，Guo H Y，et al.. New aspects of collaborative research on soil pollution，food safety

and soil remediation techniques in Asia[M]. 2007.

[5] Hseu Z，Su S，Lai H，et al.. Remediation techniques and heavy metal uptake by different rice varieties in metal-contaminated soils of Taiwan：New aspects for food safety regulation and sustainable agriculture[J]. Soil Science and Plant Nutrition，2010，56（1）：31-52.

[6] Lai H Y，Chen Z S. Effects of EDTA on solubility of cadmium，zinc，and lead and their uptake by rainbow pink and vetiver grass[J]. Chemosphere，2004，55（3）：421-430.

[7] Lai H Y，Chen Z S. The EDTA effect on phytoextraction of single and combined metals-contaminated soils using rainbow pink（Dianthus chinensis）[J]. Chemosphere，2005，60（8）：1062-1071.

[8] Lai H Y，Juang K W，Chen Z S. A large area experiment to study the uptake of metals by twelve plants growing in combined metals-contaminated soils[J]. International Journal of Phytoremediation，2009（11）：235-250.

[9] Lai H，Chen Z. The influence of EDTA application on the interactions of cadmium，zinc，and lead and their uptake of rainbow pink（Dianthus chinensis）[J]. Journal of Hazardous Materials，2006，137（3）：1710-1718.

[10] 陈立. 借鉴台湾经验完善土壤污染法律责任//中国环境资源法学研究会 2014 年年会暨 2014 年全国环境资源法学研讨会[C]，中国广东广州，2014.

[11] 付璐，龚宇阳. 台湾土壤与地下水污染管理经验综述//2012 中国环境科学学会学术年会[C]，中国广西南宁，2012.

[12] 龚宇阳. 污染场地管理与修复[M]. 北京：中国环境科学出版社，2012.

[13] 郭小品，付融冰，徐珍. 中国台湾地区土壤及地下水污染整治管理与经验[J]. 环境污染与防治，2015（2）：1-7.

[14] 台湾“环保署”. 土壤及地下水污染整治费收费办法[R].2011.

[15] 台湾“环保署”. 土壤及地下水污染整治法[R].2010.

[16] 台湾“环保署”. 土壤污染监测标准[S]. 2011.

[17] 台湾“环保署”. 土壤污染管制标准[S]. 2011.

[18] 台灣環保署. https：//sgw.epa.gov.tw/public/.

[19] 王婉华. 台湾污染场地环境管理法律法规及其若干启示[J]. 环境教育，2010（2）：60-61.

附录 2　日本农田重金属污染修复经验综述

张铭　侯红　龚宇阳　吴志豪

自 19 世纪下半叶开始，日本伴随近代工业的发展，采矿废水、废气、废渣大量倾入环境，造成十分严重的土壤污染。典型事例包括足尾铜矿污染农田事件、神通川流域镉污染导致的“痛痛病”事件、九州及中国地方北部地区农田砷污染事件等。这些污染事件中，污染物质通过土壤—农作物—人体途径在人体富集，给国民健康带来了巨大损害。严重的农业土壤污染促使日本出台专门的农用地土壤污染防治法律及相关法规。早在 1970 年就颁布了《农用地土壤污染防治法》，以此为基准，对污染农业土壤统一管理，集中整治，采用污染者负担原则，加上政府补助的方式，结合各种农业土壤修复技术方法，尽最大努力实现了污染农用地的重生。

1　日本土壤污染防治立法与管理

1.1　土壤污染防治立法

1.1.1　立法演进

日本对农用地的土壤环境保护法律法规的制定起因于 1968 年富山县发生的由重金属镉中毒所引起的“痛痛病”事件。为防止因土壤污染而导致影响农作物的生长进而影响人类健康的情况发生，日本于 1969 年制定了《公害健康被害救济特别措施法》（1971 年 2 月施行）（厚生省，1969），1970 年制定了《农用地土壤污染防治法》（法律第 139 号）（2005 年 4 月修订）（環境省，1970），1971 年制定了《农田土壤污染防治相关法律的实施令》（2010 年 6 月修订）（内閣政府，1971），1974 年发布了《公害健康被害补偿法施行令》（2011 年 3 月修订）（内閣政府，1974），1974 年开始根据《农用地土壤污染防治法》开展污染土壤的修复事业。《农用地土壤污染防治法》仅适用于有限地区的土壤防治，且只限于土壤的表层。法律实施后，由于各方面的原因，一些农用地土壤污染的问题没有得到解决，并随着国家经济的发展，工业化进程的加快，出现了某些新的农用地土壤污染问题，《农用地土壤污染防治法》难以规制，亟须制订新的规则对农用地土壤污染进行规制。1989 年，修改了《水质污浊防止法》，对一部分有害物质的地下浸透加以规制，导入过程控制。1991 年，制定了《土壤污染环境基准》（2010 年修订）（環境庁，1991），并建立了相关测定标准（農林水産省等，1971）。1996 年，再次修正了《水质污浊防止法》，发布了地下水净化措施命令。1997 年，再次确定了地下水环境基准。1999 年，制定了《二噁英类对策特别措施法》，对严重污染农用地土壤的有害物质进行初步管制。2002 年，又颁布了《土壤污染对策法》。日本通过制定一系列环境标准和法律法规，有效地遏制了农用地的土壤污染。

1.1.2 主要内容

（1）《农用地土壤污染防治法》的主要内容

《农用地土壤污染防治法》是专门针对农业用地的土壤污染防治法律，其中法律所指的农用地包括耕地、主要用于家畜放牧的土地或者为养殖家畜而用于采草的土地；法律所指的农作物包括农作物及其以外用作饲料的植物。而农用地土壤污染主要是指由特定的有害物质包括重金属造成的污染。这些有害物质包括两类：一类是可以藉由农作物的传递，对人的健康产生影响的有害物质，如镉等。另一类是影响和阻碍农作物生长的有害物质，如铜等。该法规定了立法的目的、污染农业用地及特别地区的指定和变更、污染对策计划、管制措施、土壤污染调查、行政机关的协助和援助、罚则等内容。对农用地土壤污染防治的具体规定包括：

1）土壤污染区域的确定及变更

该法第三条、第四条规定了农业用地土壤污染区域的确定和变更。都道府县知事对于其辖区内的农用地，当确定土壤及农作物中所含重金属的种类和数量以及该土壤生产的农作物可能会损害人体健康，或者该土壤所含有害重金属会影响农作物的生长发育时，即可将该区域指定为污染区域，有必要采取相应规制措施，称之为“对策地域”。在指定“对策区域”时，必须根据《环境基本法》的规定听取环境审议会以及相关的市镇村长的意见。确定划定“对策区域”时，需要及时进行公告，并向环境大臣报告，同时通知相关的市镇村长。市镇村长如发现其辖区内存在需要指定“对策区域”的情况时，也可以向都道府县提出指定申请。当“对策区域”发生变化时，都道府县知事可遵循程序做出变更或解除。

2）土壤污染对策计划及变更

该法第五条、第六条规定了对于划定的“对策区域”，都道府县知事必须制订土壤污染对策计划及变更的内容。根据日本农林水产省和环境省的规定，对策计划应包括如下内容：第一，对“对策区域”内农用地土壤特定有害物质的污染状况进行调查测定；第二，根据“对策区域”内特定有害物质的污染状况划分不同的利用地域，并制定利用方针；第三，防止土壤污染的灌溉排水和其他设施的设置、管理和变更，以及除去土壤中污染物的客土法和为合理利用污染农田土壤而进行的土地名目变更等；第四，其他必要事项。都道府县制订对策计划时，必须与农林水产大臣和环境大臣进行协商并征得同意，同时还要听取环境审议会以及相关市镇村长的意见。对策计划一旦确定，必须及时公告。都道府县知事可以根据对策区域的变更情况以及土壤中重金属的变化情况，适当变更对策计划。

3）设置更为严格的重金属排放标准

第七条规定了都道府县知事可以根据对策地域内农用地土壤污染情况，依据《水污染防治法》和《大气污染防治法》中的有关规定，对于流入农用地的公共水域以及对策地域内的全部或部分烟气排放设施设定更为严格的排放标准。

4）特别区域的指定和变更

第八条、第九条对“特别区域”的指定和变更做了规定。如果特别区域内的农用地生产的农畜产品可能危害人体健康，都道府县知事可以划定不适于种植农作物及饲料植物的地区范围为“特别区域”，并可根据实际情况进行变更和解除。

5）污染农用土壤的管制措施

第十条、第十一条规定了污染农田的管制措施。都道府县知事可根据区域内污染特征发出不宜种植指定农作物或不宜将该土地上生长的植物作为家畜饲料的行政劝告。环境厅长官可以要求行政机关长官按照《矿山保安法》（1949 年 70 号法律）采取必要措施或者向有关地方公共团体长官提出劝告。

6）农用土壤污染调查与监测

第十二条、第十三条规定了对农用地土壤污染调查监测的内容。都道府县知事负有对其行政辖区内农业用地土壤污染调查测定并上报、公布监测结果的义务，同时规定了现场调查应采取的措施。

7）行政辅助措施

第十四条、第十五条、第十六条规定了在贯彻和执行上述规定时，有关行政机关的长官或者有关地方公共团体的长官，必须提供所需的资料、情报或者陈述意见以及其他协助，而国家和都、道、府、县应为完成对策计划而努力实施必要的资助、指导和其他援助。同时规定应努力推进防治土壤污染的技术和成果。

8）罚则

第十七条规定了对于违反本法的行为行使处罚措施。即拒绝、妨碍或回避调查、测定或采集样品者，处3万日元以下的罚金。除处罚行为人外，对其法人或自然人也要处以同样的罚金。

（2）《土壤污染对策法》的主要内容

《土壤污染对策法》共有8章42条和1个附则共5条，分别为总则（一般条款）、土壤污染调查、指定区域、“台账”、“风险管理与土壤整治”、委派调查机构、指定支援法人、助成基金、委派促进法律实体、杂则和责任及惩罚条款（罚则）。其主要内容包括：

1）总则

制定该法的目的主要是对于已发生的土壤污染场址，掌握土壤特定有害物质污染状况，实施防止危害人体健康的相关措施以保护国民健康。

2）调查

启动土壤污染调查的情形，检测地域，调查机构的确定、委派与相关程序，检查、评估报告制度。

3）指定

建立土地信息披露制度和污染区域公示制度，指定和解除对策地区。

4）管理

管理污染区域，防止土壤污染对人体健康造成损害的措施和内容。

5）治理

治理应达到的土地基准、土壤污染防治的整体规划及治污措施，运用环境风险预防的观点要求在日本全国范围内实施土壤污染对策。

6）财援

规定了支援法人及支援体系，公布财政支持方案、国家支持基金和其他财务支援措施。

除上述规定外，《土壤污染对策法》还规定提高公众意识，加强对预防原则、政府职责、土地标准的划分、变更土地形式和土地使用计划、激励和促进法律实施机制等内容。

《土壤污染对策法》随着时代的发展应运而生，有效地解决了农用地土壤污染出现的新问题，是农用地土壤污染防治法律的巨大发展和完善。该法颁布后，日本的农用地及城市用地的土壤污染整治有了协调、统一的法律制度，农用地土壤污染的防治工作上了一个新台阶。

1.2 土壤污染防治管理

1.2.1 土壤污染防治管理体制

与中国土壤污染防治主要采用中央和地方环境保护行政主管部门“统一监督、管理与分级、分部门监督、管理相结合”的管理体制相比，日本土壤污染防治的主管部门在中央和地方并不相同。在中央层面，日本土壤污染防治的主管部门是日本环境省，负责制定土壤污染防治的主体政策和环境标准，为地方具体政策的制定提供依据和参考；在地方层面，主管部门是都道府县知事，而非地方政府的环境保护行政主管部门。都道府县知事按照相关法律法规的规定，因地制宜地制定土壤污染治理和修复政策，并直接向环境省长官报告（邱秋，2008）。

因此，在土壤污染防治中，日本环境省的基本职责是宏观管理，制定土壤污染防治相关法规和标准；地方政府则承担着具体的实施义务。土壤污染具有复杂性，需要多部门广泛参与、协调合作。地方政府部门间的分工合作成为土壤污染管理制度成败的关键。都道府县知事主管地方土壤污染防治，并对中央环境行政主管机关（环境省）负责，有利于发挥地方政府最高行政长官在地方职能部门博弈中的协调作用，避免地方政府内部的扯皮与缺位，提高土壤污染防治的效率。此外，日本现行土壤污染管理体制能够体现不同地区土壤污染、土地用途和社会经济情况等方面的差异，理顺中央和地方政府之间的关系，实现权责利统一，降低土壤污染防治的社会成本。

1.2.2 土壤污染防治管理制度

（1）土壤污染调查制度

土壤污染调查是开展土壤污染治理工作的基础和前提。为了有效地控制土壤污染引发的环境风险，日本要求土地所有者开展土壤污染调查。土壤污染调查可以分为自行调查和行政命令调查。自行调查是当制造、使用或处理特定有害物质的设施被废止时，土地所有者自己或者委托具有资质的指定调查机构进行土壤污染状况调查，并将调查结果提交给都道府县知事。行政命令调查是指当土壤污染可能造成公众健康损害时，都道府县知事开展土壤污染调查并公开调查结果。都道府县知事可以派职员进行现场调查监测，或者无偿采集限于调查监测所必要的样本。需要注意的是，日本对土壤污染治理机构和个人的资质有严格的规定。只有通过土壤污染治理资格考试的人才能够参与土壤污染治理的相关工作，该考试的通过率仅为10%。

（2）土壤污染地区指定制度

都道府县知事将土壤污染状况超过标准限值的区域指定为土壤污染对策地区（或指定区域），进行公示并将其按照要求记录在台账之中，供公众自由查阅。该制度在一定程度上影响了企业形象和土地价值，激励土地所有者和污染者为了保持土地价格不因污染贬值，而积极采取土壤污染整治措施，有利于土壤污染治理和土壤环境质量改善。当对策地区的条件发生变化时，都道府县知事可以变更与其指定有关的对策地区的区域，或者解除其指定。

（3）土壤污染管制制度

为了合理利用被污染的土壤，消除土壤污染，根据土壤污染程度和土地类型，日本形成了灵活多样的土壤污染管制、治理和修复制度。例如，限制土地的使用，农户在被污染农业用地上不得种植特定农作物，必要时销毁被污染的特定农作物；限期治理和清除污染，防止污染扩散。

（4）土壤污染整治基金制度

日本政府通过征收包括对公害防治设备的固定资产税、汽车特别征税等税种，分配一部分税金对环境污染受害者进行补偿。对于污水处理、垃圾处理、清除土壤污染等污染防治措施会给予适当税收政策优惠。另外，根据《污染健康损害补偿法》，现在依然存在按照硫黄氧化物的排放量而缴纳费用的制度。同时，由日本开发银行提供给企业的公害资金优惠贷款，由公害防止事业团和中小企业事业团提供的公害对策资金的优惠贷款，均为土壤污染修复在全国范围内筹集治理资金。借鉴美国的超级基金，日本建立了土壤污染整治基金，专项用于土壤污染治理和修复。建立土壤污染整治基金，并不意味着土壤污染整治费用由基金支付，污染者不承担责任。只有土地污染者不明或土地所有者、污染者无力支付治理和修复费用时，才可以申请土壤污染整治基金的资助，避免土地污染者或所有者由于资金短缺而不进行土壤污染治理和修复。但是，土壤污染整治基金保留向污染者追偿治理费用的权力，从而实现外部成本内部化，真正体现污染者付费原则。

（5）信息公开和公众参与制度

信息公开和公众参与是掌握和监督土壤污染防治立法、执法和司法的有效途径。日本土壤污染调查结果和土壤污染对策地区的信息都必须向社会公开，便于公众全面准确地了解土壤污染信息，监督土地所有者和污染者的土壤污染整治情况。日本充分发挥新闻媒介和社会团体的舆论监督和导向作用，鼓励公众参与，建立了公益诉讼制度，利用公众和司法力量维护污染受害者的权益，加强对政府和执法的监督。

（6）土壤污染处罚制度

日本制定了严厉的土壤污染处罚制度，以刑事责任和民事责任为主。民事责任分为严格责任、连带责任和溯及责任 3 种。除非有“合理理由”可以归咎于土地污染者，否则作为基本责任人的土地所有者优先承担责任。日本 2003 年 1 月推出了房地产估价新标准，强制土地所有者治理土壤污染（赵沁娜等，2005）。不论污染者是否明确或有无财力，土地所有者都应承担补充责任、无过失责任和溯及责任。但是，土地所有者承担责任后可以向土地污染者求偿。

1.2.3 土壤污染防治管理链条

根据《农用地土壤污染防治法》《土壤污染对策法》等一系列相关法律规定，日本确立了以源头控制—污染监测—污染区域指定—污染区域修复—污染区域解除为主要管控链条的农用地土壤污染防治体系。

源头控制：对于污染风险的预防，日本有一系列外围法律管制。如基于《水质污染防治法》，对周边的工厂和建设工程进行排水限制，禁止其向土壤排放含有有害物质的水，并严令采取措施禁止污水向地下渗透；基于《大气污染防治法》，限制化学工厂的煤烟排放；基于《农药取缔法》，管制农药的土壤残留；基于《废弃物处理法》，采取措施确保废弃物的适当处置；基于《矿山保安法》，加强对金属矿业的规范化管理，防止矿渣污染农田。

污染监测：地方政府负责管辖区域内农业用地土壤特定有害物质（镉、铜、砷）污染状况的常时调查和监管事务。调查分为概况调查和加密调查，概况调查是为了大致了解调查区域内的污染状况，加密调查则按照每 2.5 hm^2 一个点位的密度采集土壤和农作物样品进行分析，详细掌握土壤污染范围和程度。

污染区域指定：若土壤和所产农作物中特定有害物质的含量超出标准，则认为该区域存在引起人体健康损害、农畜产品安全、妨碍农作物生长的风险，将该区域划定为指定区域。

污染区域修复：地方政府在明确指定区域后，为了防止和消除该区域农业用地土壤特定有害物质污染，或为了合理利用被污染的农业用地，需制订土壤污染修复计划，并采取排土、客土、变换水源等具体措施进行修复。

污染区域解除：经过治理，特定有害物质浓度下降到标准值以下，该农用地允许被重新利用，解除污染区域的指定。不管是指定还是解除，都道府县知事都必须交由合议制机关审议，听取有利害关系的市町村长的意见，并及时向环境大臣报告。

2 日本土壤污染防治措施

2.1 土壤污染调查与评价

2.1.1 土壤污染调查

为掌握土壤污染的状况，依据《农用地土壤污染防治法》指定“农用地土壤污染对策地域”，制订农用地土壤污染对策计划，各个都道府县运用国家资金进行“农用地土壤污染防止对策细密调查”，并将调查结果公开发布（陈平等，2004）。

农用地污染土壤的采样和测定都以 1971 年农林部的 47 号令为依据（内阁政府，1971）。以 2.5 hm^2（37.5 亩）为一个网格，在其中央采集土壤（15 cm 表层土混合 1 000 g）和植物（20 株，糙米 500～1 000 g），植物测定用硝酸和硫酸消解，土壤用 0.1 mol/L HCl 提取，同时分析土壤理化性质。

2.1.2 土壤污染评价

土壤中的镉和糙米中的镉浓度由于受土壤性质、作物品种等影响，故经常相关性很差。用以下两种办法评价会更科学，但仍然存在问题。

用土壤溶液中镉浓度评价：作物直接吸收土壤溶液中的镉浓度，可用其评价可食部分的镉。问题是土壤溶液中的镉受水稻生育期的影响很大，在与糙米中镉有最好相关性的时期测定土壤溶液中的镉是最为准确。然而，在有限的时期内集中采集土壤溶液是很困难的。

用多种土壤性质评价：有效态镉受 pH、磷酸吸收系数等影响很大，用它们与可食部分中镉浓度通过实际的数据得到的经验回归方程，来评价可食部分的镉。问题是实际中测定磷酸吸收系数等增加了测试费用，此外，也不太可能保证测试精度。

2.2 土壤污染防治标准与修复技术

2.2.1 防治标准

日本针对农用地的质量标准，除了需要满足土壤质量标准规定的浸出值要求，还对3种特定有害物质（镉、铜、砷）制定了特别标准，这3项标准限值是《农用地土壤污染防治法》中所规定的，在污染监测和修复阶段的主要标准依据，具体如表1所示（杜平，2016）。

表1 农用地土壤环境标准

元素	标准值	风险对象	设定根据
镉	稻米中在 0.4 mg/kg 以下	食用稻米对人体健康产生影响	根据耐受摄入量推算
铜	土壤中在 125 mg/kg 以下（水田）	作物生长损害	土壤浓度及作物生长量统计分析
砷	土壤中在 15 mg/kg 以下（水田）	作物生长损害，人体健康损害	土壤浓度及作物生长量统计分析

2.2.2 修复技术

为了防止农用地被有害物质污染，保障人体健康和农作物不受阻害及环境安全。日本环境省负责对农用地污染状况例行监视、农用地土壤污染修复区域的确定及其对策方案的制订，并依据对策方案实施客土等具体修复措施。修复区域确定的要素主要考虑保护人体健康（镉）和防止作物生育受阻害（铜和砷）两个方面。修复完成的区域要通过调查和监测确认修复效果，最终解除污染指定区域。修复费用由污染者、地方以及国家来负担。在日本已经广泛采用的农业土壤修复技术包括客土工程法、植物修复法、化学洗净法、作物重金属吸收抑制技术和农艺措施等。

（1）客土工程法

客土工程法因其具有快速、安全、后期维护方便等特点成为日本农用地修复的主要技术手段。客土工程法一般并不像想象中的那么简单，而是要根据土壤性质、土层结构、地质特点等来设计具体实施方法和工程管理要求，因此它又分为埋入客土法、上覆客土法、排土客土法和土层反转法。埋入客土法是先将 30 cm 厚的表层污染土用推土机剥离到地边，在修复小区内的合适位置挖坑将其掩埋，挖出的下层未污染土作为田间调整土，混合砂石土制作厚 20 cm 的“耕盘层”覆盖在污染土壤上，最上层客入清洁的山土，并加入磷肥、硅酸石灰等土壤改良材料混合均匀，做成厚 22.5 cm 的客土层。上覆客土法是将污染表土层整体埋入下层后客入新土，为了防止植物根系深入到污染土中，也需制作一层起隔离作用的“耕盘层”。排土客土法是先将被污染土壤从适当的深度向外排出，然后将新鲜的未被污染的土壤客入的方法。排土客土的厚度要根据土层的污染程度和植物根系的接触程度来决定。排出的污染土壤的放置场所需要注意，以防止二次污染。土层反转法是在选择其他客土法比较困难的情况下，可以利用污染土壤下层浓度比较低的土壤来代替未污染的土壤，做反转处理。

日本最典型的富山县神通川流域污染耕地土壤修复工程始于 1978 年，主要采用埋入客土法（占 70%）和上覆客土法（占 30%）进行修复处理。修复完成后，对土壤和稻米质量进行监测，直至 2011 年此地块才完全解除指定，成为可安全利用的农田。该工程修复土壤面积 1 500.6 hm^2（22 509 亩），工程耗资 526.2 亿日元，约合 39.8 亿元人民币，其中三井金属矿业担负 39.39%，中央政府、县政府和市町村分别担负 40.41%、18.18% 和 2.02%，工期延续 30 年之久（杜平，2016）。

虽然客土工程法适用于各种污染程度的土壤，且修复效果良好，但其成本较高。同时，在日本移来的土壤多取自山上的生土，通常 pH 较低，缺乏磷和有机质。伴随优质的山土来源越来越少及田面升高造成灌溉困难等问题，日本科技界也在积极寻求其他实用性的土壤污染修复技术，近年确立了高污染（$>0.60\times10^{-6}$）采用化学法、中污染（0.35×10^{-6}～0.60×10^{-6}）采用植物修复法、低污染（$<0.35\times10^{-6}$）采用田间管理措施的思路，但还未像客土法那样大范围工程化应用（杜平，2016）。

（2）植物修复法

在重金属含量中等的土地上种植吸附重金属能力高的植物，然后将收获的作物送去做焚烧处理。日本研究人员发现，在北方地区一种名叫“长香谷”的稻科作物，3 年连续耕作对土壤中镉总量的吸收率为 40.8%。但这种方法也存在一些问题，例如这个品种抗倒伏性低，而日本台风比较多，施肥量比较高，需要 2～3 年的周期，降低了农地的使用效率，但它的成本是客土法的 1/5（茨木俊行等，2007）。

（3）化学洗净法

将修复地用防水板围起来，向内部注水（水平面高约 40 cm）和化学药剂三氯化铁，用有特殊搅拌头的拖拉机将水田搅成泥浆状，经过自然沉淀将溶出的含镉上清液抽到移动式废水处理装置，再经沉淀和脱水处理，镉随泥饼就可以送到废埋场处理。经检测，这种方法可使土地产稻米中镉浓度最多降低 90%。其优点是三氯化铁为无机物，对土壤影响小，且修复工作一次性完成，但需要和专业污水处理设备以及污水处理联动，成本是客土法的 50%～60%或更高，对于污染程度高，没有客土来源的地区来说是一个选择手段（牧野知之等，2008）。

（4）作物重金属吸收抑制技术

对于一般稻田进一步降低镉含量的试验，研究人员发现改进田间管理也有意外的收获。在 8 月水稻出穗期的前后各 3 周，稻田实施浸水管理，即维持稻田水位在 2～3 cm，其间不要让土壤暴露。检测表明，与通常这段期间的间断灌溉相比，水稻对镉的吸收最大可减少 80%以上，而对水稻产量和品质基本没有影响。其原理是，土壤浸泡使水中的好氧微生物消耗水中氧气，从而提高了厌氧微生物活性，土壤从氧化状态回到还原状态后，氧化还原电位降低，也降低了镉的溶出数量，进而减少作物对镉的吸收（石川覚，2008）。

（5）农艺措施

对于重金属镉而言，水稻品种不同，吸收镉的量也不同，但差异不大。采取一些土壤改良措施，使金属处于难溶状态，以抑制作物的吸收，是行之有效的方法。首先，控制土壤的 pH。例如在镉污染的农田中加入硅酸石灰和碱性磷肥，使土壤的 pH 增大，以降低镉的活性。结果虽然土壤镉的含量不变，但糙米中镉的含量却下降到卫生标准以下，同时产量还提高了约 50%（山根忠昭，1985）。施用价廉的消石灰也可以得到同样的改良效果。其次，通过水浆管理，控制水田的 Eh，使之经常处于还原状态，也可抑制农作物对镉的吸收。这可能是因为水稻田在长期淹水的情况下，镉处于还原的 CdS，而在不淹水情况下，则形成易被吸收的 $CdSO_4$（王宏康等，1987）。

对于重金属铜而言，铜的污染症状是使水稻发黄，这不仅和缺氮有关，而且还和磷、钾、叶绿色含量减少及阻碍铁的吸收有关，进一步的机理有待查明。施用石灰有改良效果，但 pH 又不能太高，过高也会出现危害。利用长期淹水也可防治铜的危害，这是由于土壤中的Cu^{2+}被还原成溶解度很低的单体铜所致（山根忠昭，1985）。

对于重金属砷而言，砷和一般重金属不同，是两性元素。在溶液呈碱性时溶解度增加，对作物的毒性也增加。加 $FeSO_4$ 或 $Fe_2(SO_4)_3$ 能减轻砷的危害（山根忠昭，1985）。一方面是由于铁盐水解后呈酸性，可以降低砷的有效性；另一方面，实验表明在作物根表面积累了很多 Fe_2O_3，能吸收砷，形成铁和砷的共沉淀，以抑制作物对砷的吸收（山根忠昭，1985）。水稻对砷特别敏感，除了作物本身的生理原因，还与水稻田的环境有关。在砷的形态中，AsO_3^{3-}（AsIII）的毒性比（AsⅤ）大，而在淹水的水稻田中，长期淹水的还原状态，Eh 很小，更有利于形态的形成（Yamane T.）。

3　经验总结与启示

日本在土壤污染防治管理方面开展工作比较早，通过多年的实践，形成了一些先进的制度和措施，这些制度和措施在我国土壤污染防治方面值得借鉴和采纳（周芳等，2014）。

3.1　健全的土壤污染防治法律法规和标准体系

从环境公害和污染事件出发，日本已经形成了完整的土壤污染防治法律法规和标准体系。日本土壤防治法律既包含《农业用地土壤污染防治法》和《土壤污染对策法》这两部专门的法律，又包含《农药取缔法》《肥料取缔法》《大气污染防治法》《土壤污染环境标准》等多部相关法律法规，共同为具体政策的制定提供了法律依据。在土壤污染日益严重和污染事件频繁发生的背景下，中国亟待制定专门的《土壤污染防治法》，包含土壤污染调查、污染风险评估、污染控制以及污染治理与修复等内容。同时，需要修改完善中国《环境保护法》《水污染防治法》等相关法律中与土壤污染防治相关的条文，以及相关法规和土壤环境质量标准，做到法律、法规和标准之间的统一和衔接。

3.2　完善的土壤污染防治制度

日本制定了土壤污染调查、污染地区指定、污染管制、污染处罚等完善的土壤污染管理制度，实现了土壤污染外部成本的内部化，使污染治理由被动变为主动，拉动了环境保护产业的发展，有利于经济和社会的可持续发展。借鉴日本的成功经验，中国应逐渐完善土壤污染管理制度，从末端治理转向源头和过程控制，全面深入调查土壤重金属污染状况，土壤污染防治政策和措施，区分不同类型、不同用途、不同性质的土壤，在整个管控链条上确定管理节点，建立具体措施，真正起到预防和治理的双重效果。

3.3 理顺的土壤污染防治管理体制

日本土壤污染管理制度的制定和执行主体在中央一级是环境省，在地方一级是地方政府最高行政长官，能够发挥都道府县知事在地方各职能部门博弈中的协调作用，避免部门之间职能交叉和利益冲突，促进土壤污染防治工作的有效开展。但是，中国实行各级环境保护行政主管部门对土壤污染防治进行统一监督和管理，容易导致部门利益不协调。此外，环保机构隶属关系复杂，存在“重经济增长，轻环境保护”的利益驱动，不能有效执行土壤污染防治政策。借鉴日本的经验，中国应理顺土壤污染防治管理体制，赋予地方政府更多的权责利，将土壤环境质量纳入地方政府领导的考核。

3.4 强大的执行和监管力度

加强执行和严格监管是保证土壤污染治理政策有效的基础和前提。否则，设计再好的土壤污染治理制度也只是纸上谈兵。日本完善的信息公开和公众参与制度，在一定程度上保证了土壤污染防治政策的有效执行。中国应该加强执法机构和执法队伍的能力建设，配备必要的装备，加大执法力度，强化对土壤环境质量的监管，纠正有法不依、执法不严、违法不究的现象。

3.5 雄厚的资金和技术支持

土壤污染治理和修复具有长期性和复杂性，需要资金和技术支持。中国应该借鉴日本的经验，建立充足的土壤污染整治基金和发展先进的环境保护产业技术，安排土壤污染防治专项资金，专门用于土壤污染防治、修复以及相关技术的研发，着力研究土壤污染快速监测、土壤重金属污染修复、污染防治等关键技术，开展综合防治技术试点示范。

参考文献

[1] 陈平，程洁，徐琳. 日本土壤污染对策立法及其所带来的发展契机[J]. 环境保护，2004，32（4）：60-63.

[2] 茨木俊行，谷口彰. 農用地における重金属汚染土壌の対策技術の最前線 4.植物による汚染農地の修復実用可能なファイトレメディエーションを目指して[J]. 日本土壤肥料学杂志，2007，78（6）：627-632.

[3] 杜平. 实用性修复与控源相结合的农用地污染综合防控——日本经验及其对我国的启示[J]. 世界环境，2016（4）：27-30.

[4] 厚生省. 公害に係る健康被害の救済に関する特別措置法[EB/OL].

[5] 環境省. 農用地の土壌の汚染防止等に関する法律[EB/OL].

[6] 環境庁. 土壌に汚染に係る環境基準について[EB/OL].

[7] 牧野知之，神谷隆，近藤和子. 農用地における重金属汚染土壌の対策技術の最前線 5.化学洗浄による汚染農地の修復[J]. 日本土壤肥料学杂志，2008，79（1）：101-107.

[8] 内閣政府. 農用地の土壌の汚染防止等に関する法律施行令[J]. 1971.

[9] 内閣政府. 公害健康被害の補償等に関する法律施行令[J]. 1974.

[10] 農林水産省，環境省. 農用地土壌汚染対策地域の指定要件に係るCdの量の検定の方法を定める省令[EB/OL].

[11] 邱秋. 日本、韩国的土壤污染防治法及其对我国的借鉴[J]. 生态与农村环境学报，2008（1）：83-87.

[12] 山根忠昭. 重金属汚染土壌の改良法[J]. 农业技术，1985，10（40）：443.

[13] 石川覚. 農用地における重金属汚染土壌の対策技術の最前線 7.水稲のカドミウム吸収抑制技術[J]. 日本土壤肥料学杂志，2008，79（4）：408-416.

[14] 王宏康，窦争霞，俞淑范. 日本土壤的重金属污染及其对策[J]. 农业环境科学学报，1987（6）：33-36.

[15] 赵沁娜，杨凯，张勇. 土壤污染治理与开发的环境经济调控对策研究[J]. 环境科学与技术，2005（5）：49-50.

[16] 周芳，金书秦. 日本土壤污染防治政策研究[J]. 世界农业，2014（11）：47-52.

附录3 附 图

在湘江田间走访

试验小区划分

在屈家岭农户家现场调研

施加钝化剂

叶面喷施

采集土壤样品

采集植物样品

收获水稻

在田间整理样品做标签

项目中期汇报现场

在韶关重金属超标农田污染修复与安全利用技术示范基地

中国农谷·屈家岭现代农业产业示范项目